"十二五"职业教育国家规划教材

经全国职业教育教材审定委员会审定

智慧健康养老服务与管理专业

老年人

LAONIANREN
XINLI YU XINGWEI

U0645775

心理与行为

主 编◎余运英

副主编◎苏小林 朱小红

参 编◎韩振秋 王 丽

北京师范大学出版集团

BEIJING NORMAL UNIVERSITY PUBLISHING GROUP

北京师范大学出版社

图书在版编目(CIP)数据

老年人心理与行为 /余运英主编. —北京：北京师范大学出版社，
2025.2（2025.9重印）

"十二五"职业教育国家规划教材

ISBN 978-7-303-19205-2

Ⅰ.①老… Ⅱ.①余… Ⅲ.①老年人－心理行为－中等专业学校
Ⅳ.①B844.4

中国版本图书馆 CIP 数据核字(2015)第 153401 号

出版发行：北京师范大学出版社 https://www.bnupg.com
　　　　　北京市西城区新街口外大街 12-3 号
　　　　　邮政编码：100088
印　　刷：北京天泽润科贸有限公司
经　　销：全国新华书店
开　　本：787 mm×1092 mm　1/16
印　　张：15.25
字　　数：314 千字
版　　次：2025 年 2 月第 2 版
印　　次：2025 年 9 月第 12 次印刷
定　　价：36.80 元

策划编辑：易　新　　　　　　责任编辑：易　新
美术编辑：焦　丽　　　　　　装帧设计：焦　丽
责任校对：陈　民　　　　　　责任印制：赵　龙

总　序

我国自1999年进入老龄化社会以来，老年人口数量快速增长，2014年底，我国60岁及以上老年人总数达到2.12亿，占总人口比重达到15.5％。据预测，至2025年，老年人口数量将超过3亿；2030年，中国65岁以上的人口占比将超过日本，成为全球人口老龄化程度最高的国家；2033年，将超过4亿，达到峰值，一直持续到2050年。随着经济社会的发展变化，我国人口老龄化面临新形势。当前和今后一个时期，我国人口老龄化发展将呈现出老年人口增长快，规模大；高龄、失能老人增长快，社会负担重；农村老龄问题突出；老年人家庭空巢化、独居化加速；未富先老矛盾凸显等五个鲜明特点。

人口老龄化是我国的基本国情，老龄化加速发展是我国经济社会发展新常态的重要特征。人口老龄化问题涉及政治、经济、文化和社会生活各个方面，是关系国计民生和国家长治久安的重大社会问题，已经并将进一步成为我国改革发展中不容忽视的全局性、战略性问题。

"大力发展老龄服务事业和产业"是党的十八大积极应对人口老龄化作出的重大战略部署。"加快建立社会养老服务体系和发展老年服务产业"，是党的十八届三中全会积极应对人口老龄化作出的战略决策。新修订的《中华人民共和国老年人权益保障法》明确规定，"积极应对人口老龄化是国家的一项长期战略任务"。

新一代老年群体思想观念更解放，经济实力更强，文化程度更高，对养老保障措施、优待制度、服务水平等也有着更高的要求。为应对这种新的变化趋势，我国提出积极应对老龄化的对策——社会化养老服务。社会化养老服务一方面带来全社会共同参与养老服务的良好局面，另一方面也面临着老年服务与管理人才数量和质量短缺的困境。老年服务与管理是一项专业性强的技术工作，它既需要从业者具有专业护理、心理沟通、精神慰藉等方面的专业知识，更需要从业者具备尊老、爱老、敬老和甘于奉献的职业美德。老年服务管理者的管理理念、管理方法、管理水平在很大程度上决定了养老服务机构的发展方向和服务水平。

"行业发展、教育先行"，大力培养老年服务与管理专业人才不仅成为解决我国人口老龄化的基本支点，而且是"加快建立社会养老服务体系和发展老年服务产业"的战略要求。然而，由于我国老年服务与管理专业起步晚，开设养老服务与管理专业院校少，前期发展缓慢，老年服务与管理专业教材和参考资料相对较少。本次编写的老年服务与管理专业系列教材是教育部"十二五"职业教育国家规划教材，旨在以教材推进课程建设和专业建设，进而提高老年服务与管理人才培养质量。在内容选取上，系列教材立足老年服务与管理岗位需求，内容涵盖老年服务与管理岗位人才需要掌握的多项技能，包括老年人生理结构与机能、老年人心理与行为、老年服务伦理与礼仪、老年人服务与管理政策法规、老年人生活照料、老年人心理护理、老年人康复护理、养老机构文书拟写与处理、老年人沟通技巧、老年人活动策划与组织、老年社会工作方法与实务等11个方面的内容。本教材是在北京师范大学出版社的积极推动之下，由全国民政行指委及其老年服务与管理专业指导委员会、中国养老产业与教育联盟（中国现代养老职业教育集团）联合全国各地在老年服务与管理专业建设优秀的职业院校、研究机构和实务机构一线人员联合编写的专业教材，并向全国职业院校和相关机构推荐使用。

"十年树木，百年树人"，人才队伍建设非一朝一夕可实现。在此，我要感谢参与编写系列教材的所有编写人员和出版社，是你们的全心投入和努力，让我们看到这样一系列优秀教材的出版。我要感谢各院校以及扎根于一线老年服务与管理人才教育的广大教师，是你们的默默奉献，为养老服务行业输送了大量的高素质人才。当然，我还要感谢有志于投身养老服务事业的青年学子们，是你们的奉献让养老服务事业的发展有更加美好的明天。

我相信，在教育机构和行业机构的共同努力下，我国的养老服务人才必定会数量充足且质量优秀，进而推动养老服务业走上规范化、专业化、职业化、可持续发展的健康道路。

前　言

随着我国老龄化进程的不断加快，老年人对社会服务的需求越来越大，社会公众对养老服务需求日趋多样化。我国的人口老龄化是在"未富先老"、社会保障制度不完善、历史欠账较多、城乡和地区发展不均衡、家庭养老功能弱化的形势下发生的。加快建立与经济社会发展水平相适应，以满足老年人养老服务需求、提升老年人生活质量为目标，面向所有老年人，提供生活照料、康复护理、精神慰藉、紧急救援和社会参与等设施、组织、人才和技术要素的网络，以及配套的服务与管理标准、运行机制和监管制度的社会养老服务体系，已经成为和谐社会建设进程中社会福利和社会保障事业的重要内容之一。

目前，机构养老服务、居家养老服务、社区养老服务共同构成了我国养老服务的主要模式。随着人们生活的节奏不断加快，加之年龄的增长、体质的衰退，老年人承受的健康压力、社会压力、生活压力、心理压力也与日俱增，老年人的心理健康问题日趋严峻。为老年人提供更多更有效的心理援助，为老年人创造一个更健康、快乐的生活空间已成为当务之急。

进入老年或离退休是人生旅途中的一个大转折，这一转折将给他们心理状态、生理机能、生活规律、饮食起居、人际关系、社会交往等带来很大变化，其中以心理变化最为突出。失落、孤独、抑郁、悲观等不良情绪长期下去，将导致食欲减退、睡眠不好、免疫机能下降、老年性疾患加重，尤其是老年人最常见的心脑血管疾病。因此，如何帮助老年人建立良好的心理状态，将直接关系到老年人的身心健康。

目前逐渐引起重视的职业教育，正是为适应社会发展需求而产生的。它是以服务为宗旨，以就业为导向，以综合素质为基础，以能力为本位的教育，是以高素质技能型专门人才培养为目标的，它融"教、学、做"为一体，通过工学结合、校企合作、产学研一体化的教学模式来进行，具有很强的职业性和应用性。而职业院校开设的老年人服务与管理专业更是针对老年人的服务需求，培养以满足老年人的日常生活照护、基础护理、康复护理和心理护理等服务为核心技能的人才，因此，这些专业培养的人才将为做好老年人心理护理服务提供大量的人才保障。本教材正是为满足教育培养人才的需求，同时也为满足对老年人心理与行为感兴趣的朋友的需求而编写的，希望能得到广大阅读爱好者的喜欢，并多提宝贵意见。

教材是国家事权，是育人育才的重要依托，作为教材建设者一定要有使命感、责任感，坚持落实立德树人根本任务，以高质量的教材助力于培养有理想信念、有道德情操、有扎实知识、有仁爱之心的"四有"好老师。

本教材的编写团队既有职业院校的教师，又有养老机构人员。整个教材采取项目式的编写模式。以教师为主导，以学生为主体。所有案例均是由养老机构提供的真实案例，教材力求图文并茂，生动有趣，格式多样，又有实效，使学生在"做中学"的过程中获得技能，以提高学生对老年人的心理护理能力。

本教材围绕项目式教学法设计了六大项目内容：项目一，老年人日常心理与行为。其中包含三个子项目：老年人认知心理与行为、老年人情绪情感心理与行为、老年人个性心理与行为；项目二，老年人人际交往心理与行为；项目三，老年人消费心理与行为；项目四，老年人婚姻心理和性心理与行为。其中包含两个子项目：老年人婚姻心理与行为、老年人性心理与行为；项目五，老年人休闲与审美心理和行为。其中包含两个子项目：老年人休闲心理与行为、老年人审美心理与行为；项目六，老年人的临终心理与关怀。每个项目通过情境引导、任务驱动、问题引领的方式，让学生在处理各种情境问题中去掌握老年人的各种心理现象及存在的问题，并根据教师提供的知识和理论，自主地去领会和运用。即把知识贯穿于解决问题的过程中，学生能在"做中学"，既容易理解，又益于掌握，能够提高学生的学习积极性、主动性。

本教材由余运英主编，集体编写完成。各项目编写人员分工如下：苏小林（项目一），朱小红（项目二），余运英（项目三），朱小红（项目四），韩振秋、余运英（项目五），王丽、余运英（项目六），最后由余运英负责统稿。

由于作者水平有限，时间仓促，教材中难免有各种缺点和错误，请各位专家、同行及广大读者批评指正。

编　者

目　录

项目一　老年人日常心理与行为

项目描述

老年人的心理与行为，从其基本心理现象和行为表现来看，集中体现在认知心理与行为、情绪情感心理与行为以及个性心理与行为等方面。对这些方面进行学习和探究，可以帮助我们做好老年人的心理护理工作，让他们过上幸福的晚年生活。

子项目一
老年人认知心理与行为

项目情境

【情境一】李奶奶自丈夫去世后就一直独自居住，身患心脏病、高血压，视力稍显模糊，但日常生活基本可以自理。但是最近李奶奶明显感觉自己不如以前了，早上起来喝茶，把杯子放回桌面时，明明看到正好可以放到桌子上的，结果没放到位，摔碎了。第二天又发生了类似的情况。李奶奶的孩子便告诉她，以后除了看清桌子以外，最好用手触摸一下桌子在什么位置再放。后来，李奶奶发现情况好了很多。另外，李奶奶还发现自己吃饭没有一点味道，怀疑自己做的饭菜太差，心里很是郁闷。

【情境二】某日凌晨，正在家中熟睡的陈女士突然接到父亲陈老伯的电话，称在家中休息的自己不仅一氧化碳中毒了，全身多处还被烫伤。心急如焚的陈女士赶忙将父亲送至附近医院，好在送医及时，陈老伯的煤气中毒症状得到了缓解，但由于全身多处出现了较为严重的烫伤，需要转院治疗。

【情境三】2024年1月24日，家住奉贤的胡奶奶报警求助称，最近家里一直铺着的电热毯今日突然起火了。胡奶奶告诉民警，近日因降温，所以把电热毯铺在床上取暖用，虽然想到了电热毯年份已久，但想着应该没事就铺上了床，谁知"惹火"上身，幸好儿子冯先生正巧回家，且火势不大，及时将被褥拿到楼下，才没有造成人员受伤。②冬天老人取暖时，经常发生危险事故，以前还发生一名89岁的瘫痪老人被"120"送进医院，原因是脚部被热水袋烫伤。由于老人平时只是由保姆照顾，待到家人发觉时，距离烫伤已经过去了一周时间，此时老人脚上的烫伤部位已经溃破红肿。

【情境四】赵大爷最近情绪很低落，于是找到福利院的张医生聊天，诉说自己的委屈。赵大爷说，最近看电视时，电视机的音量老调不上去，即使调上去了声音还是很小，但是孙子又说很吵，又把音量调小了，害得他每天必看的中央戏曲频道的节目也看不了。和孩子说话也很吃力，因为他们讲什么他都听不清，心情很郁闷。

【情境五】夏天，张爷爷早上起床，决定先去阳台给花浇水。经过客厅的时候，他发现垃圾桶里的垃圾上有小飞虫在飞。虽然他现在已经很难闻出来垃圾散发出来的异味，但是张爷爷还是赶紧把垃圾袋拿起来放到门口。来到门口的时候，张爷爷发现昨天买的报纸还放在鞋柜上，不知道有什么重要新闻没有，张爷爷拿着报纸，一边把垃圾放到门口，一边准备看一下报纸，可是眼镜放在哪儿了呢，张爷爷开始到书房去找眼镜。他发现书房没有，然后张爷爷开始在家里四处找，终于在卧室里找到了。张爷爷怎么也想不起，眼镜怎么到卧室里面来了。戴上眼镜，可是报纸没在手上了，一定是找眼镜时放到什么地方去了。张爷爷静下心来一想，好像自己原本不是要去看报纸的，那他是要去干什么呢？

【情境六】70 岁的男性病人，近来逐渐出现记忆力减退，表现为新近发生的事容易遗忘，出门买东西总是少买了一两种，经常找不到刚用过的东西，看完电影后不能回忆其中的内容等。老人心情低落，常常抱怨："人老了，不中用了。"后来在护理人员的帮助下，在老人的房子中放物品的地方都按类别标上了名称，每次用完以后放回原位，老人再也没有出现找不到物品的情况了。

【情境七】72 岁的男性病人，既往从未有过脑卒中发作。近两年来逐渐出现记忆力减退现象，起初表现为新近发生的事容易遗忘，如经常失落物品，经常找不到刚用过的东西，看书读报后不能回忆其中的内容等。症状持续加重，近半年来表现为出门不知归家，忘记自己亲属的名字，把自己的媳妇当作自己的女儿。言语功能障碍明显，讲话无序，不能叫出家中某些常用物品的名字。个人生活不能自理，有情绪不稳和吵闹行为。

任务目标

能力目标：

(1)能够根据老年人感知觉变化的特点及相对应的行为现象，对老年人因感知觉变化而出现的心理现象和行为进行评估和指导。

(2)能够根据老年人记忆和相应行为的特点，对老年人进行记忆策略的指导和心理护理。

(3)能够根据老年人智力、思维和反应的特点，对老年人的行为进行评估和判断。

知识目标：

(1)了解老年人感知觉的特点及其由此产生的典型心理现象和行为反应。

(2)了解老年人记忆的特点及其类型，知道改善老年人记忆的方法。

(3)了解老年人的能力类型和特征以及反应时间的特点。

情感目标：

(1)养成理解老年人生理机能和心理机能衰退的思想意识，不歧视老年人。

(2)具备为改善老年人的记忆及行为负责的意识，欣赏老年人。

(3)具备为老年人服务的职业责任感。

项目任务

【任务导入一】

面对情境一至四，你需要完成以下任务。

任务一：了解老年人感知觉的变化特点。

任务二：了解老年人在感知觉变化后出现的主要心理现象和行为反应。

【任务分解】

任务一 了解老年人感知觉的变化特点

老年人的感知觉是老年人各种心理行为产生的基础，对老年人感知觉的特点和规律的认识，可以帮助老年人进行自我调节，并且可以理解老年人的心理和行为发生的变化。要完成以上任务，需要思考以下问题，并在问题引导下更好地完成各项任务。

> **关键概念**
>
> 1. 感觉：感觉是人脑对直接作用于感觉器官的客观事物的个别属性的反映。
>
> 2. 知觉：知觉是人脑对直接作用于感觉器官的客观事物的整体的反映。

问题一：老年人的感知觉会发生哪些变化？

情境中的李奶奶、陈女士、胡奶奶、赵大爷、张爷爷等老人的感知觉都有什么样的变化呢？情境二和情境三中的老人为什么烫伤后不能立即感觉到疼痛呢？直到最后问题很严重了才察觉呢？要回答这些问题，需要了解老年人生理结构的改变以及产生的相应的行为变化。

老年感知觉变化

学一学

老年人感知觉的变化特点

人在日常生活中的一切信息都是通过视、听、嗅等感知觉获得的，因此，感知觉一直是心理学研究的一个重要领域。在老年人感知觉的发展研究中，既有个体差异又有整体的规律。下面我们分不同的感知觉来介绍这种退行性变化。

(一)感知觉发生显著的退行性变化①

随着年龄的增长，老年人感知觉的差异逐渐显示出来。一些老年人的感知觉功能急剧下降，而另外一些老年人的感知觉功能几乎没有什么变化。总体来说，老年人的

① 林崇德. 发展心理学[M]. 北京：人民教育出版社，2009：451－455.

感知觉会发生显著的退行性变化。据科索（Corso，1971）的研究，老年人几种主要感觉衰退的一般模式是：最早开始衰退的是听觉，许多人不到 60 岁听觉衰退就非常明显；其次就是视觉，直到 55 岁仍然十分稳定，以后出现相当急剧的衰退；味觉的衰退和视觉相似，在 60 岁之前还相当稳定，但随后对咸、甜、苦和酸等物质的感受性便陡然下降。

1. 视觉减退

老年人视觉变化的个体差异很大，多数人在 45 岁以后视力就逐渐下降并出现老花眼现象。老年人视觉的变化，除引起老花眼和视力减退外，对弱光和强光的敏感性也明显降低。随着老年人对光感受性的降低，对颜色的辨别能力也较青年人低 25％～40％，而且对不同颜色辨别力降低的程度也不同，对蓝、绿色的鉴别能力比对红、黄色的鉴别能力下降得更明显。两只眼睛颜色视觉的变化也有很多差异。年老过程中颜色视觉的变化除个别高龄老人外，很少影响老年人的正常生活。

此外，老年人对物体的形状、大小、深度以及运动体的视知觉也比年轻人差，对视觉信息的加工速度也有较大下降，视觉的注意力也有一定程度的降低。如想将手中茶杯放到桌上时，由于深度视知觉差错，杯子在到达桌上之前误认为已放在桌上了，以致脱手将杯子落在地上；上下台阶时由于对空间关系判断不准确，常易摔倒。

尽管有上述种种退行性变化，但老年人有长期的视觉经验，可以弥补因视觉能力下降造成的不便。只要充分利用多种感官获取信息，同时创设条件使老年人的感觉信息简单明确，如在老年人经常使用的药品包装上加上明显的易分辨的色彩标志或使之具有可触摸到的不同表面纹理等，便能大大方便老年人的生活，使他们尽快适应视觉的退行性变化。

2. 听觉减退

与视觉相比，老年人听觉衰退得更加明显。在美国，将近 47％的老年男性和 30％的老年女性报告自己有听力问题。年龄越大，听力损伤越严重。85 岁以上老年人中有 60％的人存在听力问题。85 岁以上老人中将近 17％的人听力完全丧失。我国的调查发现，63.3％的老年人听力衰退，对高音的听力减弱更明显，有些人听力减退到耳聋的程度，而且男性老年人听力减退比女性明显。

老年人对语言的听力也在不断下降。因此，对老年人讲话，关键部分要慢些，多重复几遍；同时，不要突然转移话题。许多老年人不知道自己的听力已经下降，总认为别人说话不清楚。因此，同老年人谈话最好是面对面，让老年人能观察对方的口型，以便帮助理解。在与老人交流时，一定要做到吐字清晰，避免使用方言。必要时，配合手势，或以书写的形式替代言语，或给老年人佩戴助听器等辅助器械，以提高他们的听力。

老年人觉得低音调音乐的声音听起来比较悦耳，能欣赏到音乐固有的优美旋律；而对高音调的音乐旋律和音调的变化已听不出来，似乎总是一个样子的单调声音。所以，为了延缓耳蜗基底部细胞年老退化的进程，老年人不妨耐着性子听一些高音调的音乐，如每日听一段音调高、节奏强烈变化的迪斯科或摇滚乐。当然，心脏功能不佳的老人，主要应选择一些音调低、节奏不强的行板或慢板音乐。总之，应根据老年人的特点，不可千篇一律地只听低音调的音乐。

老年性耳聋患者一般都有低音听不见，高音不爱听，与别人交谈时喜慢怕快、喜安静怕嘈杂等特点。老年性耳聋是人体衰老的一种自然现象。

3. 味觉、嗅觉变得迟钝

由于味道的感受器味蕾随着年龄的增长而减少，因而味觉的敏感性也随着年龄的增长而下降。据库珀（Cooper，1959）等人对 15～75 岁各年龄组被试甜、酸、咸、苦四种味道的刺激阈的测查发现，四种刺激阈限值都随着年龄的增长而增大，尤其是 60 岁以后更是急剧增大。其他许多类似的研究结果也支持库珀等人的结论。研究指出，人的味觉一般在 50 岁前看不到有多大的变化，而一过 50 岁，味觉的刺激阈限便增大了。味觉的多样性也随年龄增长而衰退，青年人能同时品尝出食品中的多种味道，而老年人往往只能感觉到其中的几种，他们对咸味比对其他味道更敏感些。

嗅觉也随着年龄增长而下降。日本学者市原（1962）用草莓制成的食品进行实验发现，人到 60 岁以后嗅觉辨别能力衰退得更显著。有研究资料报告说，在人的一生中，嗅觉最灵敏的时期是 20～50 岁，50 岁以后就逐渐衰退，70 岁时嗅觉急剧衰退。在 60～80 岁的老人中，约有 20％的人失去嗅觉。

4. 皮肤感觉变得迟钝

皮肤感觉中，作为感受器而言，有热点、冷点、痛点和压点等，与此相应的感觉可分为温度觉（热点、冷点）、痛觉（痛点）及触觉（包括压点在内的几种感受）。

温度觉包括温觉和冷觉。皮肤表面的温度称为生理零度。高于生理零度的温度刺激引起温觉，低于生理零度的温度刺激引起冷觉。老年人温度觉的感知能力与年轻人没有显著的差别，只是老年人应对低温和高温的能力会随年龄的增长而下降的趋势。由此我们不难明白，当外界温度骤变时，老年人易出现意外伤害。

老年人对温度的敏感程度下降了。60～85 岁，皮肤和体内的温差会下降。这可能意味着外在温度低时，体内温度不能充分维持。温度感受力降低与较差的温度调节能力相结合，使老年人面临着遭受损害的危险，甚至死于寒冷天气。

痛觉是当有机体遭到损伤或破坏时，所出现的一种不愉快的情感体验。痛觉很难进行操作，因为痛觉不仅仅是一种皮肤感觉，它还涉及认知、动机、人格和文化环境的作用。痛觉反应阈限（使被试痛得难以忍受而做出身体蜷缩反应的刺激强度）也随年龄增长而升高，这表明老年人的痛觉迟钝。

总体而言，老年人的皮肤感觉逐渐老化。比如触觉，老年人的眼角膜与鼻部的触觉减弱得较为明显，所以，他们对流眼泪或流鼻涕常常毫无知觉，需要别人加以提醒。在温度感觉方面，老人对低温的感觉变得迟钝，因此，有些老人在室温低时也往往不觉得冷。

触觉，在 50～55 岁几乎不受年龄增长的影响，而到 55 岁之后就会骤然变得迟钝，人一进入中老年期后，触觉的迟钝有急剧加速的可能性。同时，老年人的机体觉、平衡觉、运动觉也相应下降。因此，老年人往往走路不稳，容易因失去平衡而跌倒。

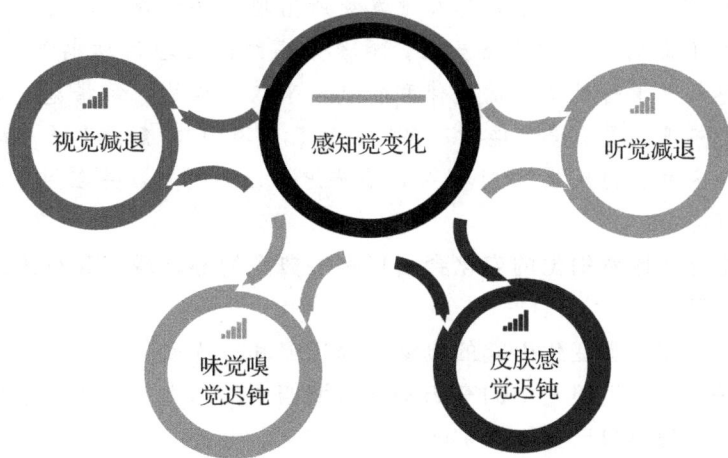

图 1-1-1

总之，由于老年人皮肤感觉的敏感性下降，因此，护理中要注意保证老年人的安全。饮食时，热汤、茶水等易引起烫伤的食物要提醒注意，鱼刺等要剔除干净；为老年人洗漱时，一定要控制好水温，切记不要温度过高，否则，会对老年人的皮肤造成伤害。

小知识

保护听觉小窍门

老年人自己，也要有意识地保护自己的听觉。

第一，要进行适当的体育锻炼。生命在于运动，人体各个器官的功能也在于运动。适当地从事脑力和体力活动，是推迟衰老、延长寿命的保健良方。老年人除每天做一些适当的运动外，还可对耳壳进行 80～100 次的揉搓按摩，以增强耳部的血液循环，保持听觉的正常功能。

第二，要保持健康的心态，合理地安排日常生活，心胸宽广，多交朋友，多参加集体活动，避免孤独，保持心情舒畅。

第三，要注意调节饮食。在饮食上要忌"三高一低"(高糖、高盐、高胆固醇、低维生素)，忌快食、热食、冷食、暴食等饮食方式。应多吃锌元素、铁元素含量高的食物，如黑木耳、瘦肉、鱼类、豆类等。每天应喝些牛奶，吃 1～2 个鸡蛋，还应戒烟限酒。

第四，要避免噪声刺激。凡是高于 90 分贝的音量都会对听力产生损害。因此，要远离噪声的环境。戴耳塞听收音机时，也要控制好音量及收听时间。

第五，要定期体检。有条件的老年人每半年至 1 年应做一次全面的身体检查。若发现有全身性疾病或听力下降时，应及时治疗，以防止病情进一步发展。

任务二 了解老年人感知觉变化后出现的主要心理现象和行为反应

老年人感知觉的变化是老年人感知觉发展所出现的必然现象，在绝大多数老年人中，这种变化并不影响他们的正常生活，对复杂高级的心理活动也不产生重大影响，只要掌握各种感知觉退行性变化的规律和特点，采取积极的训练措施，延缓老年人感知觉功能的退行性变化是完全可能的。要完成项目情境中"了解老年人感知觉变化后出现的主要心理现象和行为反应"这个任务，需要思考以下问题，并在问题的引导下，更好地完成各项任务。

问题二：老年人因感知觉的变化会出现哪些典型的心理现象和行为反应？可以通过什么办法进行预防？

通过对老年人感知觉变化引起的典型心理现象和行为反应的了解，可以更好地对老年人进行心理护理。情境一中的李奶奶和情境四中的赵大爷，味觉和听觉出现了什么变化？怎么能知道是自己身体的变化？

学一学

老年人因感知觉改变会出现的典型现象或行为

1. 老花眼

老花眼即老视眼，是一种生理现象，不是病理状态，也不属于屈光不正，是人们步入中老年后必然出现的视觉问题。是身体开始衰老的信号之一。随着年龄的增长，眼球晶状体会逐渐硬化、增厚，而且眼部肌肉的调节能力也随之减退，导致变焦能力降低。因此，当看近物时，由于影像投射在视网膜时无法完全聚焦，看近距离的物体就会变得模糊不清。老视眼的发生和发展与年龄直接相关，大多出现在45岁以后，其发生严重程度还与其他因素有关，如原先的屈光不正状况、身高、阅读习惯、照明以及全身健康状况等。即使注意保护眼睛，眼睛老花的度数也会随着年龄增长而增加，一般是每5年加深50度的速度递增。根据年龄和眼睛老花度数的对应表，大多数本身眼睛屈光状况良好，也就是无近视、远视的人，45岁时眼睛老花度数通常为100度，55岁时提高到200度，到了60岁左右，度数会增至250～300度，此后眼睛老花度数一般不再加深。表1-1-1是防止老花眼的6个方法。

表1-1-1 防止老花眼的6个方法

序号	方法	操作
1	冷水洗眼	每天晨起和睡前用冷水洗眼洗脸。将眼睛浸泡在洁净冷水中1～2分钟或用手泼水至眼中，再用毛巾擦干眼部，然后用手指轻揉眼睛周围30次左右。
2	定时远眺	每天早起、中午、黄昏前，远眺1～2次，要选最远的目标，目不转睛地视物10分钟左右。

续表

序号	方法	操作
3	经常眨眼	经常眨眼可以振奋和增强眼肌功能，延缓衰老。做法是一开一闭眨眼，每次15次左右，同时用双手轻揉双眼，滋润眼球。
4	旋转眼球	顺时针和逆时针循环旋转，可改善眼肌血液循环，提神醒目。
5	热敷护眼	用热毛巾敷在眼睛上，交换几次，可使眼部血管畅通，供给眼肌氧分和营养。
6	防眼疲劳	看书报和电视时，保持一定的距离，时间不宜过长，防止眼肌和视力过度疲劳。

2. 耳背

老年人耳背会产生很多行为变化。最简单的就是看电视时，如果老人总把音量开得很大，家属就要提高警惕了。老人耳背的第二个信号是，一段时间以来，老人说话嗓门大了很多，自己却浑然不觉。第三个信号是，说话的时候总"打岔"。有时答非所问，不知所云。第四个信号是，老人和他人交流少了，性格变得急躁、孤僻甚至古怪。

预防措施包括：

（1）尽量避免使用耳毒性抗生素。老年人可适量补充维生素 A、维生素 D 及维生素 E，而尽量避免使用耳毒性药物，如庆大霉素、链霉素、卡那霉素、新霉素等，因为这些药物很容易引起听力损害。

（2）控制高血压，预防老年性心血管疾病。老年人，尤其是患有心血管疾病的老年人，一定要少吃饱和脂肪性食物，以降低高血压的发生率。一旦发现高频听阈下降，应服用降胆固醇药、血管扩张剂等，以免引发耳蜗微血管病变。

（3）改掉挖耳习惯，进行耳穴按摩。经常用耳勺、火柴棒掏耳朵，容易碰伤耳道，引起感染、发炎，还可能导致鼓膜损伤。常按摩耳垂前后的翳风穴（在耳垂与耳后高骨之间的凹陷处）和听会穴（在耳屏前下方，下颌骨髁突之间的凹陷处），可以促进内耳的血液循环，有保护听力的作用。每天早晚各按摩一次，每次5—10分钟。

（4）远离噪声。倘若老年人长时间接触机器轰鸣、车间喧闹、人声喧哗等噪声，会导致内耳的微细血管经常处于痉挛状态，内耳供血减少，听力急剧减退，甚至导致噪声性耳聋。所以，老人不要在马路边晨练，尽量少参与噪声过大的文艺活动，如打鼓、击掌等，而应坚持慢跑、舞剑、散步等活动，促进全身血液循环，改善内耳的血液供应。

（5）保持平常心态，多与他人交往。如果老年人经常处于急躁、恼怒的状态中，会导致体内自主神经失去正常的调节功能，使内耳器官发生缺血、水肿和听觉障碍，容易出现听力锐减或暴发性耳聋。所以老年人要尽量使自己心情愉快，与周围人交谈。比如，老人们围坐在一起，相互谈天说地，共同切磋棋艺，通过与他人的交流和自己不断发出的笑声，促进内耳供血循环，减缓听觉细胞的衰老。此外，坚持每天进行发声读报，也是延缓语言中枢退化的好办法。

3. 饮食无味

当高龄老年人的味觉和嗅觉变得不敏感时，他们会失去很多生活的乐趣。花草香、饭菜香(这部分也是嗅觉对象)等，味道不再那么诱人。我们常听到老人抱怨现在食品食之无味，事实上，食品的味道并没有变差，而是老人对甜、酸、苦、辣、咸五种味觉要素的敏感程度减退了，因此，老人往往错误地认为过去那些美味的食品现在都变得乏味了。老人对食物的抱怨还有一个可理解的原因，就是嗅觉功能衰退，老人对食物散发出来的香气的感受性变差了。由于嗅觉严重衰退，某些老年人闻不到煤气、烟火或烧煳的食物的气味，这将会非常危险，尤其是独居老人。因此，对他们要给予特别的关照。

年纪越大，口味越重，似乎是老人的共同特征。事实上，人的味蕾与嗅觉细胞会随着老化日渐萎缩，味觉、嗅觉也慢慢退化。此外，疾病、药物、医疗手术、环境因子以及营养素不足或营养不良，也会影响味觉与嗅觉的灵敏度。年纪大的人的味觉与年轻人的味觉不同。年轻人认为好吃的东西，老人则认为苦而酸，这是因为人的鉴别甜、咸的味蕾先萎缩，而感觉苦、酸的味蕾寿命却长得多，味蕾的数量会随着年龄的增长而变化。味蕾的数量在45岁左右达到顶点，舌乳头的味蕾总数约为1万个。到75岁以后，味蕾的数量变化较大，平均由每个轮廓乳头内的208个减少到88个。45岁之后，味蕾很快变性萎缩，数量减少，味觉逐渐迟钝。

老年人为了避免因味觉和嗅觉退化、饮食无味带来的营养不良对身体的影响，需要进行合理的膳食。表1-1-2给出了合理膳食的一些具体建议。

表1-1-2 合理膳食

序号	方法	操作
1	数量少、质量好	如选择吃些鸡肉、鱼肉、兔肉、羊肉、牛肉、瘦猪肉以及豆类制品，这些食品所含蛋白质均属优质蛋白，营养丰富，容易消化，数量不多也能够保证营养的均衡。另外研究表明，过分饱食对健康有害，老年人每餐应以八九分饱为宜，尤其是晚餐。
2	蔬菜多、口味淡	老年人因为味蕾老化导致吃菜口味重，殊不知，盐吃多了会给心脏、肾脏增加负担，易引起血压升高。为了健康，老年人一般每天吃盐量应以6～8克为宜。并且要多吃蔬菜，少吃酱肉和其他咸食。
3	品种杂、饭菜香	老年人味觉、食欲较差，吃东西常觉得缺滋少味。因此，老年人的饭菜要注意色、香、味俱全。要荤素兼顾，粗细搭配。
4	饭菜烂、饮食热	老年人牙齿常有松动和脱落，咀嚼肌变弱，消化液和消化酶分泌量减少，胃肠消化功能降低。因此，饭菜要做得软一些，烂一些。老年人对寒冷的抵抗力差，如吃冷食可引起胃壁血管收缩，供血减少，并反射性地引起其他内脏血循环量减少，不利于健康。因此，老年人的饮食应稍热一些，以适宜入口进食为准。
5	饭要稀、吃得慢	老年人大多牙齿不好，不能完全咀嚼便吞咽下去，久而久之对健康不利。所以食物要细、稀，肉要做成肉糜，难以咀嚼的东西要粉碎。吃饭的时候应细嚼慢咽，以减轻胃肠负担，促进消化。
6	早餐好、晚餐早	老年人早餐要吃好，保证全天的营养，晚餐要早吃，研究表明，饱食即卧，生百病，饭后宜稍活动，以利于促进饮食消化。

【任务导入二】

面对情境五、情境六，你需要完成以下任务。

任务一：能够掌握记忆的种类及老年人记忆的特点和记忆变化的原因。

任务二：通过了解老年人记忆改变所出现的行为表现，能够对老年人进行记忆策略指导。

【任务分解】

任务一　能够掌握记忆的种类及老年人记忆的特点和记忆变化的原因

老年人的记忆会衰退吗？有的人说会，因为老人经常记不得别人的名字，丢三落四。有的人说不会，因为人脑有至少140亿个脑细胞，而脑的潜能只开发了不到1%，从这种意义上讲，人的记忆是无限的，老年人也不例外，并不会因年老而严重衰退。当然，对于老年人的记忆，还是要分情况而定。

问题一：记忆有哪些种类？老年人记忆有什么特征？老年人记忆的变化的原因是什么？

面对情境五、情境六中的老年人，我们知道老年人在记忆和注意力方面是有很大变化的，那么这些变化产生的原因到底是什么？要想回答这个问题，先要了解记忆的分类，再学习老年人的记忆特征和记忆变化的原因。

> **关键概念**
>
> 记忆：记忆是过去的经验在头脑中的反映。所谓过去的经验是指过去对事物的感知，对问题的思考，对某段时间引起的情绪体验，以及进行过的动作操作。这些经验都可以以映像的形式存储在大脑中，在一定条件下，这种映像又可以从大脑中提取出来，这个过程就是记忆。

学一学

记忆的种类

(一)根据记忆内容的不同，可以把记忆分为形象记忆、语词记忆、情绪记忆和运动记忆四种

1. 形象记忆

形象记忆是对感知过的事物具体形象的记忆，比如看到的风景、听到的声音、闻到的气味等。它以直观的形象为核心，是最基础、最常见的记忆类型之一。例如，人们能回忆起童年老家院子里的槐树模样，或是某首歌的旋律，都属于形象记忆。这种记忆依赖于视觉、听觉、嗅觉等感官系统，保留的细节丰富，且更容易被相关形象线索唤醒，比如看到旧照片就能想起当时的场景。

2. 语词记忆

语词记忆又称逻辑记忆，是以语言、文字、概念或逻辑关系为内容的记忆，比如公式、定理、历史事件的时间线、单词含义等。它不依赖具体形象，而是通过抽象的符号和逻辑关联来存储信息，需要借助思维活动才能形成和提取。例如，学生记住"三角形内角和为180度"的定理，或是成年人记住工作中常用的行业术语，都属于语词记忆。这种记忆的稳定性较强，是人类学习知识、积累经验的重要方式。

3. 情绪记忆

情绪记忆是对曾体验过的情绪或情感状态的记忆，核心是情绪感受本身，而非具体事件的细节。比如，第一次获奖时的喜悦、遭遇挫折时的沮丧，或是经历危险后的恐惧，这些情绪体验会被长期保留，即使忘记事件本身，情绪感受也可能被相似场景触发。例如，有人看到蜘蛛会本能恐惧，可能是因为曾有被蜘蛛惊吓的情绪记忆。情绪记忆的强度通常与情绪的强烈程度相关，积极或消极的强烈情绪都更容易形成深刻记忆。

4. 运动记忆

运动记忆是对过去做过的动作或运动技能的记忆，比如骑自行车、游泳、打字、弹钢琴等。它主要存储动作的顺序、节奏和技巧，形成后往往难以遗忘，即使长时间不练习，重新操作时也能较快恢复。例如，学会骑自行车的人，多年后再次骑行仍能保持平衡，就是运动记忆在起作用。这种记忆依赖于身体肌肉和神经系统的协调，形成过程需要反复练习，一旦固化，提取时往往不需要刻意思考，多表现为"肌肉记忆"。

(二)根据记忆的加工过程可以分为感觉记忆、短时记忆和长时记忆

来自环境的信息首先到达感觉记忆系统，这时的信息如果被注意，则进入短时记忆系统，短时记忆系统中的信息，经过复习便可进入长时记忆系统。

1. 感觉记忆

感觉记忆也叫瞬时记忆，是使感觉信息得到暂时停留的第一种记忆系统。感觉记忆保存信息的时间非常短暂，研究表明，视觉的感觉记忆一般在1秒以内，这主要取决于刺激的强度，听觉的感觉记忆持续时间稍长。感觉记忆的最典型例子是视觉后像，我们在看电影时之所以能把一系列断续的画面看成是连续的画面，就是因为有视觉后像。

感觉记忆是对物理刺激的复制，是对感官信息的拷贝，如果不经过进一步加工，感觉记忆中的信息将很快消失。

2. 短时记忆

短时记忆也称工作记忆，是信息加工系统的核心。信息在短时记忆中一般只保存20～30秒，但是，如果经过复述，则可以继续保存下去。例如，当我们从电话簿上查到一个电话号码，当时可以根据记忆去拨这个号码，但事过之后，再想这个号码时，就记不得了。

短时记忆的一个重要性质是它的容量有限，研究结果表明，它的容量大约是7±2个组块，也就是5～9个组块。组块的大小是可改变的，学会将更多的项目组成一个有

意义的组块，可以大幅度地提高记忆广度。

3．长时记忆

长时记忆是指信息经过充分加工以后，在头脑中保持很长时间的记忆。长时记忆的容量是个天文数字，几乎是无限的。人们心目中的记忆一般不是短时记忆，而是长时记忆，即保持几小时至几十年的记忆。如，人们在记忆时总是根据自己的经验、知识、兴趣、观点重新组织材料，删除自认为无关紧要的细节，夸大感兴趣的内容，用熟悉的事物代替不熟悉的事物等。

(三)按记忆是否有目的分为无意记忆和有意记忆

1．无意记忆

指事先没有预定目的也不需要采用任何方法的记忆。

2．有意记忆

指事先有预定目的，需要采用一定方法的记忆。

(四)按记忆主导感受器官分为视觉记忆、听觉记忆、动觉记忆和混合记忆

1．视觉记忆

指以视感觉器官为主导感觉器官的记忆。

2．听觉记忆

指以听感觉器官为主导感觉器官的记忆。

3．动觉记忆

指以运动感觉器官为主导感觉器官的记忆。

4．混合记忆

指多种感觉器官合作占主导的记忆。

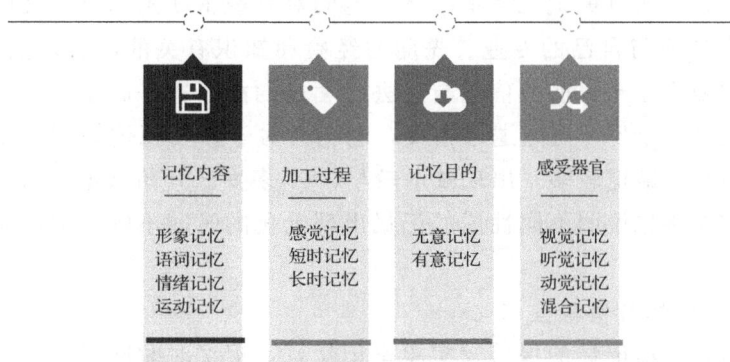

图 1-1-2

老年人记忆的特征

(一)记忆的正常老化

成人记忆会随年龄增长而发生变化，这是一种自然现象，属于生理性变化，可称为记忆的正常老化。虽然它往往也会给老年人带来不便，但一般说来，对他们的工作、学习和日常生活还不至于产生很大影响。老年人记忆的特点和主要变化见图 1-1-3。

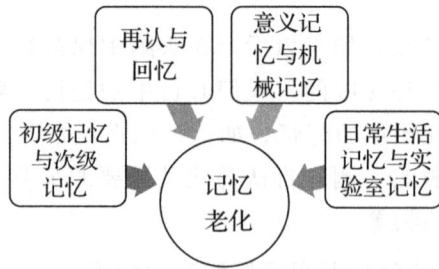

图 1-1-3

1. 初级记忆与次级记忆

老年人初级记忆较次级记忆好。初级记忆是人们对于刚刚看过或听过的,当时还在脑子里留有印象的事物的记忆。初级记忆随年老而减退较缓慢,老年人一般保持较好,与青年人差异不显著。次级记忆是对于已经看过或听过了一段时间的事物,经过复述或其他方式加工编码,由短时储存转入长时储存,进入记忆仓库,需要时加以提取。这类记忆保持时间长。次级记忆随年老而减退,明显多于初级记忆,年龄差异较大。

2. 再认与回忆

老年人再认能力明显比回忆能力好。再认是当人们对于看过、听过或学过的事物再次呈现在眼前时,能立即辨认出自己曾经感知过的;而回忆是刺激物不在眼前而要求再现出来,其难度大于再认,因此,年龄差异大于再认的年龄差异。

3. 意义记忆与机械记忆

老年人意义记忆比机械记忆减退缓慢,他们对有逻辑联系和有意义的内容,尤其是一些重要的事情或与自己的专业、先前的经验和知识有关的内容,记忆保持较好,说明信息储存的效果在于目前的信息与过去已学过的能否很好联系。意义记忆出现减退较晚,一般到六七十岁才有减退;相反,老年人对于需要死记硬背、无关联的内容很难记住,机械记忆减退较多,出现减退较早,40 多岁已开始减退,六七十岁时减退已很明显。这些结果也说明不同性质的记忆出现老化的时间不同,记忆减退是有阶段性的。

4. 日常生活记忆与实验室记忆

老年人对日常生活记忆的保持较实验室记忆好。记忆时时联系着人们的生活,对于保持日常生活能力(如取放生活用品或上街采购东西)和社会交往(如与朋友约会)等都十分重要。可以看出,老年人对于日常生活中的记忆保持得尚好。

(二)记忆的病理性变化

1. 记忆与躯体健康有关

病理性老化是由疾病引发的异常老化过程,往往是某些疾病常见且较早出现的临床症状。例如,脑肿瘤、脑血管疾病等,常表现为明显的记忆障碍,这类记忆障碍可作为疾病诊断的主要依据之一。

　　但是，记忆的正常老化和病理性老化之间有时难以区分其性质，尤其在疾病早期更难鉴别。这是因为在记忆老化过程中，个体差异很大，导致难以及时界定老化的性质。只有通过在日常生活中仔细观察和临床上定期进行检查，一旦发现病人不仅近事记忆减退，远事记忆也发生障碍，即使给予提示，对方仍然无法回忆，这表示记忆已全面出现减退。同时，在日常生活中，发现记忆减退速度加快，记忆障碍表现日益严重。例如，做饭经常忘记最后关炉火，回家不认得路或不认识熟悉的人等等，严重影响人身安全和干扰日常生活，致使生活无法自理。这时应立即就医，进行治疗。

　　2. 记忆与心理健康有关

　　有些精神疾病也会引起记忆障碍。例如：抑郁症患者表现对新信息的学习和记忆能力有所减退，对悲伤的信息记忆敏感性增加，感到无助和无望，而对重要信息却容易忽略，信息加工能力减退，运用有效策略较少，注意力下降，因而严重影响记忆。但这些变化往往并不肯定，而且是可逆的，当疾病治愈后，记忆成绩得到改善。

(三)记忆的可塑性

　　老年人的记忆减退与很多因素有关，记忆的正常老化是可以延缓和逆转的。再加上老年人长时记忆并未减退，理解记忆很好，有意记忆也有优势等，如果采用适当的干预措施(如记忆训练)，学会利用策略，改善信息加工过程，从而提高记忆能力，这表明老年记忆功能具有一定的可塑性。

任务二　能够通过了解老年人记忆改变所出现的行为表现，对老年人进行记忆策略指导

　　老年人的记忆变化有其具体的特点，在现实生活中也会产生具体的行为，通过了解其具体的行为特征，可以鉴别和判断老年人记忆的变化情况，为老年人记忆策略的训练提供依据。要完成项目情境中"通过了解老年人记忆改变所出现的行为表现，能够对老年人进行记忆策略指导"这样的任务，需要思考下面的问题，并在问题的引导下，更好地完成各项任务。

　　问题二：老年人因记忆改变会出现哪些行为表现？对老年人进行记忆策略的指导方法有哪些？

　　情境五、情境六中的老人，为什么总是忘记把东西放到什么地方了呢？这个现象反映了老年人存在什么问题？通过护理人员对其生活中放置物品的习惯进行规范，很快解决了老年人记不住东西的问题。

> **关键概念**
>
> 记忆策略：是认知活动的一种特殊形式。是指经过主观努力，在一定目标的指导下，用以提高记忆成绩所采取的各种措施。

要想回答以上问题，需要了解老年人因记忆变化产生的典型行为和改善记忆的方法。

学一学

老年人因记忆变化所产生的典型行为

老年人由于年龄的增长、记忆的老化，会产生以下一些行为：

1. 忘记家庭电话号码或熟人的姓名。见到经常见面的熟人，一下子想不起来该怎么称呼。

2. 有时刚刚发生的事情，短时间内却无法回忆起细节。比如说去买菜，菜在哪个摊位买的回来就忘记了，有时买菜付钱后就走，菜都忘记拿了。

3. 几天前听到的话都忘了。

4. 很久以前能熟练进行的工作，现在重新学习起来有困难。

5. 配偶的生日、结婚纪念日等重要的日子总是忘记。

6. 忘记应该带走或带来的东西。

7. 对同一个人经常重复相同的话。比如，同样一个故事，可以讲很多遍。

8. 说话时突然忘了说的是什么。或者说话时突然不知如何表达。

9. 忘记吃药时间，对于吃了还是没有吃药不确定。

10. 买许多东西时总是漏掉一两件。

11. 曾经去过的地方再去却找不到路。

12. 物品在经常被放置的地方找不到，却在想不到的地方找到了。

13. 忘记关煤气而把饭菜烧焦。

14. 反复向家人提出相同的问题。

15. 记不清某件事情是否做过。例如，锁门、关电源等。

改善老年人记忆力的方法

改善老年人记忆力的方法多种多样，具体表现为以下几点。

(一)注意观察

首先要养成对所学事物细致入微的观察习惯。在观察事物时，应与你的学习或记忆目的联系起来，对想记住的东西给予仔细的观察，并通过不同的感官吸收信息。

(二)注意分类储存知识信息

观察是吸收知识的过程，储存则是保持知识的过程，对记忆而言，有同样的重要意义。由于老年人的长时记忆、意义记忆占优势，因此，老年人要充分利用归类方式，去记忆那些零散的内容和信息，提高记忆效果。

(三)及时复习

按照德国心理学家艾宾浩斯的遗忘曲线理论，人在学习后间隔的时间越长忘得越多，随着时间的推移，遗忘的速度越来越慢。据此，无论学习什么东西，都应该及时复习，老年人也一样，只是学习记忆的方法不同而已。

(四) 运用联想增强记忆

老年人经验丰富，对事物理解深刻，容易产生联想。因此，在学习新知识时，要充分发挥大脑的潜能，运用意义记忆的优势，把新旧知识联系起来，进行充分联想。也可以运用形象联想、新旧事物之间的联想、顺序联想等不同的联想方式，增强记忆效果。

(五) 学习时注意合理分配材料

据心理学研究发现，人之所以遗忘，关键在于所学材料之间的干扰作用。干扰现象有两种：前摄抑制（先学习的材料对后学习材料的影响）和倒摄抑制（后学习的材料对先学习材料的影响）。因此，为增强记忆力，老年人在学习时要注意材料间的干扰，合理分配时间，不同材料交叉记忆等，提高记忆能力。

(六) 注意力集中是增强记忆力的重要因素

所谓注意力集中，是指我们对某一问题保持注意而不分心的能力，这种能力对记忆有重要的影响。

(1) 学习时要选择一个有利于集中注意力的环境。

(2) 要在身体健康的情况下学习，因为身体不适会影响注意力的集中。

(3) 要尽量学习那些自己感兴趣的东西，人们对感兴趣的事物最易集中注意力，这一点对老年人来说更加重要，也更容易做到。

(4) 老年人的学习要符合自己的实际情况，不要好高骛远。同时，学习要循序渐进，按部就班。

(5) 要选择最重要的信息和最重要的事情去记。

(6) 学习前要保证足够的睡眠。睡眠不足，会使人感到困乏而使注意力难以集中。而良好的睡眠能解除身心的疲劳，同时增加新的能量储备，以达到增强记忆力的目的。

(七) 培养良好的学习习惯

老年人每日在同样的时间、同样的地点、以同样的方式学习同一学科，久而久之就会形成一种学习的条件反射。其效果是，每到固定的时间，其身心就会处于一种学习的准备状态，如精力充沛、注意力集中等，这样就会使学习取得事半功倍的效果。

(八) 要注意大脑营养和卫生的维护

老年人应该注意，每周至少有一天在户外如郊游、体育运动等。在每日的脑力劳动期间还要定时休息吸氧。如每隔 1 小时打开窗子，深呼吸 1～2 分钟。不要在污浊的房间里学习，也不要在耗氧的煤炉、煤油炉、煤气炉等附近学习。另外，应尽早戒掉所有不良习惯，如吸烟、酗酒等。

(九) 增加生活的趣味可以增强记忆力

老年人一般生活平淡，对生活质量的要求不高，长此以往就可能产生对生活的倦怠。老年人如果能够时常根据自己的兴趣爱好参加一些适当的娱乐活动或竞赛活动，如各类球赛、棋类比赛、趣味运动会等，就容易激发生活的乐趣和动力，从而增强记忆。

（十）加强体育锻炼，注意每日摄入足够的营养

老年人应加强适当的体育锻炼，因为体育锻炼在消耗能量的同时，能够提高机体内能源物质的利用率，促进血液循环，提高记忆力。但老年人一定要注意，必须有充足的营养来供给锻炼消耗，否则得不偿失。

【任务导入三】

面对情境七你需要完成以下任务。

任务一：掌握老年人智力变化的特征，帮助老年人提高社会适应能力。

任务二：了解阿尔茨海默病的症状，能够对阿尔茨海默病的阶段进行评估。

任务三：通过对阿尔茨海默病病因的了解，为老人提供阿尔茨海默病的预防对策。

【任务分解】

任务一　掌握老年人智力、思维和反应时间的变化特征，帮助老年人提高社会适应能力

> **关键概念**
>
> 智力：指人认识、理解客观事物并运用知识、经验等解决问题的能力，包括记忆、观察、想象、思考、判断等。

近年来的研究，特别是国外一些心理学家根据自己的研究资料否定了人的智力随年龄增长而逐渐下降的结论。他们根据测验所得的智商分数指出，智商从成年早期到成年中期保持不变，有的还有所增长。要完成情境任务，需要思考以下问题，并在问题的引导下才能更好地完成各项任务。

问题一：老年人的智力发展有什么特点？老年人的思维有什么样的特征？

有些人认为老年人越来越智慧，越来越聪明，也有人认为老年人智力下降、思维缓慢。这些认识都是要因情况而定。情境六中的老人，为什么会有智商下降的想法？要想了解这个问题，需要对一般智力老化的过程有所了解，同时掌握各种不同智力变化的特点。

学一学

老年人的智力发展有什么特点

（一）流体智力和晶体智力的老化过程

流体智力，也叫流体推理，是一种逻辑思维能力和解决新情况下的问题的能力，独立于已获得的知识。它是分析新异的问题、识别这些问题的模式和关系、运用逻辑推理这些问题的能力。对于所有逻辑问题，尤其是科学、数学和技术问题的解决，这种能力是必须的。流体智力包括归纳推理和演绎推理。

晶体智力是指使用知识、经验和技能的能力。它并非等同于记忆或知识，但它依赖从长时记忆中提取信息。晶体智力是人一生的智力成果，主要通过词汇量和一般知

识表现出来。晶体智力随着年龄增长而增强，经验越丰富，往往也就积累了越多的知识。

根据霍恩和卡特尔的经典研究，成年初期之后，流体智力（主要由生物因素决定）开始下降，但是晶体智力（主要受文化影响）一直到成年晚期还在增长。

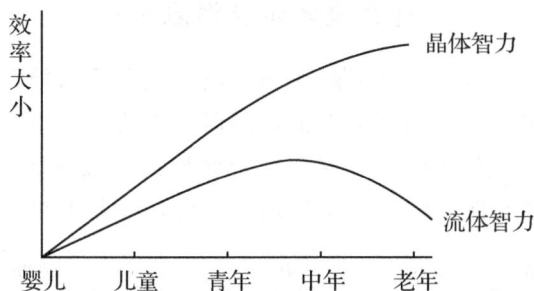

图 1-1-4

资料来源：J. L. Horn & Donaldson，1980

（二）老年人的思维会有什么样的变化

一些心理学家关于思维年龄差异的研究表明，人到老年期，概念学习、解决问题等思维过程的效能呈现出逐渐衰退的趋势。但由于思维是高级复杂的认识活动，这方面的研究进展缓慢，直到目前为止，人们对思维因年龄变大而发生的变化仍了解甚少，许多问题仍存在着不同的甚至矛盾的观点。

任务二　了解阿尔茨海默病（AD）的症状，能够对阿尔茨海默病的阶段进行评估

随着我国老龄人口增多，阿尔茨海默病患者数也呈上升趋势。研究报告显示，我国阿尔茨海默病患者＞65岁的患病率为4%～6%，而＞80岁的患病率为20%。导致阿尔茨海默病的主要原因是大脑细胞受损及脑组织老化和萎缩等，主要表现为智力障碍。掌握好阿尔茨海默病的特征，需要思考以下问题，并在问题的引导下更好地完成各项任务。

> **关键概念**
>
> 阿尔茨海默病：阿尔茨海默病是老年人的常见病之一，属中枢神经系统退行性疾病，是排在心血管疾病和肿瘤之后，困扰老年人的第三大常见疾病。

问题二：阿尔茨海默病的主要症状有哪些？每一个阶段各有什么特点？

情境七中的老人在记忆、思维、语言和定向等方面出现了什么问题？这些问题对老年人的生活产生了哪些影响？要想解决这些问题，需要对阿尔茨海默病的症状和各个阶段的特征进行了解，才可以对其进行评估。

阿尔茨海默病的预防

学一学

什么是阿尔茨海默病

阿尔茨海默病（AD），是一种起病隐匿的、进行性发展的神经系统退行性疾病。阿尔茨海默病的表现见图 1-1-5。临床上以记忆障碍、失语、失用、失认、视空间技能损害、执行性功能障碍以及人格和行为改变等全面性痴呆表现为特征，病因迄今未明。65 岁以前发病者，称早老性痴呆；65 岁以后发病者，称老年性痴呆。

前期	中期	晚期

容易迷路、发脾气、言语表达变得困难、短期记忆困难。　不能处理日常生活事务、说话缺乏连贯逻辑、产生幻觉。　忘记亲人、忘记自己、失去自理能力、反应迟钝、丧失长期记忆。

图 1-1-5　阿尔茨海默病的表现

该病起病缓慢或隐匿，病人及家人常说不清何时起病。多见于 70 岁以上（男性平均 73 岁，女性为 75 岁）老人，少数病人在躯体疾病、骨折或精神受到刺激后症状迅速明朗化。女性较男性多（女：男为 3：1）。主要表现为认知功能下降、精神症状和行为障碍、日常生活能力的逐渐下降。

阿尔茨海默病的预兆有以下行为改变。

（1）语言障碍：甚至连简单的词汇也不能表达，每个人说话都会偶尔找不到合适的词，但痴呆患者经常忘记简单的词语或以不恰当的词语表达，结果说出来的话或写出来的字让人无法理解。

（2）不能完成熟悉的工作：难以胜任日常家务，而这些家务通常不需要思考。例如，经常做饭的人现在却不知如何做，以前是个精于计算的人，现在连买菜的小账和简单的加减法都算不清。

（3）记忆力减退：尤其是近记忆力减退是痴呆早期最常见的症状。经常忘记近期得到的一些信息，如约会、人名或电话，忘记熟人的名字，不记得刚刚发生的事，还有拿什么东西转手就忘。

（4）对时间和地点搞不清楚：忘记今天是什么日期，即使在熟悉的街道也会迷路，分不清白天和黑夜。

(5)判断力受损：比如不分季节乱穿衣服，花钱没有概念。

(6)理解力下降：痴呆患者可能很难跟上他人交谈的思路。对看过的东西没有评价能力，看电视剧时，以前还能评价一下，现在连昨天看过的剧情都说不明白。

(7)将物品或钱物错放在不恰当的地方：有可能把衣服放进冰箱。

(8)情绪或行为的改变：情绪可以无缘无故地涨落，极不稳定，也有部分痴呆患者表现为情绪淡漠、麻木不仁。

(9)兴趣丧失：对日常活动不感兴趣，能几个小时地呆坐在电视机前或长时间地昏昏欲睡，对以前的爱好也会兴趣减低。

(10)性格改变：糊涂、多疑、害怕、易激动、抑郁、淡漠、焦虑或粗暴等。以前为人随和的老人变得越来越固执、斤斤计较、多疑、不爱搭理人、经常发呆、情绪低落、邋遢等。

该病根据认知能力和身体机能的恶化程度分为三个时期。

第一期，遗忘期，早期：

(1)首发症状为记忆力减退，尤其是近期记忆，不能学习和保留新信息。

(2)语言能力下降，找不出合适的词汇表达思维内容，甚至出现孤立性失语。

(3)空间定向不良，易于迷路。

(4)抽象思维和恰当判断能力受损。

(5)情绪不稳，情感较幼稚，情绪易激惹，出现偏执、急躁、缺乏耐心、易怒等。

(6)人格改变，如主动性减少、活动减少、孤僻、自私、对周围环境兴趣减少、对人缺乏热情、敏感多疑。病程可持续1～3年。

第二期，混乱期，中期：

(1)完全不能学习和回忆新信息，远事记忆力受损但未完全丧失；

(2)注意力不集中。

(3)定向力进一步丧失，常去向不明或迷路，并出现失语、失用、失认、失写、失计算等症状。

(4)日常生活能力下降，如洗漱、梳头、进食、穿衣及大小便等需别人协助。

(5)人格进一步改变，如兴趣更加狭窄，对人冷漠，甚至对亲人漠不关心，言语粗俗，无故打骂家人，缺乏羞耻感和伦理感，行为不顾社会规范，不修边幅，不知整洁，将他人之物据为己有，争吃抢喝类似孩童，随地大小便，甚至出现本能活动亢进，当众裸体，甚至发生违法行为。

(6)行为紊乱，如精神恍惚，无目的性地翻箱倒柜，爱藏废物，视作珍宝，怕被盗窃，无目的地徘徊、出现攻击行为等，也有动作日益减少、呆若木鸡者。本期是本病护理中最困难的时期，该期多在起病后的2～10年。

第三期，极度痴呆期，晚期：

(1)生活完全不能自理，两便失禁。

（2）智能趋于丧失。

（3）无自主运动，缄默不语，成为植物人状态。常因吸入性肺炎、压疮、泌尿系感染等并发症而死亡。该期多在发病后的8～12年。

任务三　探讨阿尔茨海默病的病因，
为老年人提供阿尔茨海默病的预防方法

阿尔茨海默病是一种多病机异质性疾病，具有特征性神经病理和神经化学改变，常见起病，起病可在老年前期，但老年期的发病率更高。根据现有的资料，掌握阿尔茨海默病的起病原因和预防对策，需要思考以下问题，并在问题的引导下更好地完成各项任务。

图1-1-6　引起阿尔茨海默病的病因

问题三：阿尔茨海默病的病因是什么？有什么办法可以预防吗？

情境七中的老人，检查结果为阿尔茨海默病，到底这种病是怎么产生的？从这个老人的行为来看，这种病对老年人的记忆、思维、语言能力和定向能力产生了很大影响。通过学习，我们需要掌握预防阿尔茨海默病的方法。

学一学

阿尔茨海默病的病因及预防

(一)阿尔茨海默病的病因

阿尔茨海默病是老年人群中常见的神经退行性疾病,会逐渐损害记忆、思维和生活自理能力,给患者和家庭带来负担。目前它的病因尚未完全明确,但研究发现主要与四种关键机制相关,日常做好预防也能降低患病风险。

从病因来看,首先是微管相关蛋白 tau 异常学说。我们大脑里的神经元需要"支架"维持结构、传递信号,tau 蛋白就是"支架助手",能稳定神经元的微管支架。可要是 tau 蛋白发生异常改变,比如过度磷酸化,就会脱离支架,像乱线团一样聚集起来形成"神经原纤维缠结"。这些缠结会破坏神经元的结构和功能,导致神经信号传递受阻,进而影响记忆和认知。

其次是淀粉样蛋白毒性学说。大脑中有一种"淀粉样前体蛋白",正常情况下,它会按正确路径分解,产生对神经有益的片段。但如果分解路径出错,就会生成有毒的淀粉样蛋白。这种有毒蛋白会不断堆积,形成"淀粉样斑块"附着在神经元周围,不仅会直接损伤神经元,还会引发炎症反应,破坏神经之间的连接,导致认知功能下降。

第三种是载脂蛋白 E 基因多态性学说。人体里有个"载脂蛋白 E 基因",它指导合成的蛋白能帮助转运脂质,还能清理大脑里的有毒物质。这个基因有不同类型,有的类型(比如 ε4 型)会让合成的蛋白功能变差,没法有效清理有毒蛋白,使得有害物质在大脑堆积,增加患病风险;而有的类型(比如 ε2 型)能让蛋白更好地发挥保护作用,降低患病概率。

最后是早老素基因突变学说。"早老素基因"正常时很重要,能帮助分解大脑里的有害物质,维持神经稳定。但如果这个基因发生突变(多在家族中遗传),分解功能就会出错,一方面导致有毒蛋白大量产生,另一方面还会破坏神经细胞的钙平衡和能量供应(线粒体功能),加速神经细胞损伤死亡,这种情况多引发早发型的家族性阿尔茨海默病。

(二)阿尔兹海默病的预防

虽然阿尔茨海默病目前无法完全治愈,但做好预防能降低风险。日常要保持健康生活习惯,每天适量运动(如散步、太极),促进脑部血液循环;饮食多吃蔬菜、水果、全谷物,少吃高油高糖食物;保证 7—8 小时睡眠,避免熬夜损伤神经。还要让大脑"动起来",多读书、学新技能(如用手机拍照、做饭)、玩益智游戏(下棋、拼图),维持大脑活跃度;多和家人朋友聊天、参加社区活动,避免孤独。另外,有高血压、糖尿病、高血脂等疾病的人要积极控制病情,这些疾病会加重脑部损伤,增加患病风险。

(三)阿尔茨海默病的预防办法

近年来，阿尔茨海默病患者呈逐年上升的趋势，给人们的健康带来了很大的威胁，为了减少阿尔茨海默病的发生，大家一定要积极地预防。那么有效预防阿尔茨海默病的方法有什么，下面我们就来了解一下吧。

(1)有爱好。要注意培养自己的兴趣爱好，如听音乐、散步、运动、远足、下棋等，可选择其中某项或几项作为调节大脑的方法。

(2)勤用脑。要注意智力训练，勤于动脑，以延缓大脑老化。有研究显示，常做用脑且有趣的事，可保持大脑灵敏，整日无所事事的人患阿尔茨海默病的比例较高。老年人要经常给大脑以知识刺激和训练，如阅读书报、学习电脑、学习外语、进行各种计算等。而且要主动学习和记忆，才能不断保持自己大脑的灵活性。

(3)常动手。通过活动手指，给脑细胞以刺激，对健脑十分有益。手指运动的方式很多，最常见的有写字、绘画、编织、弹琴、玩健身球、玩玩具等。

(4)多运动。体力劳动和脑力劳动并重，在多用脑的同时，还要多运动，并做些力所能及的体力活儿。运动还可促进神经生长素的产生，预防大脑退化。实践证明，适当的体育锻炼不仅有益于健康，而且可以提高中枢神经系统的活动水平。

(5)调饮食。要注意营养均衡，按时进食，特别要补充足够的优质蛋白和多种维生素。在膳食方面宜做到"三定、三高、三低和两戒"，即定时、定量、定质，高蛋白、高不饱和脂肪酸、高维生素，低脂肪、低热量、低盐和戒烟、戒酒。多吃富含维生素B12的食物，如香菇、大豆、鸡蛋、牛奶、动物肾脏、各种豆制品，以及叶酸丰富的食物，如绿叶蔬菜、柑橘、西红柿、菜花、菌类、牛肉等。

(6)多交友。要多交朋友，尤其是年轻朋友，因为年轻人头脑比较敏锐，思想较为开阔。在相互交往的过程中，可改善气氛，启迪智慧。当然，老年人之间的互相交流，对保持大脑的活力也颇有好处。

小知识

阿尔茨海默病患者在饮食上需注意什么？

饮食为大家提供了成长过程中的营养基础，同时食疗方法对疾病的康复也有十分重要的作用，阿尔茨海默病患者也不例外。阿尔茨海默病可以发生于任何年龄，是常见的致残性疾病。该病的治疗有一定的难度。所以在阿尔茨海默病的治疗过程中大家要注意采取多种方法的联合应用。饮食习惯对阿尔茨海默病患者的康复很重要。下面就为大家介绍阿尔茨海默病患者在饮食上需注意的几个方面。

(1)每天要适当进行户外活动，让太阳光照射皮肤，可增加进食需求，帮助吸收营养。

(2)要以碳水化合物如米饭、面食、馒头、粥、粉为主食，不要食过多杂食，从而影响进食要求，造成营养障碍。

(3)要按时进食。一般早、午、晚各进食一次，有条件者可以在上、下午各增加点心一次，按时进食，可以增加进食量。

（4）食物要容易消化吸收，营养丰富，要选高蛋白的食物。蛋白质是智力活动的基础，与脑的记忆、思维有密切的联系。牛奶、豆浆、鸡蛋、酸奶、肉类等都是富含蛋白质的食物。还要多选择维生素含量高的食物。

（5）患者适宜吃的食物。

①清淡营养丰富的食物。如桂圆大枣汤、瘦肉、鸡蛋、鱼等，因为此类病人多阴血不足；而对那些体型肥胖者，则宜给予清淡饮食，多食新鲜蔬菜、水果，如芹菜、豆芽、黄瓜、香蕉、橘子等。

②富含姜黄素的食物。姜黄素能够有效抑制阿尔茨海默病，目前国内已经有湘雅医院、福湘生物等科研机构开展对于姜黄素的研究工作，未来对于阿尔茨海默病的治愈已经出现曙光。

③腐竹。腐竹具有良好的健脑作用。营养学资料表明，每100克豆浆、豆腐、腐竹的蛋白质含量分别为1.8克、8.1克、44.6克；而水分含量则分别是96克、82.8克、7.9克。不难看出，腐竹含蛋白质丰富而含水量少，这与它在制作过程中经过烘干，吸收了其精华，浓缩了豆浆中的营养有关。腐竹的营养价值高。

④蔬菜和水果。患者应多吃蔬菜和水果，少吃肥肉。蔬菜和水果中含有多种维生素和纤维，能保持大便通畅。可以把菜剁烂，做成菜肉包子、菜肉水饺、菜泥、菜汤等。

阿尔茨海默病患者的合理饮食对患者的康复有十分重要的作用，大家在治疗的过程中千万不要忽略痴呆患者的饮食。在饮食的基础上为患者采取有效的治疗方法是患者减缓病程发展的关键。

实施步骤

步骤一：准备工作

（1）环境准备。要求教室清洁卫生，宽敞明亮，配有活动桌椅，设备能正常使用。

（2）材料准备。一是各项目情境资料及学生预习准备的相关资料，资料来源可以是教材，也可以是网上的期刊论文。二是白纸、彩笔、胶带、剪刀等。

（3）人员准备。根据项目情境，将全班学生分为几个小组，选出小组长，负责领导团队完成项目任务。

步骤二：分配项目情境，布置项目任务

将各项目情境分别发给每一个小组长，并提出每个项目情境的任务及要求。具体要求：熟悉项目情境—完成情境任务—写出实施提纲—代表汇报—全体评价。

步骤三：实施过程

各小组成员根据项目情境中的任务要求，进行任务分解，并参考教材及相关资料进行思考、提出问题、讨论交流、解决问题。并以提纲的形式，写出问题解决方案或措施（其间学生也可以上网查询相关资料）。

步骤四：成果展示

以小组为单位，对任务完成的过程进行分析汇报。其他小组提出问题或意见、建议，进行讨论交流。随后，各小组修改、完善，并提交作业（汇报材料或视频材料等）。

步骤五：实施效果评价

先以小组为单位，由各小组派代表对该项目实施的优点与不足进行评价，最后由教师进行总结性评价。

总体步骤安排：老年人认知方面的情境案例引入—讨论—知识点聚焦—知识运用—方法或方案的策划与实施—解决问题—新问题产生—知识点再聚焦—……—解决问题。

能力检测

【情境】

齐某，男，67岁，已婚，汉族，工人，初中文化。因渐进性智能减退4年，于2014年5月入院。

4年前家人发现患者经常丢三落四，东西放下即忘，夜间不眠，有时说耳旁似有人唱歌，但听不清内容。近两年来忘事更严重，外出买菜忘记将菜带回家，在小区散步，竟找不到回家的路。近一年来他开始忘记原来很熟练的钳工技术。最近一年来病情日益加重，女儿来看他也不认识，指着自己的家说："这不是幼儿园吗?"吵着要回自己的家。

患者经常上完厕所就找不到回病房的路。在家反复无目的地东摸摸西摸摸。不会穿衣，常将双手插入一个袖子中，或将衣服穿反，或将内衣扣与外衣扣扣在一起，家人纠正，他反而生气。不知主动进食，或光吃饭，或光吃菜。常呆坐呆立，从不主动与人交谈，不关心家人。入院前3天无目的外出走失，被家人找回后送入医院。

【任务】

面对以上情境，你需要完成以下任务。

任务1：能够判断情境中老年人的心理疾病及行为特征。

任务2：能够判断情境中老年人心理疾病处于第几个阶段，具体表现在什么地方。

任务3：能够帮助老人找出缓解病情的措施。

知识梳理

		1	老年人感知觉变化特点	1. 视觉减退 2. 听觉减退 3. 味觉嗅觉变得迟钝 4. 皮肤感觉变得迟钝

项目主题 老年人认知心理与行为

知识点

1 老年人感知觉变化特点
- 1. 视觉减退
- 2. 听觉减退
- 3. 味觉嗅觉变得迟钝
- 4. 皮肤感觉变得迟钝

2 感知觉变化会出现的现象或行为
- 1. 老花眼
- 2. 耳背
- 3. 饮食无味

3 老年人记忆
- 1. 记忆的种类
- 2. 老年人记忆的正常老化
- 3. 老年人记忆的变化

4 老年人智力
- 1. 老年人智力发展特点
- 2. 老年人思维变化
- 3. 阿尔茨海默病

技能点

1 改善老年人记忆的方法
- 1. 注意观察
- 2. 分类储存
- 3. 及时复习
- 4. 运用联想
- 5. 合理分配材料
- 6. 集中注意力
- 7. 培养学习习惯
- 8. 注意大脑营养
- 9. 增加生活趣味
- 10. 加强体育锻炼

2 阿尔茨海默症预防方法
- 1. 有爱好
- 2. 勤用脑
- 3. 常动手
- 4. 多运动
- 5. 调饮食
- 6. 多交友

3 阿尔茨海默病饮食注意事项
- 1. 每天进行户外运动
- 2. 以碳水化合物如米饭等为主食
- 3. 食物要易消化，营养丰富
- 4. 患者适宜吃的食物

子项目二
老年人情绪情感心理与行为

项目情境

【情境一】李大妈，59岁，有高血压，因媳妇生了孙子后家庭矛盾增加，照顾小孩理念不同导致矛盾爆发，争吵一次后情绪变得很不稳定。哭闹，以死威胁，要全家人都关注她，离家出走让大家找，在马路上哭闹博取别人的同情。恨不得媳妇死了才解气。闹得儿子很不好做人，不知道怎么办，求助社区社会工作者。

【情境二】孤独是很难受的，年轻的时候不觉得，老了就能深刻感受到。"不久前，一位白发苍苍的奶奶对着镜头说出了老年人的心里话，这段视频获得了上万点赞，再次将老年人的生活现状拉回了大众的视野。关于养老这个话题，几乎所有人都会下意识地认为，这主要是个身体健康问题，但其实，老年人的心理和精神健康同样需要我们的高度关注。曾有八旬奶奶拍视频诉说自己的孤独，女儿去了美国，儿子去了广州，八个孙子也都不在身边，最后只能无奈地叹息："我一个人，不知道该怎么活下去。"后来，又有一位七旬奶奶登上热搜，因为孤独，她疯狂网购，一年买了600多件快递，最后只能睡在快递堆里。

这些案例看得让人揪心，老人无法摆脱"孤独感"已经成了一个社会难题。在"9073"养老格局下，居家养老是我国超过90%老年人的现实选择，这关系到千家万户老人的幸福。

【情境三】退休后，为了排解寂寞，许多老人喜欢到小区花园找朋友扎堆打牌，虽说不输房不输地，但玩起来那争强好胜的劲儿，常常因为出错一张牌或多说一句话，就争得面红耳赤，甚至气得血压升高。这不，小区里面这一窝子老年人又在玩牌了，不知道什么原因吵了起来，一个老年人和别的老人吵了起来，丢下一句"不打了，没劲"就走了，其他老人也就散了。

【情境四】有媒体报道，家住甘肃兰州市的七旬老人阎政平，在其居住小区附近的人行横道上，对过往违章车辆投掷砖头近30次，砸中14辆。老人为什么会有这种过激行为呢？专家指出，这是一种情绪的宣泄，来源于对违章驾驶危害生命的痛恨，也就是一股怨气。

【情境五】吴大妈是小区有名的和事佬，哪家有点矛盾和小争吵，都会告诉她，她也很乐意帮助别人。傍晚，李大妈告诉吴大妈，张大爷和他老伴闹矛盾了，他老伴已经有一天没吃饭，呼吸也比以前急促，并且手脚发抖，听说血压也升高了，要她赶紧去调解一下。吴大妈收拾了一下，来到张大爷家，先夸了一下张大爷的厨艺是小区里面公认一流的，又夸了一下他老伴以前是远近有名的美女，然后就开始回忆他们以前的开心往事，说着说着，张大爷老伴露出了笑容，最后吴大妈就问张大爷老伴，张大爷怎么惹她生气了，结果是因为张大爷把他老伴的东西弄丢了，可是张大爷还不承认，说记不得了，结果两个人就吵起来了。

【情境六】张家碧：晚年生活就是到处找快乐

对于63岁的张家碧老人来说，她是不幸的，因为在两年内她先后经历了甲状腺瘤、乳腺癌两大手术。但她又是幸运的，因为在医疗技术快速发展的今天，一切疾病都已不再可怕。

张家碧老人是位性格开朗的老人，面对疾病也坦然处之。她说："对待疾病就像对待敌人一样，借用毛主席的话说：'在战略上藐视敌人，在战术上重视敌人'。"如今，手术已经过去一年了，老人身体检查各项指标均正常。"你看，我头发在化疗时都快掉光了，现在又重新长了起来。"老人指着头发高兴地对记者说。

"我平时也喜欢唱歌、跳舞、练太极拳，所以参加了老年大学，和这么多学员在一起，不仅可以愉悦心情，还可以锻炼身体，现在找快乐就是我的主要工作。"张家碧这样说道。

项目目标

能力目标：

> (1)能够根据老年人需要的特点，对老年人情绪和情感的变化进行解释和分析。
>
> (2)能够根据老年人所产生的不良情绪，对其进行情绪疏导。
>
> (3)能够根据老年人情绪和情感的特点，掌握避免老年人产生不良情绪的方法。

知识目标：

> (1)了解老年人的情绪和情感的特点。
>
> (2)掌握老年人不良情绪所产生的行为。
>
> (3)熟悉避免老年人产生不良情绪的方法。

情感目标：

> (1)具备洞察老年人需要的心理意识，理解老年人情绪产生的原因。
>
> (2)具备站在老年人角度思考他们情感需要的能力。
>
> (3)形成关爱老年人和体贴老年人的责任意识。

✔ 项目任务

【任务导入一】

面对情境一、情境二、情境三、情境四，你需要完成以下任务。

任务一：通过了解老年人在需要、情绪和情感方面的特点，掌握老年人常见的不良情绪体验。

任务二：通过了解老年人不良情绪产生时常见的行为表现，找出避免老年人产生不良情绪的方法。

任务三：通过对不良情绪的认识，帮助老年人进行情绪疏导。

【任务分解】

任务一：通过了解老年人在需要、情绪和情感方面的特点，掌握老年人常见的不良情绪体验

老年人由于年龄的增长，对生命紧迫感的认识越来越强烈，同时由于老年期的各种社会地位和资源的丧失，老年人的需要呈现出和年轻人不一样的特点。掌握老年人的心理需求，判断老年人的情绪和情感需要思考以下问题，并在问题的引导下更好地完成各项任务。

问题一：老年人的需要、情绪和情感有什么特点？老年人常见的不良情绪体验有哪些？

情境一和情境二中的老年人，究竟是什么需要没有得到满足，从而出现了哭闹

> **关键概念**
>
> 需要：需要是有机体内部的一种不平衡状态，它表现为有机体对内部环境或外部生活条件的一种稳定的要求，并成为有机体活动的源泉。
>
> 情绪和情感：是人对客观事物是否符合自己需要而产生的态度和体验。包括生理反应、心理反应、认知反应和行为反应四个部分。

和打人的不良情绪反应？情境三和情境四中的老年人的情绪到底出现了什么问题？什么情况导致了情境四中的老人做出了过激行为？

🔍 学一学

一、老年人的需要有什么特点

(一)老年人更关注精神和心理方面的需求

随着社会的发展，老年人的需求已从以前的物质需求和安全需求，转变为现在更关注心理和精神方面的需求。曾春艳等(2023)的研究发现，随着生活水平的提高，老

年人不再将吃、穿、住的物质需求放在首位，而是更加关注心理和精神需求。黄耀明、黎春娴（2011）采用分层多级抽样与简单随机抽样相结合的方式，对福建省九个市的244名城市老年人进行了调研，结果发现，老年人的家庭生活心理需求最高，其次是社会生活心理需求，再次是性心理需求。这表明，城市老年人在关注身体健康情况的同时，也对子女的探望表现出较高的需求。李永萍（2024）的调研发现，农村老年人不仅有物质生活的需求，还有闲暇生活的需求。在乡村振兴的背景下，老年人的闲暇时间不仅是关系到他们的精神文化需求得以满足的问题，更关系到他们对美好生活的向往和追求。国家发展改革委提出，我国有近3亿老年人，随着我国经济社会发展水平的不断提升，老年人提高生活品质的愿望和需求也在不断增强。特别是以"60后"为代表的"新老年群体"，他们推动着需求结构从生存型向发展型转变，既包括传统的"衣、食、住、行、用"等实物需求，也包括健康、养老等服务需求，还有艺术、体育、休闲、娱乐等"诗和远方"的新需求。

（二）老年人需要的特点和年龄有关

早在1997年，黄唯汉与孙梦云（1997）通过对高校150余名离退休老人的调查发现，老年人的精神需要、物质需要、健康安全需要、文体娱乐需要、政治上关怀的需要等方面，与他们在职时相比更为突出、强烈；并且发现，不同需要对于不同年龄老人的重要程度存在差异，对于60～65岁的老人来说，尊重需要排在首位，然后依次是爱的需要、安全需要和生活需要；70岁以上的老人最看重安全需要，然后依次是爱的需要、尊重需要和生活需要。从这一结果来看，可能随着年龄的增长，我国老人越来越重视健康、安全方面的物质需求。这一结果也被韩布新等（傅双喜、王婷、韩布新等，2011）的调研结果所证实。在韩布新等的研究中，将老年人划分为62～70岁组、71～80岁组和80岁以上组，他们的生理与安全需要，随着年龄增长需求程度逐步上升；交往需要71～80岁组得分最高，认同需要与自我实现需要随年龄的不同而有差异，可能与退休适应以及生理变化有关。这种分析可能较为合理，在我国当前情况下，60来岁的老年人通常刚刚退休，或者还能够从事体力或脑力劳动，还希望发挥自己的余热，因此有较高的尊重需要或认同需要。

（三）老年人需要的特点和职业有关

不同职业、不同学历的老年人，也可能表现出不同的需求特点。在韩布新等（傅双喜、王婷、韩布新等，2011）的研究中，农民的交往需要与自我实现需要，得分显著低于干部、技术人员、工人（服务人员），生理与安全需要、认同需要与干部、技术人员、工人（服务人员）的得分没有显著差异；虽然学历在各需要得分上没有显著差异，但却表现出学历越高，生理与安全的需要得分越低，交往需要与自我实现需要的得分越高的趋势。

（四）空巢老人更在意亲情需要

在老龄化、少子化和农村劳动力转移常态化等多重背景叠加作用下，人们的生活观念发生了很大变化，代际居住空间分离使中国的家庭结构也逐渐出现了空巢化，空巢老人越来越多。有研究者开始关注空巢老人的需求问题。韩振燕与郑娜娜（2011）通过入户调研方式，走访了南京市鼓楼区政府专项援助和安装"安康通"的 320 名老人，认为空巢老人的主要心理需求有，希望获得子女亲情的情感需求、希望获得社会关注和尊重的需求、希望摆脱孤独和寂寞的文化娱乐需求、希望与他人交往和沟通的交往需求，以及希望能够发挥余热的自我实现需求。

二、老年人的情绪和情感的一般特点是什么

（一）更容易产生消极的情绪情感

人到老年期，由于生理、心理的退行性变化以及退休后角色地位、社会交往的变化，比较容易产生抑郁感、孤独感、衰老感和自卑感等消极情绪。研究者对大样本调查结果进行分析后发现，老年人的情绪反应会变得迟钝，并且会体验到较多的消极情绪。上海的一项对 164 名退休老人的调查表明，有时有抑郁感（包括焦虑不安）的约占 40%，有时有孤独感的占 21.3%，经常有孤独感的占 13.1%。北京的一项对 53 名离退休干部的调查指出：完全没有抑郁感的占 42%，少有和一般有抑郁感的分别占 22% 和 34%，抑郁感较重者占 2%；完全没有孤独感的占 47%，稍有和一般有孤独感者各占 23%；完全没有衰老感的占 15%，稍有和一般有衰老感以及较重者分别占 51%、30% 和 4%，老而不中用感的与此类似，稍有、一般有和较重者分别占 53%、32% 和 2%。

（二）情绪体验深刻而持久

老年人对生命剩余时间的认识与年轻人不同，他们觉得时日不多、生命有限，因此与年轻人关注遥远将来的未来定向不同（future-oriented），常常是现实定向（present-oriented）；青年人会因为关注未来，重视信息的获得而可能牺牲情感回报或付出情感代价，他们可能会极力拓宽社会交往圈子以更好地获得信息。但是老年人因为觉得时间有限，他们的注意力不再强调未来，而是转向现实的体验，情绪体验更加深刻和持久。同时，由于老年人形成了比较稳固的价值观以及较强的自我控制能力，他们的情绪和情感一般不会轻易因外界因素的影响而发生起伏波动。他们的情绪状态一般比较稳定，变异性较小，至少在短时间内变化较小。

（三）各种"丧失"是情绪体验最主要的激发事件

影响老年人情绪体验的事件或因素是非常复杂的，在这些纷繁的影响因素中，各种"丧失"（loss），包括社会政治、经济地位、专业、健康、容貌、配偶等的丧失是最重要的激发事件。把握这一科学道理，对于老年人的自我心理调节，对于老年工作的组织者或具体工作人员及时了解影响老年人情绪的各种激发因素及其中最重要的激发事件，科学地调适老年人的身心健康是大有裨益的。

（四）我国老年人生活满意感水平较高

生活满意感是以个体生活愿望和需要为中介的，对生活持积极与肯定态度的内心体验。研究指出，由于人的情绪情感与社会制度、文化背景有极为密切的关系，生活在具有尊老爱幼传统的社会主义制度下的我国老年人情绪情感的"基调"或基本特征是

生活满意感水平较高。从总体上看，我国大多数老人对生活是比较满意的，不满意的为数极少。

三、老年人有哪些常见的不良情绪

心理学家认为，随着年龄的增大，听觉与视觉衰退，身体疾病增多，人际交往减少，都可致使老年人心理变敏感、孤僻，情绪低落或易发脾气。老年人常见的不良情绪有哪些呢？

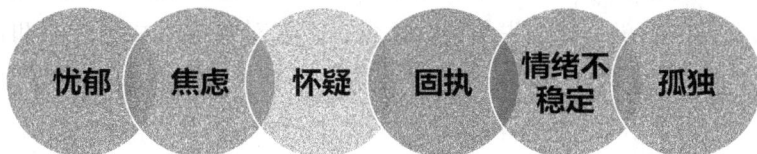

忧郁   焦虑   怀疑   固执   情绪不稳定   孤独

图 1-2-1

(一)忧郁

忧郁情绪在老年人中常见。老年人的自卑心理、孤独和失落感等是产生忧郁的主要原因。表现为情绪消沉、灰心丧气、心情压抑等。老年人的适应能力差，当遇到各种环境因素的刺激，就会很快消沉，忧郁情绪就会加重。有的老年人虽然没有遇到什么伤心事，也会无缘无故地忧虑，对周围事情放心不下，终日闷闷不乐。有些老人长期患病，因疾病和治疗带来的痛苦和烦闷，生活活动的限制，如果又得不到家人的照顾和体贴，易产生忧心忡忡、悲观抑郁，甚至走上自杀的道路。

(二)焦虑

当人们预期即将面临危险、威胁等不良处境，又感到无能为力时，就会产生紧张和不愉快的情绪体验，这种情绪状态就是焦虑。老年人对自己躯体和健康过分关注，恐惧疾病和死亡，内心的冲突，社会家庭的矛盾得不到解决等，都是产生焦虑的原因，但这些原因往往是不被自己明确意识到的。焦虑可表现为心烦意乱，情绪易激怒，怀疑自己的能力，紧张、恐惧、失望、惊慌以及头晕、头痛、失眠等精神、躯体和植物神经功能紊乱的症状。

1. 产生原因

老年人对自己躯体和健康过分关注、恐惧疾病和死亡、内心的冲突、社会家庭的矛盾得不到解决等都是产生焦虑的根源。

2. 表现

心烦意乱，情绪易激怒，怀疑自己的能力，紧张、恐惧、失望、惊慌以及头晕、失眠等精神、躯体和自主神经功能紊乱的症状。

(三)怀疑

随着年龄的增加，有些老年人往往以自我为中心，心胸狭隘，疑心病较重。疑心病是老人常见的心理问题。他们对自己采取过多保护的态度和方法，对什么事都优先维护自己的利益，对别人不够信任，猜疑别人可能会做出对自己不利的事情，少数老人在社交场合甚至怀疑别人设圈套陷害他，认为别人有意与他过不去，怀疑别人在背后议论他。在家庭生活中，怀疑自己老伴不忠，怀疑子女在算计他的财产。更为常见的是对自己健康状况的过分关注，他们常常把躯体的老化症状怀疑是得了什么严重的病症，有的发展成疑病症。

(四)固执

老年人往往较固执守旧，坚持自己的观点，虽然有时他们的观点明显不符合实际，但他们听不进他人的意见，对社会上的新鲜事物不易接受，看不惯由于社会发展而产生的一些变化。有些老年人好钻牛角尖，比较主观，对自己以往的经验和体会很重视，留恋自己过去的功绩，认为年轻人总是不够成熟，对子女处理问题不放心，一味要求别人按他的意志行事。

(五)情绪不稳定

由于老年人大脑的退化，特别是额叶功能的衰退，对皮层下部位的抑制过程削弱，较为原始的情绪反应就会明显起来，情绪变得很不稳定，急躁、易冲动，且变化过快，喜怒无常，使人感到如同儿童一样变化多端。老年人有这种不稳定情绪，易躁易怒，常导致家庭生活的矛盾，为鸡毛蒜皮的小事而大发脾气，同家人争吵。[①]

(六)孤独

孤独感是一种主观感受到的与社会隔离而只身孤立的心理状态，也是一种普遍存在的主观体验。马潇斌在《高龄老人心理衰弱和孤独感的现况调查》(2020)中的研究显示，超过一半的老人孤独感强烈。孤独感是一种重要的生物－心理－社会应激源，会带来一系列健康问题。当孤独感单独出现或与其他生理疾病共同出现时，会导致焦虑、抑郁甚至自杀。与人倾诉可以使老人的负面情绪得到疏导和发泄，消除寂寞感，有助于减轻老年人的孤独感。老年人参加运动越积极，社会参与能力越强，越能在与他人的交往中获得情感慰藉，孤独情绪就会越少。

任务二　通过了解老年人不良情绪产生时常见的行为表现，找出避免老年人产生不良情绪的方法

每一种情绪的产生都由生理反应、心理反应、认知反应和行为反应四部分组成，最后表现出来的就是情绪的行为反应，通过了解老年人表现出来的行为反应，可以更好地识别老年人的情绪，找出避免老年人产生不良情绪的方法。

问题二：老年人因不良情绪所导致的常见行为有哪些？避免老年人产生不良情绪的方法有哪些？

情境五中的老人在生气时出现的呼吸、饮食和动作上的变化，就是不良情绪所导致的行为表现，除了这些变化以外，还有哪些行为表现呢？下面我们学习老年人因不良情绪所导致的常见行为。

---

① 时蓉华著. 老年心理保健必读. 上海科学技术文献出版社，1996 年 04 月第 1 版

学一学

(一)老年人因不良情绪所导致的常见行为有哪些

老年人情绪情感
的特点

1. 激动易怒

老年人情绪变化较大，容易出现激动易怒的行为。表现为血液流速加快，面红耳赤，青筋突出，有时还伴有手脚抖动等，有时因一点小事而大发脾气，或发无名之火，只要有一点挫折和打击，或者因一点不顺就伤心不已，通宵不眠。

2. 伤心失落

老年期是人生的特殊时期，是身体和心理极易出现问题的时期。老年人退休前工作稳定，生活规律，而退休后长期闲着，心理难以适应，便会产生莫名的空虚与失落；有的老年人退休前有一官半职，或有一份体面的工作，退休后由于社会环境和角色的转变，存在心理落差，而变得情绪低落，不思饮食，行动力减弱等。

3. 焦虑行为

有的老年人认为自己是无用的，什么都做不好了，成了子女的负担，对一些无关紧要的事情产生不必要的担心。老年人退休以后社会地位改变了，应酬和人际交往减少了，生活圈子变窄，主观上认为被亲友和社会所抛弃，心理便会产生孤独、寂寞和烦恼；有的老年人受到疾病的困扰和死亡的威胁，从而产生恐惧和焦虑不安；还有的老年人退休后一直沉迷于退休前的"光环效应"，办起事来总感觉没有以前顺利，处处存在挫折感。

4. 抑郁消沉行为

老年人抑郁的心理因素很多，有的因家庭矛盾、邻里关系不和、人际关系紧张；有的老年人子女在外地工作，丧偶后孤身独处，生活无人照顾；有的老年人长期受病痛折磨，感觉康复无望；或因个性内向、生活圈子狭窄，与外界隔绝，缺乏必要的思想和感情交流等，而变得抑郁和意志消沉。抑郁是老年人常见的情绪和心理失调。

5. 失眠

心理紧张、焦虑不安、恐惧、担忧等负性情绪是导致睡眠障碍的最常见原因。睡眠障碍也常常是某些心理疾病的首发症状之一。如抑郁症病人的睡眠障碍以早醒为特点，躁狂症病人的睡眠障碍则以睡眠需要减少、睡眠时间缩短为主。老年人的睡眠障碍常表现为白天欲睡而夜间难以入睡，并且夜间睡眠常呈间断性。

6. 否认

否认生活中出现的小失误。一些老年人对自己在生活中出现的小失误，生怕被别人发现，不敢正视。一旦被别人发现，就百般推脱，找各种借口和理由不愿承认。一些老年人虽然接受了疾病诊断，但存在不同程度的侥幸心理，常常用幻想来欺骗自己，对疾病的严重程度半信半疑，不按医嘱行事；一些老年人惧怕谈论死亡，不敢探视病人，甚至看到一只死亡的动物也备受刺激。

7. 恐惧害怕

老年人由于自理能力下降，担心患病，心理上会产生忧虑感或恐惧感，有的老人身体感觉不舒服，考虑到自己的经济状况不是很好，怕给儿女增加经济负担，所以耽误了最佳治疗的时期，使病情雪上加霜，增加了心理上的恐惧感。

8. 疑病和恐病行为

人过中年后，对身体比以前多关心一些是必要的，但如果过分担心身心疾病，总是怀疑、恐惧自己得了某种病症，看到别人或病或死就与自己联系起来，有时也常常把自身的某些不适与某些病症联系起来，反复求医，面对检查的阴性结果和医生的解释都不能消除疑病的观念，还说自己有病，弄得整天人心惶惶，草木皆兵。长此以往，这种疑病的感觉，势必会对身体产生影响，恐病也会使已得的疾病加重。

(二)情绪状态的种类

情绪状态是指在一定的生活事件影响下，一段时间内情绪活动在强度、速度、持续时间和紧张程度上的综合表现。根据强度和持续时间的长短，可以把情绪状态划分为心境、激情和应激。

1. 心境

心境就是我们所说的心情。心情愉快、舒畅或心情烦闷、抑郁等都是心境的具体表现。心境具有弥漫扩散的特点。

引起心境变化的原因是多种多样的。个人生活中的重大事件、事业的成败、工作是否顺利、人际关系是否和谐、健康状况、自然环境的优劣等都可能导致心境的产生和变化，人对过去经历过的事件的回忆和联想、偶尔的遐想或对未来生活的向往，也会使相应的心境油然而生。

心境除了与具体情境有关以外，每个人还有自己独特的、较为稳定的心境，即主导心境。所以，在日常生活中，有的人比较乐观，总是朝气蓬勃，有的人总是愁眉苦脸，抑郁烦闷。

心境对人的学习、工作和生活有很大的影响。积极而良好的心境，能调动起人的积极性，提高工作和学习效率，提高生活质量。消极的心境会使人产生挫折感，丧失从事各种活动的动力。因此，在教育教学工作中，我们应创造条件，培养学生积极良好的心境，避免或克服不良情绪，促进其身心健康发展。

2. 激情

激情是一种强烈的、爆发式的、持续时间短暂的情绪状态。惊恐、绝望、狂喜、暴怒等都是激情的具体表现。

激情产生的原因多种多样，生活中具有特殊意义的事件、自相矛盾的愿望或冲突、过度的焦虑、兴奋或抑郁等都可能导致激情的产生。

激情状态下，人会产生一系列生理和行为反应，如心跳加快、血压升高、腺体分泌加速、血糖和血液含氧量增加，甚至呼吸暂时中断等。同时，人的面部表情、语言语调及身体姿态等也会发生变化。

激情状态下，人的认识活动范围缩小，自制力减弱。难以约束自己的行为，不能正确评价自己行为的意义和后果。虽然在激情状态下，个体对行为的调节能力下降，但是，人有能力在激情发生前或过程中，控制自己的情绪，从而避免不良后果的发生。因此，控制消极的激情，最根本的办法是加强思想修养，培养文明道德行为习惯。

当然，并非所有的激情都是消极的，人在工作和生活中有时还需要激情，没有激情就没有见义勇为的英雄，没有激情就没有为事业开拓和进取的勇士。可见，学会调节和控制激情也是我们需要上好的一堂社会实践课。

3. 应激

应激也称压力，是指个体在面对具有威胁性的情境时产生的、身心高度紧张的情绪状态。日常生活中，偶发事件的发生、危险情境的出现、各种社会压力的存在等都可能使人产生这种情绪状态。

使个体产生应激状态的刺激称为应激源。应激源可以来自心理，如各种心理冲突和挫折、不切实际的期望、工作责任带来的压力和紧张等。应激源也可能存在于环境中，如自然灾害、社会动荡、人口拥挤等。对人来说最大的应激源是人，人际关系是造成个体压力的最主要根源。

应激状态下积极的心理反应有警觉、注意力集中、思维敏捷、精神振奋等，有助于个体应对环境的变化。但是，过度的压力会带来消极的心理反应，如忧虑、烦躁、愤怒、沮丧、悲观失望等，这时人的思维狭窄、自信心降低、记忆力下降，最终导致种种不良的后果。个体在应激状态下的心理反应存在很大的差异，这取决于个体对压力的知觉和解释，以及处理压力的能力。

(三)避免老年人产生不良情绪和情感的方法

一个老太太有两个女儿，都做生意，大女儿是卖扇子的，小女儿是卖雨伞的。天晴时，老太太就为小女儿担忧，担心雨伞卖不出去；天阴时，老太太就为大女儿忧虑，担心扇子卖不出去。如此一来，老太太的日子过得很忧郁。邻居问她为何总是满脸忧伤，老太太说明了情况。邻居笑着说："老太太，你真好福气呀！天晴时，你的大女儿生意很好；天阴时，你的小女儿生意兴隆。"老太太听了，顿时豁然开朗，转忧为喜。

这蕴含怎样的道理呢？同样一件事，从不一样的角度去想，心情就会很不一样，人生的境界也会很不一样。所以，掌握避免让老年人产生不良情绪和情感的方法，可以大大提高老年人的幸福感。心理学家认为，人的心理承受力的"弹性幅度"是可以通过自我修炼而增大的。所谓弹性心理，是指人的心理承受能力具有伸缩性和韧性。中老年人要抵御各方面的恶性刺激，就必须努力学习，加强修养，不断地提高自己的心理"弹性幅度"，避免产生不良情绪。

逢愁而不忧郁	勤劳而不妄想	坚定而不倔强
遇怒而不可盛怒	常乐而不乐极	临悲而不过伤

图 1-2-2

1. 逢愁而不忧郁

在现实生活中，老年人的愁事还是较多的，凡遇愁苦之事，不可因牵肠挂肚而郁郁寡欢。忧虑过度、沮丧苦闷等不良情绪，可使人的中枢神经系统处于抑制状态，使内脏肌肉绷紧，血管紧张，脏器供血减少，甚至坐卧不宁、寝食俱废，必然有损于心身健康。因此，人到中老年，要自觉地培养开朗乐观的性格，保持愉快、活泼、恬静的心境。在遇到各种愁事时，应想方设法从愁雾缭绕之中尽快地解脱出来。可采取音乐疗法、微笑疗法、暗示疗法、倾诉疗法，驱散愁云郁雾，始终保持宁静的心态。

2. 勤劳而不妄想

勤思善想是中老年人的思维特征之一，同时也是保持思维敏捷的方法之一。但不可过度忧思，更不能胡思乱想。思虑过度，可伤心脾，引起心悸、失眠、肢倦、乏力、腹胀等症状。因此，老年人在思虑"缠绕"之时，尤其是涉及切身利益想不开时，切忌钻牛角尖，陷入思维的死胡同，从而导致脾虚气衰，罹患疾病。可转移精力，用娱乐疗法、锻炼疗法、健忘逆流法打破思维的定势，而后静下心来从多角度、多方位地加以分析和研究，肯定会出现"柳暗花明又一村"的妙境。

3. 坚定而不倔强

坚定是中老年人性格成熟的表现。但是，"纯刚纯强，其势必亡"。倔强固执，刚愎自用，是中老年人心身健康的大敌。因为人到中老年，在生理功能上已经衰退，心理承受能力也在降低，如果在日常生活中仍要逞能、要强、硬拼、苦熬，明显是在拿自己的生命开玩笑，必然有害于心身健康，甚至危及生命。因此，人到中老年，做各种事情都不能由着自己的性子来，应该谨慎小心，科学安排，量力而行，千万不可固执倔强，按照自己的老观念、老主意、老经验办事，弄不好会遗憾终生。

4. 遇怒而不可盛怒

凡逢恼怒之事，不可怒发冲冠、暴跳如雷，而应加以克制。愤怒气逆，严重者可以呕血、眼睛昏暗不明、鬓发焦枯；盛怒不止时，心志会受伤而发生健忘，腰痛难以屈伸；如果郁怒的时间很长，气滞五脏，足可气绝而终，《三国演义》中周瑜之死便是佐证。因此，人到中老年，要注意加强情志修养，像林则徐那样把"制怒"作为座右铭，时刻提醒自己，遇有怒气发作时，就下意识地转移一下自己的注意力，或听听他人的劝解和忠言，或主动离开当时的环境，等到时过境迁，自然会心平气和，怒气全消。

5. 常乐而不乐极

轻松愉快的情绪，充分乐观的精神，是健康长寿的心理营养素。经常保持乐观的态度，是中老年人心身健康的基础。但是，常乐宜小乐，不能极乐，正所谓"忧喜更相接，乐极还生悲"。中老年人在生理功能上虽日趋衰退，但在人生追求上却处于鼎盛时期或"夕阳无限好"的境地，值得喜庆的事情还是很多的。如果一有喜事就任凭感情奔放，狂欢极乐，大脑必然兴奋无度，轻则意识松弛，忘乎所以，重则失去控制，落得个"范进中举"，祸自喜生。因此，人到中老年，凡遇"喜出望外"之事，不可妄喜无度，应该稍作收敛，悠然处之，做到乐而有益，乐而有度，紧紧把握和控制住自己的感情，防止被激情的"烈马"驮向心理疾病的悬崖，跌进终生痛苦的"深渊"。

6. 临悲而不过伤

人到中老年，免不了有亲人病重或辞世之类令人悲哀的事情，但悲不宜过伤，更不可"悲痛欲绝"。严重的悲哀能使人心神动摇；沉重的悲哀可使人癫狂或两肋疼痛、手脚抽筋。更加沉痛的悲哀，可使人肺气郁闭，上焦不通，气竭而昏。因此，老年人在临悲和泪水畅弹之际，应向前看，往好处想，以理智的闸门关住感情的决口，尽快地从悲哀的氛围中解脱出来。可用转移法、排遣法等方式消除悲伤的情绪，用自己的意志，把悲痛的情绪转化为生活、工作的力量，防止被悲伤之网所缚，陷入悲上加悲的恶性循环之中。

任务三 通过对老年人不良情绪的认识，能够帮助我们 对老年人进行不良情绪疏导

老年人情绪情感的影响因素是多方面的，不同领域的研究专家由于研究领域的关注习惯，关注点就会不一样。现在很多研究者认为，要综合考虑认知、情绪和动机之间的相互影响才能了解情绪的启动因素。了解了情绪的启动因素后，可以找到梳理情绪的方法。老年人很多情绪不一定会表达出来，所以及时疏导非常关键。掌握老年人疏导情绪的方法，需要思考以下问题，并在问题的引导下更好地完成各项任务。

问题三：疏导老年人不良情绪的方法有哪些？

对于情境三和情境四中的老年人，由于产生了不良情绪，导致了很多消极行为，这些行为对老年人的生活和身体的影响是很大的，对于这些情绪，我们能够使用哪些应对措施呢？

学一学

老年人不良情绪的应对措施有哪些

任何身体疾病都有其精神因素的原因，调节不良情绪，维护心理平衡，保证身心健康。

1. 合理宣泄

宣泄是指通过特有的形式，将积聚在心里的痛苦、忧愁、委屈、遗憾等发泄出来的一种心理调节方法，可分为倾诉、痛哭和写日记等多种方式。

（1）倾诉是指将内心的不愉快理智地向亲朋好友尽情地诉说出来，以便得到亲朋好友的理解、同情、开导和安慰的一种宣泄方式。人的心理承受能力是有限度的，如果超过了一定的限度，很容易使机体组织紊乱和发生障碍，而且容易复发旧病。一个人如果有话或有事总窝在心里，既不说也不道，老是生闷气，时间长了积累到一定程度就会"憋"出病来。每个人可能都有这样的体会，把憋在心里的话痛快淋漓地诉说出来以后，就会觉得精神上轻松许多，有一种如释重负之感，这就是倾诉所起的积极作用。我们常说的"心里有话（事），不吐不快"是有一定道理的。可见，倾诉是自我保护和避

免心理损伤的重要宣泄方式。

（2）痛哭是指尽量找个周围无人的地方，将所有的痛苦、委屈等不良情绪以大声哭泣的方式宣泄出去。哭是人类的一种本能，是人不愉快情绪的直接外在流露。现实生活中除了过分激动外，哭总是由不愉快引起的，当某人遭受极大的委屈和不幸的时候，痛哭一场往往会收到积极的心理效果。哭能够把心中的郁闷通过声音、眼泪和表情释放出来，把由委屈和不幸在身体中产生的有害物质通过眼泪排解出去，从而达到调节情绪、维护心理平衡的目的。从医学心理学的角度讲，短时间内痛哭一场是十分有益的。当然，我们这里所说的痛哭是短时间的，是委屈和不幸达到极大程度时的痛哭，而不赞成遇到一点小的挫折就哭哭啼啼。如果是这样，不仅达不到宣泄的目的，反而会对身体有消极影响。因此，对痛哭应根据实际情况适度使用，发挥它的积极作用。

（3）写日记是指以写日记的方式将不满、委屈、遗憾等抒发出去，以达到内心的平衡。人们有的话可以向亲朋好友直接去说，有的话由于某种特殊原因不便去说或不宜公开，而又想说出来、释放出来，怎么办？这就要借助于写日记，即将心中的不愉快通过写日记的形式发泄出来。日记通常是写给自己看的，有一定的私密性。写日记既可以起到宣泄的作用，又能提高自己的写作能力，是一种一举两得的好方法，值得提倡。

此外，宣泄的其他形式还有唱歌、吟诵、弹奏、绘画、书法等。将废旧物品打砸一番，出出气、解解恨，也不妨一试。但是，宣泄必须在法律和道德允许的范围内进行。违法宣泄虽然能起到宣泄作用，但对社会有一定的危害性，是应当制止的。违反道德的宣泄方式也是错误的，尽管它能起到宣泄的作用，但它毕竟是不正当的宣泄方式，违背了道德准则，是不可取的。还有的人不分时间和场合，随时随地宣泄，这也是不提倡的。

2. 情趣转移

情趣转移是指当自己遇到不愉快的人和事时，有意识地运用各种方法把注意力转移到自己平时感兴趣和喜欢做的事情上去的一种心理调节方法。其目的就是分散和转移注意力，摆脱消极情绪的影响，使自己从不良的心理状态中解脱出来，用兴趣和爱好占据自己的心房，主导自己的情志。当遇到不愉快的人和事的时候，我们应当尽可能地摆脱引起不愉快的人、事及根源地，并且不要沉湎于某件事而不能自拔，应当痛痛快快地玩一场，或者做自己平时感兴趣和喜欢做的事情。如散步、种花、养鱼、书法、绘画、下棋、打牌、集邮、垂钓、聊天、听音乐、看演出、逛商店、游公园或打球、做操、游泳、滑冰、探亲访友，等等。可见，一个人除了要有事业上的追求以外，还需要有某种文娱或体育爱好，更需要有自己的情趣，这样不但可以调剂生活，增添生活的乐趣，从医学心理学的角度来说，对身心健康也很有益处。

3. 理性升华

理性升华是指当一个人遭到挫折和不幸的时候，能够理智地面对现实，正确地对待挫折和不幸，找出挫折和不幸的原因，以坚定的信念、顽强的意志和百折不挠的精神勇敢地在人生的旅途中继续搏击，化不幸和挫折为前进的动力的一种情绪转移方式。

每个人在主观上都希望自己处处顺心、事事如意，但在客观上并不是一切都尽如人意。当一个人遭到挫折和不幸的时候，怎样对待挫折和不幸是摆在我们面前的一个现实问题，是自甘潦倒、悲观失望、灰心丧气，在懊悔和叹息中消沉下去，还是理智地面对现实，正确对待挫折和不幸，找出挫折和不幸的原因，以坚定的信念、顽强的意志和百折不挠的精神勇敢地在人生的旅途中继续搏击，做生活的强者。

一个人有了远大的理想，就会有高尚的情操、坦荡的胸怀和美好的追求。这样的人无论现实生活何等艰难，所处的环境何等险恶，他们的精神世界始终是充实的，这也正是他们的希望之所在。

4. 适度让步

适度让步就是有限度地让步，它可以使自己在心理上获得解脱，缓解矛盾，减轻精神压力和心理负担，对心理健康益处很大。

军事家指挥战斗讲究攻与守、进与退。能进攻的就进攻，不能进攻的就要退守，只想着进攻而不考虑退守，往往会使自己走向绝路。生活中的许多事情也是如此，一些挫折和不幸暂时无法解决，痛苦、气愤和遗憾又无济于事，甚至会导致更大的不利，在这种情况下，不妨做一些必要的适度让步。"退一步天地宽。"收回拳头是为了有力地打出下一拳；退一步是为了更好地进两步。

5. 自觉遗忘

自觉遗忘就是自觉地有意识地控制自己的思维活动，学会用理智驾驭自己的感情，努力强迫自己少想和不想过去的人和事，不去反复回忆当时不愉快的情景，直至把过去遗忘为止。

一件事已经过去了，不论做得对不对、合适不合适，就不要再想它了，特别是不愉快的事，更不要长时间地去想、去回忆。正所谓"言完事过如云散，何必三思绕心缠?"当然，人是有思想、记忆和感情的，要想使自己对过去的人或事一点也不去思考和回忆，几乎是不可能的。但是，人的大脑对自己的意识活动具有调节和控制作用。因此，我们要学会有意识地使自己忘掉不愉快的事情。

6. 自我解脱

自我解脱的目的是维护自己的自尊心、自信心，求得心理平衡。

自我解脱也叫"酸葡萄法"。因为一个人由于主观因素或客观条件的制约和限制，所做的事情不可能都会如愿以偿。经过努力之后实在无法实现既定目标的时候，采用自我解脱，即"酸葡萄法"，是一种值得借鉴的方法。

| 合理宣泄 | 情趣转移 | 理性升华 | 适度让步 | 自觉遗忘 | 自我解脱 |

图 1-2-3

总之，老年人在遇到不良情绪时，一要用一分为二的观点看问题，正确评价事物的"是"和"非"，不要为"是"沾沾自喜，过分高兴；也不要为"非"而耿耿于怀，痛不欲生。二要培养健康的心态，对生活充满信心，心胸开阔，以积极的态度对待新事物。三要培养广泛的兴趣和爱好，积极参加各种社会活动，调节和丰富精神生活。只有这样，才能摆脱不良情绪，保持良好情绪状态。

【任务导入二】

面对情境五和情境六你需要完成以下任务。

任务一：掌握老年人主观幸福感的特点，找出影响老年人主观幸福感的因素。

任务二：掌握影响老年人主观幸福感的因素，找出提高老年人主观幸福感的方法。

【任务分解】

任务一　掌握老年人的主观幸福感的特点，
找出老年人主观幸福感的影响因素

随着年龄的增长，老年人的情绪会变得迟钝，并且体验到较多的消极情绪，但是也有研究发现，老年人的情绪不会像有些认知能力那样，随着年龄增长而呈现出下降趋势，老年人可能会体验到更多的积极情绪。了解老年人积极情绪的多少，重点是了解老年人幸福感的特点及影响因素，需要思考以下问题，并在问题的引导下更好地完成各项任务。

问题一：老年人主观幸福感有什么特点？其影响因素有哪些呢？

"笑一笑，十年少；愁一愁，白了头。"这句话形象地刻画了情绪对人的影响。情绪不仅会影响人们的生理与心理反应，还会影响人们与他人的交往质量，影响人们对生活的幸福感受。为了帮助老年人度过一个快乐的晚年，就需要让老年人保持积极的情绪。

情境五和情境六中的老人，生活中难免会出现不愉快，但只要以乐观的情绪，不断追寻快乐、制造快乐，生活就会变得很幸福，不愉快的事情似乎就会消失，这些好像和我们想象中老年生活的凄凉场景不一致，那么，老年人的幸福感有什么样的特点，其影响因素有哪些呢？要想了解这个问题，需要学习以下知识。

学一学

一、老年人主观幸福感的特点

主观幸福感是人们对整体生活的满意度与快乐感，是衡量个人生活质量的重要综合性心理指标，反映了人们认为自己的生活怎样以及感觉如何。迪纳等认为，可以从生活满意度、积极情感和消极情感三个维度来考察个体的主观幸福感。并且认为，主观幸福感的判断与体验，主要建立在当前情况与预期目标之间的差异基础上，如果当前情况达到或高于预期目标，则会产生满意的感受。

由于理想自我与实际自我之间的差距会随着年龄的增长而逐渐缩小，因此，老年人的这种差距要小于中年人与年轻人，老年人的主观幸福感水平也可能较年轻人高，至少不一定低于年轻人。跨文化研究表明，随着年龄的增加，生活满意度有所增长或保持稳定，当要求老年人回顾并评估生命中几个重要阶段的满意度时，他们倾向于说对目前阶段最满意。我国研究者让老年人评估自己过去、现在和未来的生活幸福感，结果发现，老年人自评的现在幸福感显著高于过去幸福感，而自评的未来幸福感又显著高于现在幸福感(张红静、马颖竹，2002)。老年人这种主观幸福感在健康状况、认知能力降低的情况下仍然能够保持的现象，甚至被许多研究者认为是一种"悖论"，但是却现实存在。

二、老年人主观幸福感的影响因素

(一)身体健康与幸福感

国内外大量研究证实，身体健康是影响幸福感的重要因素。同时，幸福感对老年人的身体健康也有着非常重要的影响。最近刁利华等的一项调查发现，患高血压病、高脂血症等疾病与心理卫生、生活满意度呈负相关，心理卫生与生活满意度越差，则疾病患病率越高。同时可见，生活满意度与身体健康状况相关，与高血压病发病呈负相关，并差异显著。国外的研究也证实了幸福感对于人体免疫系统的影响，研究显示快乐的人比不快乐的人更不容易患感冒和病毒性流感。

(二)经济与幸福感

关于经济状况与主观幸福感之间的关系，研究者基本认为，在经济状况较差的时候，经济状况越好幸福感水平越高；而在经济状况较好的条件下，人们的快乐水平也并没有随收入的增加而提高(许淑莲、申继亮，2006，第227—228页)。老年人由于退休或丧失工作能力，其经济状况可能较为困窘，再加上身体疾病导致的对医疗费用的担忧，他们的经济状况或养老经济来源，就可能对他们的幸福感水平产生直接的影响。有研究表明(王枫、王茜、庄红平等，2010)，老年人的幸福感水平与其收入和养老金来源有关，养老金来源于退休工资的老人主观幸福感水平更高，而月收入较高者的主观幸福感水平也更高。还有研究发现，自评经济收入是农村老人(胡军生、肖健、白素英，2005)和城市退休老人(肖健、胡军生、刘萃侠，2003)主观幸福感水平的强力预测因子。自评经济收入对农村老人的影响更大，能够解释农村老人主观幸福感水平30.4%的方差(胡军生、肖健、白素英，2005)，远高于对城市老人主观幸福感的预测效应(15.1%)(肖健、胡军生、刘萃侠，2003)。

(三)社会关系与幸福感

社会关系对于任何一个人来说都是非常重要的，人们需要支持的、积极的社会关系。Menec(2003)发现，老年人参加社会活动的频率与更高的幸福感、更好的功能和更低的死亡率有关。Harlow和Cantor(1996)发现消除人格变量、身体健康等混杂因素后，老年人参加社区和其他社会活动能带来更高的生活满意度。参加这些活动对不再工作的老年人来说是最重要的。有密友的妇女比没有密友的妇女患抑郁症的可能性更少，生活满意度更高。婚姻关系是社会关系中最重要的关系之一。研究发现寡妇的生活满意度在她们丈夫去世之后有相当大程度的下降。更重要的是要花上好几年的时间，她们的生活满意度才能回升到接近从前的水平，而且永远不能完全恢复到从前的水平。而我国是以集体主义为导向的，更注重集体的发展与利益。家庭、人际关系等社会关系，尤其是家庭关系对于中国人的幸福感必定有着非常重要的影响。

(四)心理健康与幸福感

越来越多的学者把幸福感作为心理健康的正面指标，或者作为心理健康的一个正性维度，或者作为心理健康的一个内容。在现代社会，心理健康问题日益严重，影响着人们的生活和工作。心理健康问题已成为影响老年人生活质量和幸福感的一个重要因素。在我国对老年人的一项调查中显示影响离退休老年人生活质量的因素依次为心理卫生、健康状况、经济收入、社会交往等。国内研究表明，主观幸福感与心理健康存在显著正相关。在对老年人的研究中也发现，主观幸福感与抑郁存在显著的负相关。心理健康水平高者有较满意的主观幸福感。

(五)休闲与幸福感

有两种及以上兴趣爱好的老年人，总体幸福感高于没有兴趣爱好的老年人。有无兴趣爱好的老年人在生命活力、健康关注、利他行为、自我价值、友好关系和人格成长等维度上存在显著差异，兴趣爱好越广泛的老年人幸福感越高。

(六)人格与幸福感

如果说人格因素不是幸福感最好的预测指标，至少也是最可靠、最有力的预测指标之一。很多研究结果表明，个性是影响老年人主观幸福感的最重要因素，不同个性维度对幸福感的不同方面有不同的影响力，多种因素通过个性来影响幸福感。虽然人格对长期的主观幸福感相当重要，但

图 1-2-4

社会情境和生活事件对短期的主观幸福感更为重要，同样，基于人格和生物社会变量的模型比单独任何一个方面都提供了更为完整的解释。

任务二：掌握影响老年人主观幸福感的因素，找出提高老年人主观幸福感的方法

随着社会的发展、经济水平的提高，人们对幸福感问题越来越重视。最近国家统计局提出将幸福感纳入国家统计指标，用以衡量国家的进步和发展。与此同时，随着我国老龄化进程加快，老年人口数量不断上升，老年人的幸福感问题越来越受到全社会的关注。幸福感存在诸多影响因素，揭示老年人群幸福感的影响因素及其作用途径，

对于老年人幸福感的提升、生存质量的提高都有着非常重要的意义。

问题二：提高老年人幸福感的方法有哪些？

在日常学习和实践中，我们已经知道老年人的身体健康、心理健康、经济状况、社会关系、休闲和人格都会影响老年人的幸福感。老年人如果能够有自己的兴趣爱好，能够有自己的一群老友，那样他们的生活一定会非常幸福。那么，可以通过什么方法来改善老年人的现状，提高老年人的幸福感呢？要想了解清楚这个知识，需要思考以下问题，并在问题的引导下更好地完成各项任务。

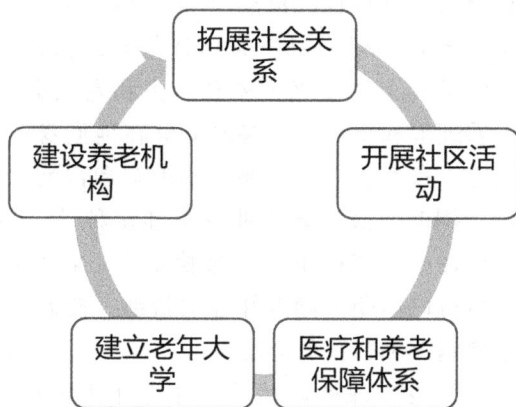

图 1-2-5

学一学

提高老年人幸福感的方法

随着老年人口规模的增大，了解和改善该人群的生活品质和幸福感已成为社会持续发展的重要部分。《"十四五"健康老龄化规划》（2022）指出，要构建多层次、多样化的老年健康服务体系，树立积极老龄观。积极老龄化是未来国家发展的战略方向，是促进老年人融入社会的重要途径。"积极老龄化"的目的在于使所有年龄组的人们，包括那些体弱者、残疾者和需要照料者，延长健康预期寿命和提高生活质量。积极老龄化是一项推动社会进步的公益事业，也是我们每个人都可能实现的目标。为此，不仅要靠国家和社会的力量，我们每个人也应作出积极的响应。同时，老年人自己也应树立"积极老龄化"的意识，打破把自己视为无能、是社会负担和无社会贡献的群体的旧观念。老年人应该通过积极参与各种经济、社会活动，提高自信和自尊，同时增加经济收入，提高自我保障能力。

为促进老年人身心健康，根据《中共中央、国务院关于加强新时代老龄工作的意见》，国家卫生健康委在组织实施老年人心理关爱项目的基础上，决定于2022—2025年在全国广泛开展老年心理关爱行动（以下简称关爱行动）。目前，我国老年人普遍重视自身的身体健康状况，逐渐认识到心理健康和参与社会活动的重要，开展丰富多彩的健身和娱乐活动，关心国家和社会发展。但是，要真正达到"老有所养、老有所医、老有所教、老有所学、老有所为、老有所乐"，社会关系、经济保障、医疗保障、健康状况、生活环境、精神文化生活等方面必须均衡发展，才能有利于老年人生活质量的提高，提高老年人的幸福感。对于具体的措施，我们可以从以下几个方面来探讨。

第一，社会关系对于老年人的幸福感有着非常重要的影响。其中，家庭关系对于老年人来说是最持久和影响最大的因素。不仅直接影响幸福感，而且还能够提高老年人的生活满意度，增加积极的情感体验，降低消极情感，对于老年人的自尊、对生命的积极的态度、健康的生活方式和行为习惯等都有着非常重要的作用。因此，除了在物质上孝顺老人，更应该在精神上给予老人慰藉，多和老人交流沟通，从内心真正关心老人。老年人再婚时能够理解和支持，临终时能够在他们身边，并且握着他们的手，给予他们临终的关怀和安慰。家庭成员之间要互相理解和帮助，营造和谐的家庭关系，这些才是老人们最需要的。同时，鼓励老年朋友参加多种社会活动，多结交一些性情相投的朋友。在与朋友的交往中，获得更多的愉快情感，在互相交流中，不断地完善自己，遇上不顺心的事情也可以向朋友倾诉并寻求帮助。使老年人获得生活的满足感，感受生命的意义，从而远离消沉和孤独的心境。

第二，美化社区环境，开展各种社区活动，让老年人能够在良好的环境中休闲、娱乐，安度晚年。社区可以组织插花、书法、棋牌等培训，让老年人有广泛的兴趣爱好，使他们老有所乐。开展多种形式的健身活动，让老年人有更多的机会参加适合自己的体育锻炼，提高身体健康水平。

第三，完善医疗和养老保障体系。虽然说经济收入已经不再是影响老年人幸福感的主要因素。可能是因为近年来，从总体上讲，我国老年人的经济收入不断增加，生活状况和过去相比有较大改善和提高。但是，身体健康状况仍然是影响老年人幸福感的重要因素，因此，我们有必要完善医疗保障体系，真正做到老有所医，防止因病致贫和因病返贫。而且，我国仍还有一部分老年人处在贫困状态，为了让老年人老有所养，必须完善养老保障体系，这对于提高他们的生存质量是非常重要的。

第四，通过建立老年大学，开设老年人喜欢的课程，使老年人继续学习，不断提高自己的文化素质。如我国老年大学和老年学校已经超过 17000 所，在校参加学习的老年人有 150 万人。当然，有些农村和社区还可以举办其他的文化活动，如专题讲座、科普讲座等。电脑和网络也是老年人继续学习的新途径，成为越来越多老年人获取最新信息、保持年轻心态、加强沟通表达从而丰富生活的新工具。老人们需要学习电脑和网络，需要跟上时代的脚步。通过各种途径的学习和完善，让老年人从只关注自身和家庭，到关心整个社会、整个国家。这使得他们感觉到老有所学、老有所为。

第五，加快养老机构的建设，加强社区养老和居家养老模式创新，使老年人能够享受到更好的老年生活。2021 年第七次全国人口普查显示，我国 60 岁以上的老年人已占 18.7%，65 岁以上老人占总人口的 13.5%。而现在全国的养老机构，所有的床位加起来远远不能满足需求。对于日常生活不能完全自理、需要长期照料的老年人，需要各级政府积极兴办为老年人服务的第三产业、社区服务网与家庭服务。

知识链接

老年人调整心态的"八自"原则

人到老年，神经、肌肉功能减弱，记忆力、判断力、适应能力降低，导致心理脆弱，容易产生嫉妒、任性、固执、猜忌、好发牢骚等不良心理。遵循"八自"原则，适时适当地进行心态调节，有利于老年人的身心健康。

1. 自知之明

老年人要自知不再青春年少，要正确对待自己，凡事有一个明智的选择，不要苛求别人或强求自己。有自知之明，就能把事情看开，心胸豁然开朗，情绪自然稳定。

2. 自留空间

对任何事情，都不要抱过高的期望值，不能有非分之想，在自己的心里要留有空间，这样，对事后的结局更容易接受。

3. 自寻寄托

要克服赋闲在家的空虚无聊、孤独落寞之感，最好的办法是选择一两项适合自己的活动作为精神寄托，以充实自己的晚年生活，诸如读书、园艺、书画、音乐、旅游以及社会公益活动。通过这些活动广交朋友，使自己生活在群体的友爱之中。

4. 自设情境

保持和创造愉快的心情，是克服消极情绪的最好办法。每个人都可以根据自己的实际情况去设想和创造一个宽松愉快的情境，让自己在这个情境中得到快乐。

5. 自我表扬

老年人不必自卑、自怜、自责，而应以积极的态度自我表扬、自我欣赏，这样会对自身产生积极的作用，使自己心情愉快。

6. 自我宽慰

衰老是人生的必由之路，面对体力和智力的衰老，老年人要学会自我宽解和自我安慰，不勉强自己做一些力不从心的事情。同时，还应该保持平和的心境，遇事三思而后行，切莫急于求成，跟自己过不去。

7. 自我解脱

学会忘记是老年人自我解脱的最佳方式。人生不如意之事十之八九，把一切不如意之事都置于脑后。有的老年人沉迷于过去，对过去受的苦、遭的罪，甚至受过的伤害，像放电影一样在脑海里一遍遍回放着，常常搞得自己气愤难平。这样，内心会受到一次又一次的伤害。

8. 自我保健

老年人应该正视心理变异，多学一些自我保健常识，弄清楚发生心理变异的生理原因及其主要表现，一旦发现自己有了心理变异的某些苗头，要及时地进行自我克制和自我纠正。

知识链接

老年人控制不良情绪的七大心法

1. 面对现实

人老了，就要服老。正确对待自己身体上出现的衰老和疾病现象。从岗位上退下来，就不要再患得患失，老想着自己以前风光的时候。面对现实的态度，可以化解老年人的失落感、自卑感。

2. 宽容大度

"金无足赤，人无完人"，让自己完全满意、十全十美的人和事都是不存在的。宽容大度可以让自己多看别人的优点，多理解别人，从而让自己心情愉快。

3. 积极乐观

逢事都往乐观处想，觉得怎么都是好的。比如，老伴不小心打破了暖瓶，热水洒了一地。自己要劝老伴，别着急，人没烫着真幸运；"碎碎（岁岁）平安"，是好兆头；旧的不去新的不来，咱们上商场再买一个更好的，要不是摔碎了，还舍不得换呢！

4. 难得糊涂

人有时不能太精明，更不能太计较，要学会"难得糊涂"，让大事化小、小事化了。抹去心头那些过于细腻的算计，让自己轻松潇洒。

5. 闭目养神

当心中烦乱时，可以暂时微闭双目，幻想自己身处自然美景之中，沉浸在这样的幻想中几分钟，可以舒缓放松自己的情绪，再睁开眼睛时，心情会豁然开朗。

6. 陶冶情操

给自己培养一两个可以寄托情志的爱好，陶醉在爱好中可以令人浑然忘我，其乐陶陶，有益于身心健康，而且可以陶冶情操。

7. 学会遗忘

老年人经历了一生的风雨坎坷，如果闲来时常琢磨那些不愉快的事，就是和自己过不去。因此，人要学会遗忘，就像丢弃一件件情感"垃圾"一样，让自己心情舒畅。

● 小知识

合理情绪疗法

合理情绪疗法是 20 世纪 50 年代由埃利斯在美国创立,它是认知疗法的一种,因为采用了行为治疗的一些方法,故又被称为认知行为疗法。合理情绪疗法的基本理论主要是 ABC 理论,这一理论又是建立在埃利斯对人的基本看法之上的。

埃利斯对人的本性的看法可归纳为以下几点。

(1)人既可以是有理性的、合理的,也可以是无理性的、不合理的。当人们按照理性去思考、去行动时,他们就会很愉快、富有竞争精神且行动有成效。

(2)情绪是伴随人们的思维而产生的,情绪上或心理上的困扰是由于不合理的、不合逻辑的思维造成的。

(3)人具有一种生物学和社会学的倾向性,倾向于其有理性的合理思维和无理性的不合理思维。即任何人都或多或少地具有不合理的思维与信念。

(4)人是有语言的动物,思维借助于语言而进行,不断地用内化语言重复某种不合理的信念,这将导致无法排解的情绪困扰。

为此,埃利斯宣称:人的情绪不是由某一诱发性事件本身所引起,而是由经历了这一事件的人对这一事件的解释和评价所引起的。这就成了 ABC 理论的基本观点。在ABC 理论模式中,A 是指诱发性事件;B 是指个体在遇到诱发事件之后相应而生的信念,即他对这一事件的看法、解释和评价;C 是指特定情景下,个体的情绪及行为的结果。

通常人们会认为,人的情绪和行为反应是直接由诱发性事件 A 引起的,即 A 引起了 C。ABC 理论则指出,诱发性事件 A 只是引起情绪及行为反应的间接原因,而人们对诱发性事件所持的信念、看法、解释 B 才是引起情绪及行为反应的更直接的原因。

例如:两个人一起在街上闲逛,迎面碰到他们的领导,但对方没有与他们打招呼,径直走过去了。这两个人中的一个对此是这样想的:"他可能正在想别的事情,没有注意到我们。即使看到我们而没理睬,也可能有什么特殊的原因。"而另一个人却可能有不同的想法:"是不是上次顶撞了他一句,他就故意不理我了,下一步可能就要故意找我的碴儿了。"

两种不同的想法就会导致两种不同的情绪和行为反应。前者可能觉得无所谓,该干什么干什么;而后者可能忧心忡忡,以致无法冷静下来干好自己的工作。从这个简单的例子中可以看出,人的情绪及行为反应与人们对事物的想法、看法有直接的关系。在这些想法和看法背后,有着人们对一类事物的共同看法,这就是信念。这两个人的信念不一。前者在合理情绪疗法中被称为合理的信念,而后者则被称为不合理的信念。合理的信念会引起人们对事物适当、适度的情绪和行为反应;而不合理的信念则相反,往往会导致不适当的情绪和行为反应。当人们坚持某些不合理的信念,长期处于不良的情绪状态之中时,最终将导致情绪障碍的产生。

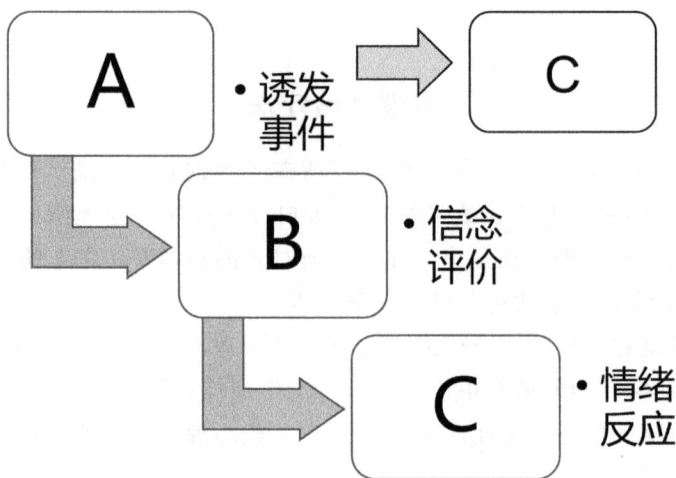

图 1-2-6

实施步骤

步骤一　活动指导:

(1)全班同学人人参与。先分组活动,后全班活动。

(2)学生可从教师事先给出的项目情境中挑选一种进行角色扮演。也可以自己设计一个导致老年人情绪产生的冲突情境,比如老年人下象棋、老年人对家庭琐事有不同的意见等等。

(3)利用网络、书籍、报刊等查找、收集自己感兴趣的"老年人情绪情感"相关资料,并把资料抄写、复印或者打印出来。

(4)设计角色扮演时,角色扮演的时间要控制在 10 分钟以内。

(5)角色扮演时,要先设计好老年人生活中容易产生冲突的情境,根据情境内容配合相应的语气、语调、表情、动作等,把角色中人物的喜、怒、哀、乐生动地表达出来,把情境中的场景再现。为了把情境中的内容演好,还可以适当地根据掌握的"老年人情绪情感"的相关资料对情境进行补充,设计一些对话、旁白,以活跃现场气氛。活动高潮部分应该是情绪的疏导方式,扮演者把课堂中学习到的方法应用到角色扮演中去,实现解决老年人情绪问题的场景再现。

(6)角色扮演的准备工作是否充分,直接关系到这次活动的成败。因此,在熟悉情境后可以先试着小组进行预演,可以根据同学的个性特点决定扮演的角色,并征求其他同学的意见或建议,进行改进。也可以请老师现场指导。

(7)在对情境进行重新加工的时候要注意对情境的补充,力求情节生动形象。人物扮演活灵活现,符合角色的特征。

步骤二　活动过程:

(1)准备工作:通过多种方式收集所需资料。

(2)小组长负责收集组员加工编写的情景剧,并交教师审阅。

（3）各小组成员根据项目情境，分解成几个情景剧，进行角色扮演。

（4）根据这几个情景剧的表演，各小组讨论交流。

（5）各小组选出代表，对情景剧任务完成的过程进行分析交流汇报。

（6）各小组之间就表演中出现的问题进行讨论交流。

（7）各小组修改完善方案，并提交书面材料。提交材料包括：情景剧的剧本（剧情、参与角色扮演学生的名单）；情景剧要告诉人们的问题是什么；这个问题该如何解决。

（8）教师针对任务完成情况进行点评。

能力检测

【情境一】

张奶奶今年68岁，自老伴去年去世后，家里就剩下她一个人，因为子女们都要忙自己的工作，无暇顾及她的生活，于是她经常对着老伴的遗像流泪，好几天茶饭不思，很是伤心。孩子们都希望老人多去热闹的公园、社区活动室，多结交朋友聊聊天，但是张奶奶觉得一个人没伴没兴趣去。

根据以上情境，完成

任务一：判断张奶奶主要的情绪表现，分析其情绪产生的主要根源。

任务二：能够帮助张奶奶找出消除上述情绪的办法。

【情境二】

"踩马！""将军！"近日，在万州区偏石板，记者看到两位老人正在下象棋，四周围着一大群观战的人，棋局正到了关键之处，两位老人都激动得面红耳赤，讲话的嗓门也大了起来。"老张，不兴悔棋喔，先就讲好了的，落子为定。嘿嘿，这回可把你这个卧槽马给整了。"持红子的老先生得意地说。被吃掉了一匹马的张先生有些不满："老魏，你也太不够意思了吧？刚才你不是也悔了棋的，你把我的马吃了，叫我光用几个卒子来拱啊。""就是，就是，你老魏自己悔得棋，为什么别个就悔不得。"站在张先生后面的几个老人也为张先生帮腔。"格老子到底是我两个在下，还是你们在下喔，来吗，你来下嘛。"魏先生很是生气，把棋子往桌子上一摔，就要站起来走人，却一个趔趄，差点摔倒。记者赶忙一把扶住魏先生，魏先生说感觉有些头疼。记者建议魏先生去看一下医生。

经医生诊断发现，魏先生是由于情绪过于激动，导致脑部少量毛细血管破裂出血，幸亏治疗及时，不然可能引发脑部大出血危及生命。医生建议魏先生注意休息和控制情绪，以免出现类似情况。

根据以上情境，完成以下任务。

任务一：能够帮助老年社区做好老年活动的准备工作，预防老年人不良情绪发生。

任务二：一旦老年人出现不良情绪，能够做好相应的疏导工作。

知识梳理

```
                                              ┌─────────────────────────────┐
                                    ┌──────┐  │ 1.最重要的是物质需要          │
                               ┌────┤  1   ├──┤ 2.老年人需要和年龄有关        │
                               │    │老年人需要的特点│ 3.老年人需要和职业有关        │
                               │    └──────┘  │ 4.空巢老人更需要亲情          │
                               │              └─────────────────────────────┘
                               │              ┌─────────────────────────────┐
                               │    ┌──────┐  │ 1.更容易产生消极情绪          │
                               │    │  2   │  │ 2.情绪体验消极而持久          │
                          ┌────┼────┤老年人情绪和情├──┤ 3.各种丧失是情绪体验最主要的激发事件│
                          │    │    │感特点    │  │ 4.生活满意度较高             │
                          │知  │    └──────┘  └─────────────────────────────┘
                          │识  │              ┌─────────────────────────────┐
                          │点  │    ┌──────┐  │ 1.忧郁、焦虑、怀疑            │
                          │    │    │  3   │  │ 2.固执、情绪不稳定            │
                          │    ├────┤老年人常见不良├──┤ 3.激动易怒、伤心失落          │
                          │    │    │绪及行为   │  │ 4.焦虑行为、抑郁消沉行为       │
                          │    │    └──────┘  │ 5.失眠、否认、恐惧害怕疑病     │
                          │    │              └─────────────────────────────┘
                          │    │    ┌──────┐  ┌─────────────────────────────┐
                          │    └────┤  4   ├──┤ 1.老年人主观幸福感的特点       │
                          │         │老年人主观幸福感│ 2.老年人主观幸福感的影响因素   │
项 目           │         └──────┘  └─────────────────────────────┘
主题           │
老年人情绪 ──┤
情感心理       │
与行为         │                    ┌──────┐  ┌─────────────────────────────┐
                          │          │  1   │  │ 1.逢愁而不忧郁               │
                          │     ┌────┤避免老年人产生├──┤ 2.勤劳而不妄想               │
                          │     │    │不良情绪的方法│  │ 3.坚定而不倔强               │
                          │     │    └──────┘  │ 4.遇怒而不可盛               │
                          │     │              │ 5.常乐而不乐极               │
                          │     │              │ 6.临悲而不过伤               │
                          │技   │              └─────────────────────────────┘
                          └─────┤              ┌─────────────────────────────┐
                            能   │    ┌──────┐  │ 1.合理宣泄                   │
                            点   │    │  2   │  │ 2.情趣转移                   │
                                 ├────┤老年人不良情绪├──┤ 3.理性升华                   │
                                 │    │的应对措施  │  │ 4.适度让步                   │
                                 │    └──────┘  │ 5.自觉遗忘                   │
                                 │              │ 6.自我解脱                   │
                                 │              └─────────────────────────────┘
                                 │              ┌─────────────────────────────┐
                                 │    ┌──────┐  │ 1.改善老人的社会关系          │
                                 │    │  3   │  │ 2.美化社区环境，开展社区活动   │
                                 └────┤提高老年人幸福├──┤ 3.完善医疗和养老保障体系       │
                                      │的方法    │  │ 4.建设好老年大学             │
                                      └──────┘  │ 5.加快养老机构建设            │
                                              └─────────────────────────────┘
```

子项目三
老年人个性心理与行为

项目情境

【情境一】老年人穿衣也要"爱美丽"

养老院的孙大妈是最会打扮的老年人之一，她总是能穿出自己的风格。她选择衣服时，会从颜色、款式、体型、气质等多方面进行搭配，成了很多老年人的服装顾问。每当有老太太买新衣服时，都要找她参谋一下。很多老太太买了新衣服，都要炫耀说："这件衣服是孙大妈帮我把关的。"所以，孙大妈是养老院里俏奶奶们最喜欢的人。今年62岁的黄桂兰，前几天收到了女儿给她买的一件灰色呢子大衣，作为生日礼物。黄桂兰心里很开心，但还是有点不满意。她对女儿说："这件衣服颜色太暗了，穿起来没活力。下次你要是给我买衣服，买亮一点的颜色。我们年纪大了，穿得大红大绿的，看起来才会喜气一点！"为此，黄桂兰特地嘱咐女儿，下次不要买黑、灰、褐色的衣服。

家住市区江南的雪儿今年65岁，她平时穿衣很有品位，身边的老姐妹们经常夸她衣服穿得好看。雪儿身材高挑又偏瘦，不管穿衣服、裤子还是裙装，都显得很得体。每次和老姐妹们一起演出或出门游玩合照时，她总能以自己独特的气质和优雅的姿势吸引别人的目光，让人不由得多看几眼。雪儿说："我觉得老年人穿衣首先要得体，颜色可以鲜艳一点，但不要太夸张。"

【情境二】固执的刘先生

什么都看不惯的刘先生可谓"顽固不化"，什么事情都看不顺眼：他看不惯儿子穿衣不穿国产货，说这是崇洋媚外；看不惯儿媳妇天天抱只猫，还要帮猫洗澡，说这是小资情调；看不惯孙子的地方就更多了，什么踏着滑板去上学呀，什么看电视只看韩剧呀，等等。孙子总是模仿他的口气："我们那个时候……"

【情境三】百岁老人的乐观人生

巢湖市居巢区烔炀镇大程村有个身体硬朗、生活愉快的百岁老人程邦礼。他思维清晰，四肢灵活，如今已达百岁高龄，还能种菜拎水，劈柴烧饭。老人生活乐观，喜欢交友，每天脸上露出笑容，有说不完的高兴事。平时闲暇无事，喜欢串门逛集，和老友们聊天，到邻居家看打麻将，到村代销店买火柴、肥皂等，还步行几千米去凤凰集上理发。

【情境四】长辈过度干涉与焦虑，子女很无奈

李某，53岁，是国企未退休职工，中专文化，平时脾气急躁，掌控欲强烈，爱说教，喜欢和别人争高低，不能接受子女有不同的想法和决策，如果被拒绝就容易发脾气。当儿子儿媳妇决定请月嫂照顾小孙女，李女士顿时意见很大，不停地和儿子儿媳做思想工作，做不通便吵着要和他们断绝亲子关系，后来月嫂来了以后总担心月嫂会对孙女不利，时不时来监视月嫂的工作，造成月嫂换了一个又一个，小家庭感觉到身心俱疲。

【情境五】老人个性发生改变，家人不知所措

家里老人60岁，男性，患糖尿病多年，退休3年多，最近2年在家里性格越来越倔，很容易为一点点小事发脾气，很久没有看到老人高兴过，以前不是这样的。有时候2岁的小孙子说不喜欢爷爷等话，都能让老人耿耿于怀，甚至不理小孙子。平时也没有什么兴趣爱好，子女尝试跟他沟通，例如说怎么样才能让他高兴点，老人总说，我自己一个人待着就高兴。然后就不理子女了。由于老人最近两年脾气不好，他也不爱跟家里人说话，结果变得越来越沉默寡言，做子女的不知道怎么办，只好求助心理老师。

【情境六】老人"返童"心理不可忽视

赵老太本来是一个很豁达的人，凡是好吃好用的东西首先会想到家人。可随着年龄的增大，家人发现她变得不可理喻起来了：跟外孙争饼干吃，争不赢竟然"赏"了外孙两个耳光；和孙女玩"斗地主"，为了三分的输赢而闹得不可开交……

项目目标

能力目标：

> (1)能够根据老年人人格的变化，对老年人的性格和气质进行分析和判断。
>
> (2)能够通过老年人的行为分析老年人的人格特征，对老年人进行健康指导，预防老年人因为个性原因而产生的常见疾病。
>
> (3)能够根据老年人的人格障碍与行为特征，对其进行相应的心理护理，使老年人健康长寿。

知识目标：

> (1)了解老年人的性格特点和气质类型。
>
> (2)掌握老年人人格类型与健康的关系。
>
> (3)领会老年人人格障碍的心理与行为特征，对老年人进行有效的心理护理。

情感目标：

> (1)养成为不同个性老年人的健康和幸福而服务的心理意识和职业理想。
>
> (2)时刻做到理解、关爱、尊重各种个性特点的老年人。
>
> (3)形成为不同个性老年人的幸福快乐而努力的责任感和使命感。

项目任务

【任务导入一】

面对情境一至情境三，你需要完成以下任务。

任务一：能够掌握老年人的性格类型并判断老年人的性格特性。

任务二：会根据老年人的气质类型，指导老年人选择合适的服装。

【任务分解】

任务一　了解老年人的性格类型和特点

由于每个老人的体质、经历、教育水平、教养程度，以及经济收入、政治待遇等的不同，特别是兴趣、能力、气质、性格等方面的差异，导致人格类型的分化。有人说老年期的人格趋向稳定，也有人说趋向僵化。所以对于老年人的人格特征需要在具体的情境下进行分析。掌握老年人的性格特点和气质类型，需要思考以下问题，并在问题的引导下更好地完成各项任务。

> **关键概念**
>
> 1. 性格：是指表现在人对现实的态度和相应的行为方式中的比较稳定的、具有核心意义的个性心理特征，是一种与社会相关最密切的人格特征。
>
> 2. 气质：是指从人的心理活动发生的强度、速度、灵活性和指向性中表现出来的稳定的个性特征。

问题一：老年人的性格有哪些类型和特点？

情境中的几位老人，有些个性开朗，有些个性古怪。为什么有的老人到了老年以后性格没有什么改变，而有的老人会有变化？不同气质的老年人穿什么衣服更有魅力呢？要想具体了解，需要我们首先来了解一下老年人有哪些性格和气质的类型。

学一学

老年人性格的主要类型

西方心理学家赖卡德(Reichard，1962)根据老年人对环境尤其是退休后的社会生活环境或条件的适应状况和适应水平，将个性(性格)划分为五种类型。

1. 成熟型

属于成熟型的老年人多数曾经受过人生的种种考验，因而能承认并接受老化和退休的现实，对现实采取积极的态度；能积极参与工作和有关社会活动；一般能妥善处理社会和家庭人际关系，并因这种关系的和谐而满足；他们关心未来，但不为未来发生的挫折而烦恼。

成熟型老年人对待生活一般持满意或比较满意的态度，因而其幸福感强度高。

2. 安乐型（逍遥型）

这类老年人承认和接受现在的自我，在物质、精神方面都期待并安于他人的援助；对工作不感兴趣、不抱奢望；满足于现状，过着逍遥自在、自得其乐的生活。这种人离退休下来感到安逸、解脱、潇洒、轻松，对人对事无动于衷，社交圈子变小。

3. 防御型

这类老年人对老化带来的不安和苦恼采取强有力的防卫态度。他们不停息地活动着，企图借助于工作或社会活动来抑制或摆脱由于身心机能老化而带来的不安；由于忙碌，对未来和老化无暇顾及，对闲暇也缺乏应有的理解，而对工作有过分的要求；对年轻人看不惯，甚至存有嫉妒心。这种老人接近变态般的自尊心过强、过重。他们在内心深处有挽留青春岁月不去的渴望，也有的老年人尽量遮掩他们力不从心、今非昔比的尴尬处境；他们很怕衰老、很怕死亡，想用繁忙的生活与不停顿的工作，来淡化或抑制自己对衰老的畏惧与苦恼，排除因生理功能降低而产生的不安心理。

4. 愤慨型（易怒型）

这类老年人不愿承认或接受自己的老化；他们因自己未能达到人生目标而怨恨、绝望，并把自己的挫折和失败归咎于他人，为难他人；对周围事物或他人有偏见，甚至表现出敌意和攻击行为；对老化和退休表示强烈反感，对事物缺乏兴趣，是自我封闭的。

5. 自责型

这类老年人同样不承认或接受老化，他们自怨自艾，不满意自己现在的生活，认为已过去的大半生是烦恼、倒霉的大半生，把过去的不幸与辛酸全归咎于自己无能、窝囊、没出息、不争气或命运不好、失去机遇，于是自责、自怨、自恨、自厌的情绪日益深重，陷入悲观、绝望境地。有些老人内心压抑、憋闷气短、内疚自责、负罪感重，他们认为自己影响子女的发展前途，悔恨交加、自责自罚。有些老人变得不关心他人、漠视社会事务、孑然一身、形单影只、远离人群、离群索居。他们的一个显著的人格特质是厌世思想严重，认为"晚死不如早死"，早死可以尽快地结束自己悲惨的一生。

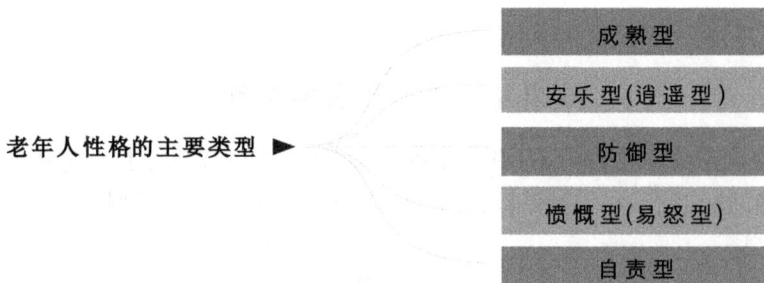

老年人性格的主要类型 ▶

| 成熟型 |
| 安乐型(逍遥型) |
| 防御型 |
| 愤慨型(易怒型) |
| 自责型 |

图 1-3-1

研究表明，上述五种类型中，前三种均可以顺利地适应老龄期生活，只是适应的方式各不相同。至于后两种则属于不良的个性类型，难以适应老年期生活，甚至酿成种种不幸，我们应予以格外的关心。

美国心理学家纽曼等（Newman & Newman，1980）在对老年人生活满意度的调查中发现：社会参与程度高的老年人比参与程度低的老年人享有更大的生活满意度的结论并不具有普遍性，从而确信个性是老龄期适应的关键或决定因素。于是，研究者以活动理论和脱离理论为基础构成了如下八种老年人适应社会生活的个性调整模式或类型。

（1）重建型。正如活动理论所推断的，这种类型的老年人强调以新的活动代替旧的活动。

（2）聚焦型。这种类型的老年人会精心选择想参加的活动，放弃某些活动，对新的活动非常挑剔。

（3）脱离型。这种老人心甘情愿地放弃以前的角色和职责。

属于以上三种模式或类型的老年人都被发现有较高的生活满意度。

（4）坚持型。这种老人通过坚持中年期模式（坚持策略）来回避他们对衰老的忧虑。

（5）退缩型。这种老人通过逐渐与世隔离（退缩模式）来回避对衰老的忧虑。

（6）寻求援助型。这类老年人需要或期待被照看和护理，当他们发现某个可以依赖的人时，就会感到对生活很满意。

（7）冷淡型。这类人一生中的大部分时间都相当闲散，他们很早就放弃了对生活目标的追求，并且拒绝改变长期形成的自我失败信念，认为自己没有能力应对生活环境。

（8）紊乱型。这类人活动层次低，心理功能差。

属于最后这三种模式或类型的老年人对生活的满意度普遍较低。

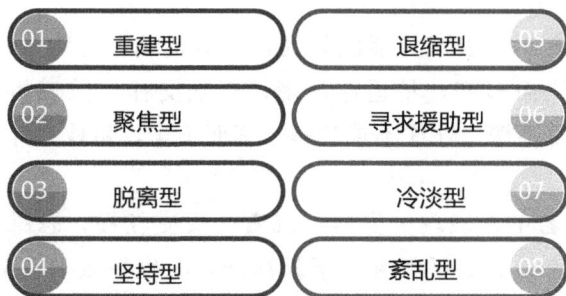

图 1-3-2

任务二：会根据老年人的气质类型，指导老年人选择合适的服装

在日常生活中，我们经常看到，有的人活泼好动，反应灵活；有的人安静稳重，反应缓慢；有的人不论做什么事情总是风风火火；而有的人做事又总是慢条斯理，甚至让旁观者为他着急……人与人之间的这些差异，正是气质的不同表现。老年人的气质类型同其他年龄段人的气质类型相同，都有四种常见的类型，即胆汁质、多血质、黏液质、抑郁质。人的气质类型从总体上讲是不会随着年龄的增长而发生变化的，是相对稳定，但还是有一定的可塑性的，只是可塑性不大而已。掌握老年人的气质类型，

需要思考以下问题，并在问题的引导下更好地完成各项任务。

问题二：老年人的气质有哪些类型？如何根据老年人的气质选择合适的衣服？

情境一中的老年人很会打扮自己，会根据自己的气质去选择衣服，要想做到这一点，需要先了解不同的气质类型。

学一学

老年人的气质类型

心理学研究发现，神经系统的兴奋和抑制过程具有强度、平衡性、灵活性三种基本特性。根据这三种特性的差异组合，将人的高级神经活动分为四种类型，而这四种类型与古希腊医生希波克拉特的分类恰好相对应，高级神经活动类型是人的气质的生理基础，这两种类型相吻合，可将人的气质分为四种典型的类型(胆汁质、多血质、黏液质、抑郁质)。

老年人的气质类型

1. 胆汁质

这种气质类型的老年人表现为精力旺盛，反应迅速，情感体验强烈，情绪发生快而强，易冲动但平息也快，直率爽快，开朗热情，外向，但急躁易怒，往往缺乏自制力，有顽强的拼劲和果敢性，但缺乏耐心。概括起来，以精力旺盛、表里如一、刚强、易感情用事为主要特征，整个心理活动充满着迅速而突变的色彩。

2. 多血质

这种气质类型的老年人表现为活跃好动，反应迅速，行动敏捷、思维灵活；注意力易转移，情绪发生快而多变，易适应环境，喜欢交往，做事粗枝大叶，表情丰富、外向，易动感情且体验不深，往往不求甚解，华而不实，粗枝大叶。

3. 黏液质

这种气质类型的老年人表现为安静、沉着、反应较慢，思维、言语及行动迟缓，不灵活，不易转移注意力。心平气和、不易冲动，态度持重，自我控制能力和持久性较强。不易习惯新工作，情绪不易外露，善于忍耐，具有内倾性。但易因循守旧，不易改变旧习惯去适应新环境。坚韧、执拗、淡漠。概括起来，以稳重但灵活不足，踏实但有些死板，沉着冷静但缺乏生气为主要特征。

4. 抑郁质

这种气质类型的老年人敏锐、稳重，智慧而富于想象，自制力强，情感体验深刻、持久、少流露，行动迟缓，胆小、孤僻，不善交往，生活比较单调，多愁善感，内向，谨慎小心，遇困难或挫折易畏缩。有较强的敏感性，具有内倾性，容易体察到一般人不易觉察的事件，外表温和、怯懦、孤独、行动缓慢为主要特征。

由于气质类型是比较稳定的人格特征，所以在年少和年老时的气质都大体保持不变。

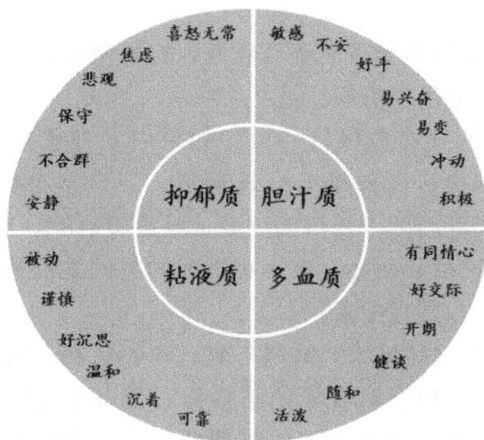

图 1-3-3

知识链接

服装颜色与气质

服装的颜色还代表着不同的意思，看看你的服装与你的气质是否搭配得"表里如一"呢？

红：活跃、热情、勇敢、爱情、健康、野蛮

橙：富饶、充实、未来、友爱、豪爽、积极

黄：智慧、光荣、忠诚、希望、喜悦、光明

绿：公平、自然、和平、幸福、理智、幼稚

蓝：自信、永恒、真理、真实、沉默、冷静

紫：权威、尊敬、高贵、优雅、信仰、孤独

黑：神秘、寂寞、黑暗、压力、严肃、气势

白：神圣、纯洁、无私、朴素、平安、诚实

小知识

老年人的服装搭配小技巧

老年人穿衣不一定要品牌，但一定要有品位，讲究合理搭配，凸显个性、内涵、品位和端庄。

(1)运动衫。不宜上身正装，却搭配运动裤，最好是整套运动服，搭配运动鞋，这样才显得精神、协调。

(2)衬衣。外套比较正式庄重，打底衬衣最好选择素色或浅色的搭配；复古型衬衫，应配上长外套，能够从视觉上有效收缩小腹，让腰腹开始发福的中老年人看起来瘦一些。

（3）毛衣。毛衣里面最好不要搭配绸料衣服，容易把丝绸衣服弄坏，绸料衣服与毛衣的质感不协调，给人感觉很不舒服。

（4）上下装。上下装的式样应保持一致，如果中式外套搭配西装裙，就会很不合适；其次，质地也要比较接近，如果上身是毛料，下身是布料，那就会显得不协调；如果上身穿毛衣，那么下身的裤子或裙子应该是厚重质地的，这样才搭配。

（5）裙子。条纹图案或格子图案上衣不宜搭配同类图案的裙子，应该搭配单色或素色裙子，反之花图案裙子，则宜配素色衬衫。

（6）裤子。中老年人普遍腰腹大，裤腰不宜过小，后裆不宜过宽，应选择偏大尺寸的裤子，不应穿紧身裤，这样会对身体的某些器官带来不良影响。利落简单的剪裁和条纹图案的设计都能有效掩饰中老年人的体型缺陷，可搭配颜色鲜艳、花色丰富的衣服，让老年人显得更精神。

（7）袜子：男袜的颜色应该是基本的中性色，并且深于裤子的颜色。男袜的颜色与西裤相配是最时髦也是最简单的穿法。袜子颜色深浅应该与衣服颜色基本一致，穿五分短裤时，袜子太长显得土气，须搭配长度在小腿肚以下的短袜，而且尽量挑不醒目的浅颜色。

图 1-3-4

【任务导入二】

面对情境四、情境五，你需要完成以下任务。

任务一：会根据老年人的人格类型的不同，分析老年人的人格和身体疾病的关系。

任务二：会根据长寿老年人的人格特征，对老年人的生活和饮食进行指导。

【任务分解】

任务一：根据老年人的人格类型的不同，分析老年人的人格和身体疾病的关系

随着行为医学、心身医学与健康心理学的不断发展，人格与疾病之间的关系越来越

> **关键概念**
>
> 人格：是构成一个人的思想、情感及行为的特有的统合模式，这个独特模式包含了一个人区别于他人的稳定而统一的心理品质。具有独特性、稳定性、统合性和功能性等 4 个特性。

受到人们的重视，并得到广泛的研究。近年来的许多研究表明，一个人的人格特征与疾病之间存在十分密切的关系。人格直接或间接地影响个体的心理和生理健康，具备某些人格特征的人会面临患某些特定疾病的风险。掌握老年人的各种人格类型，需要思考以下问题，并在问题的引导下更好地完成各项任务。

问题一：老人的人格类型有哪些，各有什么特点？人格和身体疾病到底有什么联系？

情境三和情境四中的老人，个性开朗，心态乐观，成为长寿老人。到底性格和健康、长寿是否有关系？怎样才能成为一个长寿老人呢？情境五中老人的 A 型人格有哪些行为？先让我们来了解一下老年人的人格和健康的关系吧。

学一学

老年人的人格类型及其与身体疾病的关系

近年来的许多研究表明，一个人的人格特征与疾病之间存在十分密切的关系，人格直接或间接地影响个体的心理和生理健康，有某些人格特征的人面临患某些特定疾病的风险。现代医学心理学的临床诊断证明，人们在人际交往过程中处于怎样的信息负荷状态（接收信息量的多少），直接影响着人格类型（A 型、B 型、C 型、D 型）的差别。老人人格类型及其与身体疾病的关系将人格类型 A、B、C、D 按顺序排列了一下。

（一）A 型人格与健康

1. A 型人格的心理与行为特征

（1）常同时思考或做两件不同的事；老想把工作日程排得越满越好，经常不满足于现有的工作成绩。

（2）信不过别人，总想自己动手，只有自己做的才称心如意；看到别人做事慢，或

做不好，就想抢过来自己做。

（3）坐不住，闲不住；时间观念强，一定准时，不差分秒。

（4）有闯劲，敏捷且有强烈的进取心。

（5）从不关心周围环境，对一切美好事物都缺乏兴趣。

（6）好打断别人说话；说话坦率，口无遮拦，容易得罪人。

（7）习惯于指手画脚，不耐烦，情绪急躁。甚至拍桌子来加强语气；习惯用手指敲鼓点、抖腿、颤脚；爱眨眼睛。

（8）经常匆匆忙忙。除非不得已，不愿排队；运动、走路和吃饭的节奏很快，经常大步快走，喜抄近路，如果被迫跟在别人后面缓缓而行，很不高兴。

（9）事事争强好胜，喜占上风；爱和别人比高低，嘴上不说，心里有数。

2. A 型人格与冠心病倾向型人格的关系

A 型人格是美国著名心脏病学家弗里德曼（Friedman，M.）和罗森曼（Roseman，R. H.）于 20 世纪 50 年代首次提出的概念。他们发现许多冠心病人都表现出一些典型而共同的特点，如：雄心勃勃、争强好胜、醉心于工作但是缺乏耐心、容易产生敌意情绪、常有时间紧迫感，等等。他们把这类人的行为表现特点称为 A 型行为类型，而相对缺乏这类特点的行为称为 B 型行为类型。A 型行为类型被认为是一种冠心病的易患行为模式。有关专家认为，其原因是：A 型行为类型能激起特殊的神经内分泌控制，使血液中的血浆脂蛋白成分改变，血清胆固醇和甘油三酯平均浓度增加，而导致冠状动脉硬化。

当然，除了 A 型行为类型这一人格因素外，导致冠心病的因素还有许多，诸如年龄、性别、社会地位、经济收入、生活方式等。比如，65 岁以上的老年人，男性患者多于女性患者，社会地位低、经济收入少的、不健康的生活方式（缺乏运动、高脂肪摄入、过食、吸烟、饮酒等）都容易罹患冠心病。

3. A 型人格的行为矫正

（1）注意自己的行为：放慢节奏，保持平和，降低音调，注意聆听，善于理解，保持微笑。

（2）选择环境：定时进行自我放松，一般 20 分钟即可。不看描写暴力行为的电影，多看喜剧，多听音乐。多与人聊天，友好待人，多一点人情味。

（3）经常问问自己，哪些事情该制止，久而久之，自然牢记于心。

（4）每天回忆一下，今天出了什么事，从中总结经验教训。

（5）当自己觉得自己要发火时进行自我暗示，并进行放松。

（6）回避易引起你强烈情绪反应的人与事。

（7）培养艺术修养，绘画、垂钓、跳舞、养宠物等，使紧张的思想和肌肉得到休息。

（8）交几个知心朋友，交流感受与心得，在朋友们的欢声笑语中，让自己变得开心大度。

（9）强制自己休息。

(二)C型人格与健康

1.C型人格的心理与行为特征

(1)过度压抑自己的负面情绪。即不善于表达或发泄诸如焦虑、抑郁、绝望等情绪,尤其是经常竭力压制原本应该发泄的愤怒情绪。

(2)行为退缩。如屈从于权势、过分自我克制、回避矛盾、迁就、忍让、宽容、顺从,为取悦他人或怕得罪人而放弃自己的爱好、需要等。

(3)易出现无助、无望的心理状态。他们经常因无力应对生活的压力,而感到绝望和孤立无援。往往表现出过分的克制、谨小慎微、没有信心等。

2.C型人格与癌症的关系

1988年,英国学者格里尔(Greer)等人发现部分癌症患者具有某些人格特征,这些特征可使人易患癌症。这一设想很快得到了美国学者特莫肖克(Temoshok)与德国学者巴尔特鲁什(Baltrush)的支持,并进一步提出了癌症易感性行为特征的概念,即C型人格或C型行为模式,C型人格者属于"忍气吞声型",医学专家以英文Cancer(癌)的第一个字母C为这种性格命名。

C型性格会严重妨碍体内的免疫机能,使这种机能不能充分发挥抗癌的作用。在健康人体内,虽然正常细胞也可能发生突变而成为癌细胞,但人体的免疫系统能够在这些癌细胞增殖之前,及时将它们破坏或者消灭,所以不会发展成为癌症。即性格积极乐观、豁达,能及时排解不良情绪的人,癌瘤生长缓慢,甚至会自然消退;而C型性格的人则会加速癌瘤的发展。

C型人格特征中有两个主要特征易于导致癌症的发生:一是不表达自己的感情和情绪,如愤怒、害怕和焦虑。二是不能适当地应对压力,倾向于产生无助、失望和抑郁的情绪。很多临床研究发现,癌症病人有半数以上都有抑郁问题,患癌症的病人比其他人更倾向于抑郁。长期以来,"抑郁"被认为是癌症的元凶。

3.C型人格的行为矫正

具有C型性格特征并不可怕。如何改变?我们知道,人的性格是在生活中形成,也可以在生活中改变,因此,只要通过自己的意志努力,是完全可以改变性格的某些不良方面的,具体可以从以下几个方面着手。

(1)学会疏泄或排解不良情绪。特别是严重的焦虑、抑郁、愤怒、不满等,更要寻找合适的途径发泄,缓解情绪、平衡心理,绝不能一味地压抑、克制,折磨自己、为难自己。

(2)学会转移心境。人是具有主观能动性的,所以,要有意识地培养锻炼自己从恶劣心境和无助无望状态中走出来的能力。

(3)不要过分畏惧权贵和在意他人的评价。人不能过分以自我为中心,但也不能没有独立人格。为人处世绝不能以扼杀自己的潜能为最终代价。

(4)建立良好的人际关系网络。当今社会,一个人的力量已显得微不足道,培养自己的社会支持系统就显得相当重要。这样,人才会自信。

(5)输出爱:爱自己、爱家人、爱同事,从爱中寻求人生乐趣。

(三)D型人格与健康

1.D型人格的行为特征

D型人格的概念是荷兰学者Denollet经过实证归纳和理论演绎,于1996年提出了D型人格的概念,又称忧伤型人格。D型性格的人是孤僻型,往往沉默寡言,待人冷淡;缺乏自信心,缺乏安全感;性格孤僻,爱独处,不合群;情感消极,忧伤,容易烦躁不安。

(1)在社交场合非常羞涩,不知道如何与他人交往,因此惶惶不安;

(2)对人生的看法十分悲观和沮丧;

(3)不敢主动接近他人,没有朋友;

(4)经常性的焦虑,无缘无故为某些事情而忧虑;

(5)心情总是很恶劣,爱发脾气,导致情绪十分低落。

2.D型人格与心脏病的关系

D型人格的提出既是对以往与疾病相关的A型、B型、C型人格概念的扩展,也是对已有人格和心血管疾病关系研究证据的整合。具有D型人格的人是"孤僻型",往往沉默寡言,消极忧伤,倾向于担忧,对生活悲观、紧张和不愉快。

目前,医学研究已经证实,焦虑、易怒、孤僻的D型性格的人,很容易患心脏病(邱晓慧,何平平,林露,等,2024)。D型性格的人患心脏病后,生存质量差。他们的生存期,少于患有同类疾病的A、B、C型性格的人。

D型性格的人要预防心脏病的发生,主要通过家人对他们的关爱,尤其是妻子或丈夫的温情呵护,有助于打开他们的心扉,使他们能够将内心中的不良情绪随时排解和释放,从而变得快乐起来。一般在心理医生的指导下,最为焦虑的D型人格的人能够学会如何应对不良情绪造成的精神压力,学会缓解内心的焦虑情绪。

(四)B型人格

1.B型人格的行为特征

B型人对外界的刺激或变化十分敏感,而且反应迅速、敏捷。但他们不会像A型人那样过于在意,耿耿于怀。他们一般比较活跃、乐观,比较爱说笑,对任何事情都想得开。所以,年轻的时候,少年白头的比率是极低的。

从本质上讲,B型人不太合群,时常依情绪行事,游离于集体之外,显得很孤僻。但同时,他们又无法忍受孤独,故而更喜欢看热闹或围观。

在人际关系上,他们对谁都很热心,而且缺少戒心,但也常因此上当受骗。他们跟什么人都可以来往,朋友也不少,就是缺少知己。交际广泛的B型人往往忽视礼仪上的细节,常给人留下冒失、不拘小节的印象。

在工作中,B型人是实干派,办事利落、积极、适应快。B型人爱动脑筋,干活有窍门,所以显得悠闲自得,甚至让人视为懒散。

2.B型人格与健康

对老年人来说,B型人格是最理想的人格类型。B型人格的老年人多表现为温和平静、心胸开朗、从容大度、与人为善、不过分逞强好胜、随遇而安。在长寿的老年人中，B型人格占80％以上。美国一项调查总结出一些长寿人士的性格共性，发现性格外向也能助人长寿。这一研究由波士顿大学医学院新英格兰百岁老人研究中心的研究人员和国家老龄问题研究所的科学家共同开展。研究人员并未直接研究百岁老人，而是退而求其次，追踪调查了246名百岁老人的子女。他们的平均年龄高达75岁。负责这项调查的托马斯·珀尔斯博士说，研究显示长寿老人的子女与普通人相比性格更外向，"他们通常更善社交，容易建立友谊，把友谊视作'安全的人际网络'"。

另外，有些学者研究发现，具有较强消极感受性的老年人，比起消极感受相对较弱的老年人，更容易引发对健康不利的问题。生活经验也证明：比较敏感（例如多愁善感）的老年人，往往比粗线条（例如大大咧咧）的老年人更容易在身心健康上出现问题。研究发现，高血压与情绪的低稳定性及高事故性有关，冠心病与低幻想性人格特质有关，糖尿病与高忧虑性人格特质有关，而脑血管病与肿瘤在16PF（卡特尔16种人格因素问卷）中没有突出的人格特征。

小知识

A 型行为类型问卷
（type a behavior pattern scale，TABP）

指导语：请根据您过去的情况回答下列问题。凡是符合您情况的请选择"是"；凡是不符合您情况的请选择"否"。每个问题必须回答，答案无所谓对与不对、好与不好。请尽快回答，不要在每道题目上过多思索。回答时不要考虑"应该怎样"，只回答您平时"是怎样的"就行了。

	是否
1. 我觉得自己是一个无忧无虑、悠闲自在的人	○○
2. 即使没有什么要紧的事，我走路也快	○○
3. 我经常感到应该做的事太多，有压力	○○
4. 我自己决定的事，别人很难让我改变主意	○○
5. 有些人和事常常使我十分恼火	○○
6. 我急需买东西但又要排长队时，我宁愿不买	○○
7. 有些工作我根本安排不过来，只能临时挤时间去做	○○
8. 上班或赴约会时，我从来不迟到	○○
9. 当我正在做事时，谁要是打扰我，不管有意无意，我总是感到恼火	○○
10. 我总看不惯那些慢条斯理、不紧不慢的人	○○
11. 我常常忙得透不过气来，因为该做的事情太多了	○○
12. 即使跟别人合作，我也总想单独完成一些更重要的部分	○○
13. 有时我真想骂人	○○

是 否

14. 我做事总是喜欢慢慢来，而且思前想后，拿不定主意 ……………… ○○

15. 排队买东西，要是有人加塞，我就忍不住要指责他或出来干涉 ○○

16. 我总是力图说服别人同意我的观点 …………………………… ○○

17. 有时连我自己都觉得，我所操心的事远远超过我应该操心的范围 ○○

18. 无论做什么事，即使比别人差，我也无所谓 …………………… ○○

19. 做什么事我也不着急，着急也没有用，不着急也误不了事 …… ○○

20. 我从来没想过要按自己的想法办事 …………………………… ○○

21. 每天的事情都使我精神十分紧张 …………………………… ○○

22. 就是去玩，如逛公园等，我也总是先看完，等着同来的人 …… ○○

23. 我常常不能宽容别人的缺点和毛病 …………………………… ○○

24. 在我认识的人里，个个我都喜欢 …………………………… ○○

25. 听到别人发表不正确的见解，我总想立即就去纠正他 ………… ○○

26. 无论做什么事，我都比别人快一些 …………………………… ○○

27. 人们认为我是一个干脆、利落、高效率的人 …………………… ○○

28. 我总觉得我有能力把一切事情办好 …………………………… ○○

29. 聊天时，我也总是急于说出自己的想法，甚至打断别人的话 …… ○○

30. 人们认为我是个安静、沉着、有耐性的人 …………………… ○○

31. 我觉得在我认识的人之中值得我信任和佩服的人实在不多 …… ○○

32. 对未来我有许多想法和打算，并总想都能尽快实现 ………… ○○

33. 有时我也会说人家的闲话 …………………………………… ○○

34. 尽管时间很宽裕，我吃饭也快 ……………………………… ○○

35. 听人讲话或报告如讲得不好，我就非常着急，总想还不如让我来讲哩! ……
○○

36. 即使有人欺侮了我，我也不在乎 …………………………… ○○

37. 我有时会把今天该做的事拖到明天去做 …………………… ○○

38. 当别人对我无礼时，我对他也不客气 ……………………… ○○

39. 有人对我或我的工作吹毛求疵时，很容易挫伤我的积极性 …… ○○

40. 我常常感到时间已经晚了，可一看表还早呢 ………………… ○○

41. 我觉得我是一个对人对事都非常敏感的人 …………………… ○○

42. 我做事总是匆匆忙忙的，力图用最少的时间办尽量多的事情 ○○

43. 如果犯错误，不管大小，我全都主动承认 …………………… ○○

44. 坐公共汽车时，尽管车开得快我也常常感到车开得太慢 …… ○○

45. 无论做什么事，即使看着别人做不好，我也不想拿来替他做 …… ○○

46. 我常常为工作没做完，一天又过去了而感到忧愁 …………… ○○

47. 很多事情如果由我来负责，情况要比现在好得多 …………… ○○

	是 否
48. 有时我会想到一些说不出口的坏念头 …………………………………	○○
49. 即使领导我的人能力差、水平低，不怎么样，我也能服从和合作 ………	○○
50. 必须等待什么的时候，我总是心急如焚，缺乏耐心 …………………	○○
51. 我常常感到自己能力不够，所以在做事遇到不顺利时就想放弃不干了 …	○○
52. 我每天都看电视，同时也看电影，不然心里就不舒服 ………………	○○
53. 别人托我办的事，只要答应了，我从不拖延 …………………………	○○
54. 人们都说我很有耐性，干什么事都不着急 ……………………………	○○
55. 外出乘车、船或跟人约定时间办事时，我很少迟到，如对方耽误我就恼火 …	○○
56. 偶尔我也会说一两句假话 ………………………………………………	○○
57. 许多事本来可以大家分担，可我喜欢一个人去干 ……………………	○○
58. 我觉得别人对我的话理解得太慢，甚至像理解不了我的意思似的 …	○○
59. 我是一个性子暴躁的人 …………………………………………………	○○
60. 我常常容易看到别人的短处而忽视了别人的长处 ……………………	○○

计分方法

分量表	回答"是"项目(计1分)	回答"否"项目(计1分)
L 量表	8、20、24、43、56	13、33、37、48、52、
TH 量表	2、3、6、7、10、11、19、21、22、26、29、34、38、40、42、44、46、50、53、55、58	14、16、30、54
CH 量表	1、5、9、12、15、17、23、25、27、28、31、32、35、39、41、47、57、59、60	4、18、36、45、49、51

量表功能与适用范围

该量表除了用于评价和测定成人 A 型行为类型，用于冠心病、心肌梗死、脑血管疾病患者的行为指导外，还被广泛运用于心理学、社会学、精神病学以及组织调查等领域的调查研究。

使用方法与计算方法

"A 型行为问卷"共有 60 题，包括 3 个分量表：①"TH"(是 Time Hurry 的缩写)，有 25 题，表示时间匆忙感等特征；②"CH"(Competitive and Hostility 的缩写)有 25 题，表示争强好胜，怀有戒心或敌意等特征；③"L(是 Lie 的缩写)"，有 10 题，为真实性校正(即测谎)。计算方法：每题的回答与标准答案相符者计 1 分，首先计算"L"量表，如积分≥7 分者表示真实性不大，就剔除该问卷，不予进一步调查。"L"量表＜7 分者进一步调查另外两个量表的计分情况。

行为类型评定标准：按照协作组 1985 年的标准，计算 TH＋CH 的总分。典型 A 型人格 36～50 分，偏 A 型人格 28～35 分，M(中间型)27 分，B 型人格 19～26 分，典型 B 型人格 1～18 分。

CH 反映竞争性、缺乏耐心和敌意情绪等特征，高分表示生活及工作压力大，渴望事业有所成就，竞争意识强烈，争强好胜，希望能出人头地，并对阻碍自己发展的人或事物表现出强烈的反感或攻击意识。低分表示与世无争，容易与人和平相处，生活和工作压力不大，也可能生活标准不高，随遇而安，也可能是过于现实。

TH 得分反映时间匆忙感、时间紧迫感或行事匆忙感的特征。高分：惜时如金，生活和工作节奏快，总有一种匆匆忙忙，感到时间不够用的感觉，渴望在短时间内完成最多的事情，容易粗心大意、急躁。对于节奏缓慢和浪费时间的工作或事会不耐烦、不适应。低分：时间利用率不高，生活节奏不快，悠闲自得，心态平和，喜欢休闲和娱乐，做事有耐心，四平八稳，容易给人一种慢条斯理的感觉。

任务二　会根据长寿老年人的人格特征，对老年人的生活和饮食进行指导

健康老年人的生活习惯都是有特点的，正是这些特点使老年人长寿。掌握长寿老年人的特点，需要思考以下问题，并在问题的引导下更好地完成各项任务。

问题二：长寿老人有什么特点？

情境四和情境五都谈到了健康和长寿，到底怎样做才最好呢？接下来我们来学习长寿老年人的特点。

长寿的人有什么
特点

学一学

长寿的人有什么特点

加州大学河滨分校的弗里德曼（Howard S. Friedman）教授主要的研究领域是健康心理学。在 20 世纪 90 年代，也就是弗里德曼教授萌发了研究人类长寿的想法之时，当年推荐招募的一大群天才少年早已变成了寥寥无几的风烛残年的老人。所以，他认为这是一个绝好的被试群体来探究长寿的问题——为什么有些人过早染病或者因为其他的一些原因早早地离开人世，而另一些人却健康快乐地生活着？因为有着前期大量连续的数据作为支撑，使得这样的探究成为可能。

2011 年 3 月，弗里德曼和另一位作者马丁（Leslie R. Martin）结合以往研究中的大量结论及其他相关领域的研究，出版了一本名为《长寿工程》的图书，书的副标题是从里程碑式的长达 80 年的研究中发现的健康与长寿的神奇发现。书中通过翔实的实证研究，从心理学角度对长寿机制作出了令人信服的阐释。

1. 稳定的婚姻

一段稳定的婚姻可以使双方都获益。不过事实上，那些终身单身的人的死亡率并不比婚姻美满的人高，他们甚至还会比那些曾经有过多次离婚史的人长寿。而且离婚或丧偶对于男性的伤害要大于女性。

2.事业心

生活中有计划、工作认真负责、责任心很强的人通常不会英年早逝。虽然他们可能看起来很忙碌，但实际上他们在晚年也可以保持良好的时间安排和健康的生活方式，而那些经常跳槽换工作、生活没有计划和连贯性的人往往去世得很早。

3.多操心不是坏事

爱操心的人更长寿，适当的操心可以使人们更关注自己的健康，对自己更认真负责，而且操心也会使人们对于事情的考虑更加周全。

4.适当的压力有益身心健康

如果你讨厌所从事的工作，那么工作压力就是有害健康的"坏压力"；如果你热爱自己的事业，因力争在事业上有所成就而产生的压力，就是有益于健康长寿的"好压力"。关键一点是，工作必须是你所热爱的，而且能让你产生成就感。

5.多参加社交活动

经常与亲朋好友联系的人更长寿。在交往过程中给予他人帮助有益于长寿。如果你朋友不多，建议多参加社会活动或者志愿工作。

6.宠物无法替代人类的关系

养宠物的确有益健康，但是宠物毕竟无法代替人与人之间的交往。研究发现，养宠物的人并不比其他人群更长寿。相反，以宠物取代人际交往的人寿命更短。

7.过度乐观容易短命

过度乐观的人往往没有那些小心谨慎的人细心。为了保持健康，小心谨慎的人更懂得自我防护，更少从事高风险活动，比如抽烟、酗酒、吸毒或者飙车等。这些人也会远离有不良嗜好的人群。

8.不要强迫自己锻炼

尽管健身有益，但研究发现，一些长寿者在二十多岁的时候并不怎么锻炼，反而是通过多做自己感兴趣的事，让自己活动起来更能长寿，比如种花、种菜、做木匠活等。锻炼身体要按自己的兴趣来，不喜欢就不要强迫，引起自己的不快。

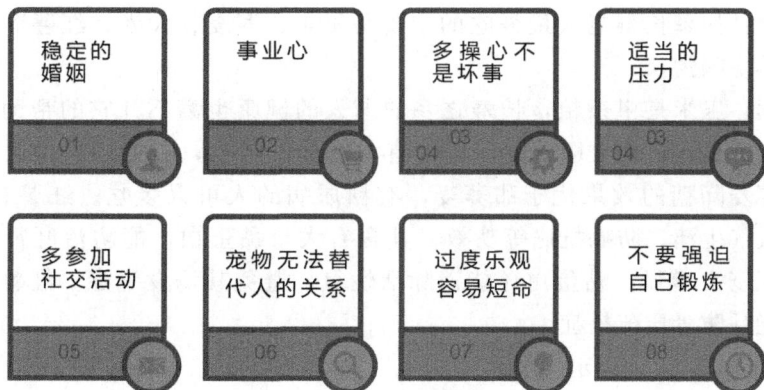

稳定的婚姻	事业心	多操心不是坏事	适当的压力
01	02	04	04
多参加社交活动	宠物无法替代人的关系	过度乐观容易短命	不要强迫自己锻炼
05	06	07	08

图 1-3-5

🌐 小知识

长寿老人的生活习惯

中国居民人均预期寿命不断增长，80岁及以上高龄老人比例不断增加，百岁老人也成为社会上常见的风景。除中国江苏省如皋市以外，世界上另外5个长寿之乡分别是中国广西巴马、新疆和田、巴基斯坦罕萨、外高加索地区，以及厄瓜多尔的比尔卡班巴。那些地方百岁老人扎堆，六七十岁的人仅仅被称为"青壮年"。较之于中西部地区，中国东部地区的百岁老人数量最多且百岁老人比例最高，生活在城镇的百岁老人数量超过农村（杜鹏，吴赐霖，2024），这里的长寿经验值得大多数人借鉴。世界长寿之乡调查团、复旦大学如皋长寿研究所对当地百名百岁老人进行了走访调查，发现了一些简单易行的长寿秘诀。

1. 油菜是比较好的长寿菜

调研结果：如皋老人比较爱吃的蔬菜是青菜（南方叫小白菜或马耳朵菜，北方叫小油菜）、韭菜、菠菜等。

专家解读："饮食的功效不仅是预防疾病，在一些疾病的恢复和治疗中也起到了重要作用，延长了患者的寿命，这或许也是如皋成为长寿之乡的原因。"国际自然医学会会长、世界长寿乡调查团团长森下敬一告诉《生命时报》记者，"从我的临床经验来说，慢性病患者应多吃胚芽类以及发酵食物。"

说到长寿老人爱吃的青菜，北京中医药大学营养学教授周俭告诉记者，油菜中含有丰富的叶酸，钙和钾等矿物质的含量也很丰富，这些营养物质可以增强机体的抵抗力，是人体健康的卫士。另外，油菜具有活血作用，经常食用可以降低血液黏稠度，有助于保护心脑血管健康。韭菜，民间被称为"壮阳草"，具有补肾壮阳的功效，大多数老年人阳气虚弱，经常食用有益健康。同时，韭菜中含有丰富的膳食纤维，能促进肠道蠕动，对预防老年人便秘有很好的功效。

2. 玉米是常吃的粗杂粮

结果显示：如皋长寿老人最爱吃的主食是玉米、荞麦、大米、红薯等；近八成百岁老人喜欢早晚喝粥。

专家解读：玉米是粗杂粮，长寿之乡的老人的健康也离不开它的帮助。玉米既健脾又利水，有助于预防老人肥胖，并且含有丰富的叶黄素，有助于保护眼睛。荞麦分为两种，苦荞麦降糖的效果优于甜荞麦，有糖尿病的人可以多吃。红薯有和血补中、宽肠通气、益气生津、防癌抗癌等功效。其含有大量黏蛋白，能防治肝肾结缔组织萎缩，使人体免疫力增强；黏蛋白还能消除活性氧，避免其诱发癌症。红薯中含钙、镁较多，常吃能预防骨质疏松症。

3. 八成老人爱喝白开水

调研结果：百岁老人最爱吃的副食是鸡蛋、牛奶、鱼虾；其中78%的人平时喝白开水，10%的人喜欢喝淡茶。

专家解读：中国中医科学院教授杨力表示，鸡蛋和牛奶是优质蛋白，含有人体必需的氨基酸，对提高老年人免疫力、抵抗疾病很有帮助；鱼虾中含有丰富的磷，是保护大脑、延缓记忆衰退、预防老年痴呆的"法宝"。鸡蛋每天吃 1 个即可，血脂异常或肥胖的人，建议每周吃 2～4 个较为合适。不少人在喝牛奶上也存在一些误区，比如把牛奶当水喝，这会导致营养失衡。对老年人来说，每天喝两杯以上的牛奶可能会增加患白内障的风险。每人每天喝一杯牛奶(200 毫升)比较合适。

在日常喝水方面，浓茶会引起便秘，还可能使血压升高，加重心脏负担。最好的饮料还是白开水，以每天 1600～2000 毫升为宜，早晨起来最好喝一杯，对健康大有好处。

4. 家家户户都养花

调研结果：大多数百岁老人劳作不停，肥胖者少；90％的百岁老人睡眠质量高，72％的百岁老人有午睡习惯；家家户户都养花。

专家解读：北京中医药大学养生室教授张湖德指出，生命在于运动，不管是什么方式的运动，即使是做家务，也能起到促进血液循环的作用，老年人只要找到自己喜欢的运动方式，长期坚持，对身体有好处。建议老年人选择比较舒缓的运动，比如慢走、打太极拳，做家务时尽量避免下腰、深蹲等动作，尤其不要搬重物。

养花也是非常值得提倡的一种养生方法，花草既可以美化环境，还可以让人心情愉快。每天修剪一下花草，浇浇水，既活动了身体，又排遣了孤独。另外，如皋老人长寿与睡眠好关系非常密切，俗话说："每天睡得好，八十不显老。"老人每天至少要睡够 7 小时。

5. 知足常乐是长寿方

调研结果：94％的百岁老人与子女、孙子女生活在一起。大多数老人都抱着知足常乐的心态："我现在的生活一天比一天好""我的情况还算不错""想想这辈子经历的大事小事，我没什么可后悔的"……

专家解读：中国心理学会副秘书长、北京市老年心理研究所所长韩布新介绍说，老年人生活满意度和幸福感取决于两个因素，即社会支持和家庭支持，二者缺一不可。应当说，大多数老人能活到百岁，其后代功不可没。他们对老人在物质上给予保障，生活上给予照料，精神上给予慰藉。多代同堂、儿孙绕膝，是老人健康长寿的重要原因。

另外，作为老人，有一个知足常乐的心态也很重要，中国老一代的观念强调"尊老"，过度干涉子女生活，不愿意退居二线，什么事都要说了算，与子女的矛盾往往都在一些家庭事务的决策权上。一旦与子女有分歧，就产生强烈的心理落差，出现情绪低落、意志消沉的状态或暴躁易怒、冲动偏执的状态，进而导致身体机能下降。因此，对老人来说，学会"放下"非常重要。

【任务导入三】

面对情境六、情境七，你需要完成下面的任务。

任务：掌握老年人人格障碍的分类及行为特点，对老人进行有针对性的帮助。

【任务分解】

任务一 掌握老年人人格障碍的分类及行为特点，
有针对性地对老年人进行帮助

老年期人格特征通常变得更为明显，尤其是小心谨慎、内向和强迫性。老年人人格的异常妨碍了他们的情感和意志活动，破坏了其行为的目的性和统一性，在待人接物方面表现得尤为突出。

> **关键概念**
>
> 人格障碍：人格障碍是指明显偏离正常且根深蒂固的行为方式，具有适应不良的性质，其人格在内容上、质上或整个人格方面异常，由于这个原因，病人遭受痛苦或使他人遭受痛苦，或给个人或社会带来不良影响。

问题一：老年人容易出现哪些人格障碍？

情境六中，老年人的个性发生了突变、情境七中，老人有"返童"的行为，这属于什么心理问题，该怎样进行帮助？要了解这个知识点，先来看看老年人容易出现哪些人格障碍。

学一学

老年人的主要人格障碍

翟书涛教授指出：约7%的老年人患有人格障碍，其中以回避型、依赖型和强迫型人格障碍较多见。由此看来，人格障碍也是社区老年人中最常见的精神疾病之一。个体的人格特质与其主观幸福感的获得关系密切，严重会导致老年人对生活的满意程度、自我实现感、愉悦感、安宁感下降，自理能力下降进而给别人造成困扰。比如，过分的敌意、过分的依赖、过分的纠葛、过分地拘泥细节，等等，是人格特质的变化和人际沟通中出现问题的表现。人际障碍就是人格异常，表现为适应不良的行为模式。

老年人的主要人格障碍类型：

偏执

冷漠

焦虑

厌烦

倒退

图 1-3-6

1. 偏执

绝大多数思想偏执、观念固执、重复的老年人通常表现为：①思想狭窄，看问题片面。往往对自己已有的观念估计过高，把自己掌握的有限知识、技能认为是"无价之宝"，必须要求别人接受。②在生活中绝大多数人被评价为"老顽固"。他们最初往往给人以假象，误认为他们坚毅顽强。其实，他们所表现出来的"百折不挠""坚持到底"，不达目的誓不罢休的行为，在客观上往往是不正确、不合理的"我行我素"。

偏执的老年人习惯了某种思维方法，会在大脑皮层上形成一个"惰性兴奋中心"。当某种思想、观念深深地扎根在头脑里后，就会形成固定"模式""定型"，使得他们习惯于不用花费更多的脑力，养成一种习惯、定势，于是习惯于老框框、老章法，图省事，省脑筋。

偏执的老年人通常都会表现出过分敏感、无端猜疑、妒忌心重、高估自己、对人要求过多、不信任别人、表情冷漠严峻、缺乏幽默等特点。

应该帮助偏执的老年人，因势利导地使他们转变成性格坚毅的人，最好的办法就是让他们在余生找到一个感兴趣的、长久的为之奋斗、忙碌的生活目标。帮助他们加强学习，提高修养，克服虚荣心理，培养高尚情趣；加强自我调控，善于克制自己；紧跟时代步伐，勇于接受新事物。

2. 冷漠

有些老年人情感冷漠，主要的表现是：①从面部表情和身心状态上看，缺乏生活活力，整日里有气无力，心灵空虚，自我封闭。这类老年人很多是因为心理上曾经遭受过挫折、打击或创伤，于是心灰意冷，丧失了生活的乐趣，对人、对事都感到索然无味。因此，可以说，冷漠是一种对挫折的退缩性心理反应。②心理上不适应。这是另外一种形态的情感冷漠，这类老年人有一种不由自主的强迫性病症的倾向。主要表现为没有任何特殊原因但却失去对生活的热情，失去对社会和亲人的关心，不闻不问，超然世外，持续地过着自认为"超然"的脱离现实的生活。他们逃避现实，离群索居。这类老年人一般智力和品德相当健全、成熟，他们并非整日内心惴惴不安、紧张不宁，只是心里空虚，安于现状，得过且过。

一些病理心理学家的调查研究认为："读书学习法"可以使这类老年人"死灰复燃"，重新激起生命活力，重新振作起来；有助于克服心灰意懒、悲观失望、精神萎靡、意志消沉、彷徨怅惘、寂寞空虚等消极精神状态，使他们充实、有勇气、有希望和力量，让老年人生活有奔头、有梦想，"大千世界，有梦想就有希望！"

在日常生活中我们会发现，对待同样的挫折，有的老年人采取攻击方式，有的采取逃避方式，有的则采取淡漠以至无情的方式。"淡漠""无情"似乎是对挫折漠不关心、甘心退让、无动于衷，并无愤怒的情绪。事实并非如此，淡漠只不过是把愤怒暂时压抑下去，用"间接的方式"表现出来而已。这种间接的表达方式，是淡漠在一定程度上的"无言的反抗""消极的抗议"。

3. 焦虑

老年人的焦虑主要有下述两种表现：①在心理上，经常疑惑不解，惶惶不安，甚至微不足道的小事，也会引起他们猜测不宁，更有甚者担心大祸临头、灾难将至。老年人焦虑时会感到惧怕，而惧怕时也会感到焦虑，焦虑和惧怕相互伴随着。这些老年人不能像正常的人那样自如地适应生活环境，遭遇紧张的心理压力时，会紧张、忙乱，丧失应付事变的能力。②在生理上，轻者长吁短叹，重者会感到呼吸困难、过度换气、胸闷、心悸、眩晕、头昏、口角发麻、四肢异常。这些生理变化正是由于情绪过度紧张，使得大脑，特别是呼吸中枢过度敏感，以及植物神经系统的感受性增高。

大量的调查研究表明，能妥善处理日常紧张事务的老年人，比起经常身处紧张状态而又觉得精神压力很大的老年人，其衰老速度要慢，寿命要长。因此老年心理学家告诫老年人：在日常生活里，排除紧张状态至关重要！

如何帮助老年人消除在日常生活中所遭遇的焦虑呢：①对期待性焦虑（预期性焦虑）应漠然视之，不要总是念念不忘、耿耿于怀。不要过分地担心那些即将发生的事件会出现最坏的结局，应抱"既来之，则安之"的态度，尽力采取有效措施和办法，或正面直观，或迂回躲避。②对真实性焦虑，例如，因寒冷、疲劳、麻木、便秘，等等所引起的焦虑，不要有过敏性或疑忌性的情绪扩延，要面对现实，针对性地解决处理。

家庭、社区、社会联起手来，对老人的日常起居生活给予照顾，对老人的心理困扰进行疏导，帮助提高老年人的心理承受能力是当务之急。

4. 厌烦

厌烦是心理疲劳的一种情绪表现，因而，可以把厌烦称为"精神疲倦"。引起老年人厌烦感的原因有二：

（1）外在原因。主要指由于重复性、单调性、乏味性的生活内容所引起的精神状态不佳的。如果老年人生活单调乏味，天天重复着老一套模式，缺乏变化、缺乏兴趣，往往会引起厌烦感。正如美味佳肴、游览胜地、奇妙书刊等，曾经使老年人感到新鲜、有趣的人和物，能激发兴奋的外界刺激物，如果它们一再重复，也会引起心烦、不快的厌倦情绪。

解决老年人因外在的、客观的原因所引起的厌烦感，比较简易可行的方法就是改变外在客观因素的，转变环境。改换起居生活的内容，厌烦感便会自动消除。

（2）内在原因。有些老年人对生活缺乏活力，充满无力感。产生无力感的原因有可能和身体的某些器官病变有关。但对身体健康的老年人来说，主要是因为：①由内发的情绪所引起；②有时可能因为对周围环境产生过敏性反应。比如，季节变化、照明强弱、通风设备或因气温、湿度等原因引起心理上的疲劳感。如果老年人所处的周围环境阴暗潮湿、闷不通风、噪声不绝……定会使他们心烦意乱、情绪烦躁、沉闷厌烦。甚至在秋雨连绵的黄昏时间，老伴在耳边唠叨不止，都会使老年人陷入厌烦的深渊而不能自拔。

以上众多厌烦表现几乎都属于正常厌烦表现。如若从心理健康角度看，有些老年人的厌烦是由精神贫乏、内心空虚引起。产生此种厌烦的生理机制是，由于大脑缺乏外界刺激而经常处于"休息"状态。这类老年人应让内心世界丰富多彩，用多种多样、有意义的、有趣味的事情来填补、充实内心世界。有位宗教先哲说得好："人们不仅要填饱肚子，还要填饱脑袋。"此类厌烦感和缺少期望有关，老年人应时时刻刻有所期待、有所希望、有所追求，让大脑皮层不断地产生一个个兴奋中心，使大脑处于被激发状态，处于精神振奋状态，避免厌烦感，摆脱痴呆。临床观察证实：病情严重的老人，通常不会觉得厌烦，因为他们总是在期望病情好转，早日痊愈；病情被较快治愈的老人，却常常感到厌烦。

5. 倒退

倒退是指老年人病态性的"返童现象"。这种"返老还童"不是正常的童心未泯，不是精神状态仍旧保持天真无邪的童心，而是心理水平倒退到了儿童时代。

"返童现象"就是心理上的倒退现象，它是一种无意识的（不自觉的）心理防御机制。一般情况都是在焦虑、紧张或不满的情境下，行为活动部分地或象征性地倒退到低一级的幼稚反应模式，目的是逃避解决所面临的实际棘手问题，或者是为了获得别人的重视、同情与关怀。

老年心理研究专家指出，人过65岁以后，大约有70%的老年人，由于精神衰老而出现不同程度的人格变异。主要表现是：①有些老年人说话幼稚、嗲声嗲气，举止轻率、搔首弄姿，缺乏自制、任性胡来，争吃争喝、以我为主，喜怒无常、无理取闹……；②有些老年人遇事反应迟钝、好刨根问底，稍不称心就发脾气。

有的专家把以上这种现象称之为"第二次儿童期"，即日常生活中常说的"老小孩儿"。"老换小，老的成了小的"，这种情况女性多于男性。

"返童现象"是老年人对挫折、对老年生活不适应的一种消极表现，是一种心理上的适应障碍。有些老年人由于种种个人欲求受到阻抑，心理上感到紧张不安，他们会退回、复归到一种比较不成熟的心理水平，用来保存个人安全感。他们如果不能设法解决自己所面临的困境和疑虑，便有可能采用青少年或儿童的策略、手段或惯用伎俩，例如哭闹、喊叫、撒娇、抗议、出走……去应对面临的问题。

老年人的"返童现象"一般不是故意装出来的（当然，也不能排除确有一些老年人被迫地或自觉地"装疯卖傻"），绝大部分是心理活动水平退化，无意识地退回到自己的童年时代。因此不要责怪、嫌弃那些出现"返童现象"的老年人，应该耐心细致地帮助他们解决心灵上的困扰、挫折，让他们重新振作起来，清醒地回到现实中来。对待某些老年人的"返童现象"既不要大惊小怪，也不要马虎对待。"返童现象"既不可耻，也不可怕，经过治疗后，完全可以痊愈。

实施步骤

步骤一：活动指导

（1）全班同学人人参与。先分组进行活动，后全班进行活动。

（2）可从教师事先给出的项目情境中挑选一种进行角色扮演。也可以自己设计一个老年人不同人格类型的生活情境，比如A型人格的行为等等。

（3）利用网络、书籍、报刊等查找、收集自己感兴趣的"老年人人格类型"相关资料，并把资料抄写、复印或者打印出来。

（4）设计角色扮演时，角色扮演的时间要控制在 10 分钟以内。

（5）角色扮演时，要先设计好老年人生活中容易出现的情境，根据情境内容配合相应的语气、语调、表情、动作等，把角色中人物的个性特征生动地表达出来，把情境中的场景再现。为了把情境中的内容演好，还可以根据掌握的"老年人气质和性格"相关资料对情境进行适当补充，设计一些对话、旁白，以活跃现场气氛扮演者要把课堂中学习到的方法应用到角色扮演中去，实现解决老年人人格变化问题的场景再现。

（6）角色扮演的准备工作是否充分，直接关系到这次活动的成败。因此，在熟悉情境后可以先试着小组预演，可以根据同学的个性特点决定扮演的角色，并征求其他同学的意见或建议，进行改进。也可以请老师现场指导。

（7）对情境进行重新加工的时候要注意对情境的补充，力求情节生动形象。人物扮演活灵活现，符合角色的特征。

步骤二：活动过程

（1）准备工作：通过多种方式收集所需资料。

（2）小组长负责收集组员加工编写的情景剧，并交教师审阅。

（3）各小组成员根据项目情境，分解成几个情景剧，进行角色扮演。

（4）根据这几个情景剧的表演，各小组讨论交流。

（5）各小组选出代表，对情景剧任务完成的过程进行分析交流汇报。

（6）各小组之间就出现的问题进行讨论交流。

（7）各小组修改完善方案，并提交书面材料。提交材料包括：情景剧的剧本（剧情、参与角色扮演学生的名单）；情景剧要告诉人们的问题是什么？这个问题该如何解决？

（8）教师针对学生任务完成情况进行点评。

能力检测

【情境】李奶奶，年龄 68 岁，在生活中经常过分压抑自己的负性情绪。不善于表达或发泄自己的不良情绪，所以在外界看来，李奶奶是一个个性非常好的人，很和善，但是她做事胆小，为了取悦别人，过分地牺牲自己的兴趣和需要。经常感到自己孤立无援。最近身体不是很好，担心自己有大病，不敢去医院检查。

【任务】面对以上情境，你需要完成以下任务。

任务 1：找出李奶奶的心理行为有哪些特点。

任务 2：进行心理分析，鉴别出李奶奶属于哪种性格类型。

任务 3：分析李奶奶这种性格类型最容易犯哪种病，应该如何预防。

知识梳理

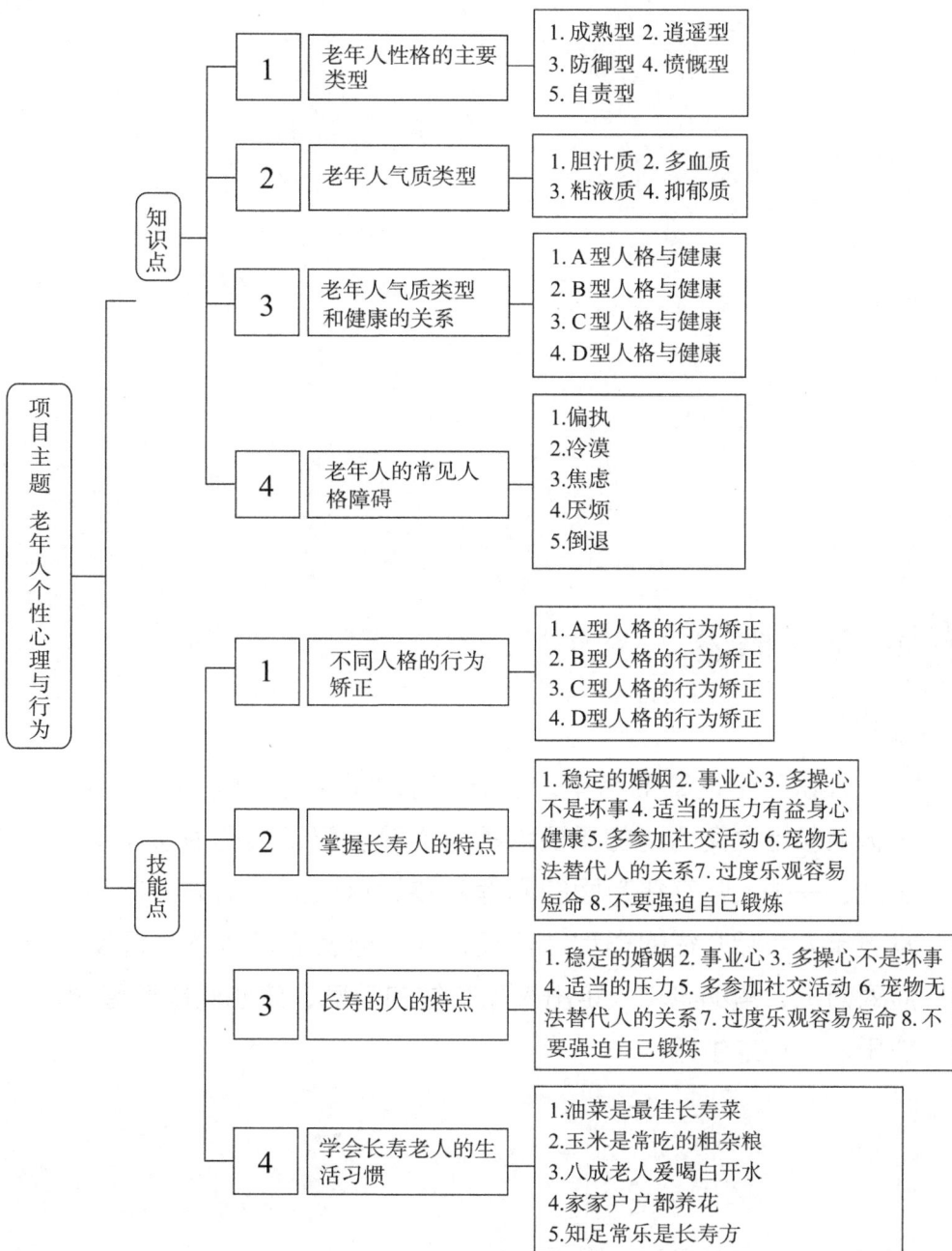

项目主题 老年人个性心理与行为	知识点	1 老年人性格的主要类型	1. 成熟型 2. 逍遥型 3. 防御型 4. 愤慨型 5. 自责型
		2 老年人气质类型	1. 胆汁质 2. 多血质 3. 粘液质 4. 抑郁质
		3 老年人气质类型和健康的关系	1. A型人格与健康 2. B型人格与健康 3. C型人格与健康 4. D型人格与健康
		4 老年人的常见人格障碍	1. 偏执 2. 冷漠 3. 焦虑 4. 厌烦 5. 倒退
	技能点	1 不同人格的行为矫正	1. A型人格的行为矫正 2. B型人格的行为矫正 3. C型人格的行为矫正 4. D型人格的行为矫正
		2 掌握长寿人的特点	1. 稳定的婚姻 2. 事业心 3. 多操心不是坏事 4. 适当的压力有益身心健康 5. 多参加社交活动 6. 宠物无法替代人的关系 7. 过度乐观容易短命 8. 不要强迫自己锻炼
		3 长寿的人的特点	1. 稳定的婚姻 2. 事业心 3. 多操心不是坏事 4. 适当的压力 5. 多参加社交活动 6. 宠物无法替代人的关系 7. 过度乐观容易短命 8. 不要强迫自己锻炼
		4 学会长寿老人的生活习惯	1. 油菜是最佳长寿菜 2. 玉米是常吃的粗杂粮 3. 八成老人爱喝白开水 4. 家家户户都养花 5. 知足常乐是长寿方

项目二 老年人的人际交往心理与行为

项目描述

人际交往是每个老年人面临的重大问题。对老年人而言，积极地参与社交活动的重要性不言而喻。但现实是很多老年人出现了一些人际交往方面的心理问题，这该如何应对？本项目从老年人人际交往的类型、特征入手，分析老年人的人际交往应对方法，帮助老年人走出人际交往的困境，使他们能够健康、快乐、幸福地生活。

项目情境

【情境一】老太太想天天生病好让孩子陪她说话

"真的很不适应这里的生活，连个说话的人也没有。"家住西安市东门附近的钟女士对记者表示："找人聊天的不只是男性老人，很多女性老人也很孤独。"记者采访了解到，钟女士两年前失去老伴，孝顺的儿子和儿媳妇为了让母亲晚年享清福，特地从陕北老家把她接到西安来，没想到这享福却成了享受孤独。因为在农村养成的习惯，一下子来到西安，很不适应城市的生活。尤其是在老家的时候，钟女士最喜欢和邻居们一边端着碗吃饭一边聊天，大伙的日子都过得很开心。

可自从来到西安后，她住在三室一厅的房子里足不出户，邻居之间也是"老死不相往来"，儿子、儿媳忙工作，孙子上学住校……原本爱说爱笑的钟女士一下子变得沉默寡言起来。"这么大的房子里整天都是我一个人，在家里找不到人说话，常常自言自语，一个人扮两个人，那种滋味别提多难受了。我也想出去玩玩，可人生地不熟，万一有个闪失还让儿子担心。""其实，有时候我也希望自己能天天生病，因为这样的话，孩子们才会请假陪在我身边，和我说说话。"钟女士抹着眼泪对记者如是说。

【情境二】西安环城公园老人花钱找陪聊 5 个月花 1800 元

"人怕孤，树怕枯。"68 岁的张先生虽然衣食无忧，可是一个人很寂寞。3 年前，老伴死于肝癌，儿子忙于工作整天在外跑，女儿嫁到了河南。他每天除了吃饭和睡觉外，剩下的时间就是独自坐在沙发上，边看电视边打盹。长期独守空巢的孤寂，使他变得焦虑不安。今年春节时，女儿和女婿带着外孙回家，儿子也带回了女友，一家人其乐融融。可是 2 月 23 日的时候，孩子们陆续离家了。"心里很压抑，难受极了。"张先生称，他还哭了一场，一刻也不想在家里待了。2 月底的时候，张先生在环城公园里转时，发现很多人在聊天，有些老头聊完天后，还给陪聊的人一些钱。当时，他觉得有些不好意思，花钱找人聊天实在是太悲哀了。但是，后来经不住寂寞，便抱着试试看的态度与一个 40 多岁的女士聊天，主要聊一些关于家庭、子女以及老人如何安度晚年的话题，后来还聊了些关于历史的问题等。虽然花了 10 元钱，但是感觉心情好多了。"差不多五个月的时间里，我几乎每天都要去那里找人聊天，有时候找不同的人，听听他们的想法，有时候也会找固定的人来聊。"张先生对记者表示：虽然现在已经花了1800 元左右，但是买到了很多快乐，既不用浪费儿女的时间，也不孤单了。

【情境三】心理距离有多远？

老沈和老张原来是一个单位的，现在都退休了。两人住在楼上楼下，但在单位时两人就交往不多，互相不太感兴趣，有时候由于工作的关系彼此还很敌视，关系紧张。退休后原以为没有了利益冲突，关系应该会不错，但还是没有太多话题。他们各自都有聊得来的朋友，老沈和另一单位退休的老王很谈得来，关系密切，经常约着一起下棋、钓鱼。

【情境四】为何连雾霾也无法阻止大妈跳广场舞？

在中国，广场舞是以"健身"的名义高强度、大范围蔓延。的确，很多中老年人跳广场舞是为了锻炼身体，强度不大的运动也对老年人的身体着实有益。不过另一方面，大量的人参与到广场舞的队伍中来，也是为了社交。当今中国已进入老龄化社会，许多都市中老年人苦于子女忙碌、交际圈狭窄，在家里闷得慌，渴望通过参加公众性活动，调节身心，拓展交际。而广场舞参加人数多，入门门槛低，又无须什么费用，遂成为许多整日困于"钢筋森林"中的老年人喜爱，甚至依赖的社交活动。形形色色的广场"交谊舞"，如今已经越来越成为老年人人际交往的方式。

【情境五】老张的嫉妒心

老张退休后喜欢上了下象棋，天天在大街上和一堆老年牌友一起玩，但最近大家都不愿意搭理他，也不愿意带他玩了，老张很苦闷。原来，老张是个嫉妒心比较强的人，见不得别人比他好。别人离休，他说人家赶上了好机会，会钻营，说不定还以权谋过私；别人做生意发了财，他说人家很可能偷税漏税；别人能写会画，有才艺，他就装行家挑毛病，他的话还常常说不到点上，净说些没有根据和道理的风凉话。大家都很烦他。

【情境六】六旬老太被老伴疑与牌友有染 又要跳楼又要离婚

"我错了，我不该不相信你……"近日，在南京玄武区锁金村法庭上，白发苍苍的陈老汉突然从被告席走到原告席前，向老伴胡玉（化名）弯腰鞠躬，并伸出右手与老伴握手。胡玉见状心里酸酸的，"咱们都老夫老妻了，以后别再吵了……"说完，两位老人手挽着手走出法庭。原来是这样的：

今年，78岁的陈老汉和66岁的胡玉结婚近五十年了，育有三儿一女。夫妻俩十分恩爱，居民经常能看见他们一起买菜、散步、打麻将。几年前，陈老汉患眼疾，视力变得模糊，这样他就不再和老伴一起去打麻将，而是待在家里照顾小孙子。"我只是消遣，没想到老头竟然怀疑我和打牌的人有染，气死我了。"胡玉委屈地说，不知道老伴从哪儿听的风言风语，经常在她耳边嘀咕，"儿女都那么大了，还做丢人的事……"陈老汉愤愤不平地说，有人告诉他，老伴打麻将时，经常和牌搭子眉来眼去，两人的关系很不寻常。

有了这个嫌隙，老两口就经常发生口角，越吵越厉害，几个子女都无法劝阻。去年10月，陈老汉在家又和胡玉嘀咕了半天，还跑到楼道里嚷嚷。"子虚乌有的事，被他说得像真的一样，太丢人了！"胡玉当时气极了，也不顾什么"家丑"了，拉着陈老汉去社区评理。为了这事，两人又在社区闹了四次。最严重的一次，胡玉被陈老汉逼急了，在社区嚷嚷着要跳楼，她不想活了……吓得社区工作人员连拉带拽，才将她的情绪安抚下来。

5月，胡玉到法院起诉请求离婚。该案承办法官在处理案件时发现，当事人相依相伴走过了风雨50年，本该子孙绕膝、安享晚年，却因子虚乌有的事闹到要离婚。同时，法官从社区、片警及老人的子女处了解到，胡玉根本没有外遇，完全是陈老汉多心了。

经过一个月的调解，不肯认错的陈老汉终于在法庭上向老伴认错，两人重归于好。同时，胡玉也表示以后她不打麻将了，省得老伴再误会。

【情境七】参加交际活动时要谨慎

60 岁的张阿姨，家住渝中区，离异多年，孩子在外地工作，长期独居，心中难免感到寂寞。"随着年龄的增长，我越来越渴望有一个伴侣。"她说。去年 2 月，她通过交友软件认识了陌生男子李某，对方自称是湖北的"退休民警"，以前从事刑侦工作。为了进一步了解李某，张阿姨经常翻看他的微信朋友圈，发现他的头像是带有公安元素的图片，还在朋友圈里发过警官证照和很多警务方面的新闻。由此，她对李某的身份深信不疑。

两人经常在线上聊天，李某每天对张阿姨嘘寒问暖、关怀备至，张阿姨像一个坠入"爱河"的少女，整天笑呵呵的。没多久，两人就线下见面，并发展到谈婚论嫁的阶段。李某经常以"老婆"相称，并借口自己在老家借钱建了栋别墅，因为没有按时还款，上百万存款被冻结，经常向张阿姨借钱。交往一年多来，从数百元到两万元，张阿姨网络转账多达八九十次，加上两人见面时的所有花销，共给李某支出了 11.5 万元。

后来，张阿姨发现李某每次联系她都是为了要钱，思虑再三后，她决定报警。警方调查发现，李某使用假身份证、假警服证件照、伪造的银行存款截图等，冒充"退休民警"，包装自己的身份以骗取受害人的信任。实际上，李某是无业人员，他通过交友软件广撒网，专门挑选独居的中老年女性为目标，同时与多人交往，以婚恋名义诈骗受害人的钱财，所有非法所得全部用于个人挥霍。

项目目标

能力目标：

(1)能够根据老年人人际交往的变化，掌握建立良好人际交往对老年人身心健康的必要性。

(2)根据老年人的人际交往范围，准确判断老年人的人际交往类型。

(3)为老年人正确进行异性交往提供建议和措施。

(4)能够为老年人的人际交往提供调整措施。

(5)针对老年人的人际交往，掌握应对措施。

知识目标：

(1)掌握老年人人际交往心理的内涵。

(2)了解影响老年人人际交往心理的基本因素。

(3)掌握老年人人际交往心理的类型及功能。

(4)了解老年人人际交往行为的表现。

(5)掌握调整老年人人际交往心理的措施。

情感目标：

(1)树立为老年人服务的心理意识和职业理想。

(2)时刻做到同情理解老人、关心爱护老人，尊重服务老人。

(3)养成重视老年人人际交往的意识。

(4)形成对老年人异性交往的正确认识。

项目任务

【任务导入一】

面对情境一至三，你需要完成以下任务。

任务一：根据老年人人际交往的转变，认识老年人人际交往的需求。

任务二：分析老年人人际交往的类型，找出影响老年人人际交往心理的因素。

【任务分解】

任务一　根据老年人人际交往的转变，认识老年人人际交往的需求

对老年人人际交往心理与行为的了解就是为了帮助老年人有效地进行人际交往，摆脱老年人人际交往过程中带来的困惑。在上述老年人人际交往情境中，显示出是哪些问题？请思考以下问题，并在问题的引导下更好地完成各项任务。

> **关键概念**
>
> 人际交往：是指人与人之间的相互作用与相互影响，具体讲就是人与人相互提供产品或服务。

问题一：情境中的钟女士、张先生为什么感到孤独？为什么有强烈的人际交往需求？

情境中的钟女士、张先生为什么会想找人聊天、与人交往？要回答这个问题就需要正确了解老年人的人际交往心理。老年人的生活方式发生了怎样的转变？人际交往对老年人的身心健康有什么益处？

老年人人际交往类型

学一学
老年人的人际交往(一)

(一)人到老年，其人际交往产生了怎样的变化

人到老年已经形成了自己的一套固定不变的生活习惯，在为人处世上也形成了定式。老年期，大部分人的思想相对保守，不愿意改变自己，固守着多年形成的处世原则。失去了追求，失去了人生目标，情绪压抑、苦闷、悲观，长此以往，身心交瘁，万念俱灰。我该怎么办？只有迈出家门，参与人际交往，通过交往互动，才能找到人

生的乐趣和意义。

1. 老年人人际交往心理的概念

人际交往就是在社会生活活动过程中，人与人之间的意见沟通、信息交流与相互作用的过程。人际交往对建立、巩固和发展人际关系十分重要。任何个人只能在社会内部满足自己的需要，单个的人无法满足和发展自己的需要，人际关系就是在人们的接触和交往中建立起来的。一个善于交往的人必然会有广泛的人际关系，不善交往的人，人际关系也是极其有限的。人总是在交往中不断调整自己的行为方向。

老年人之间的社交，不仅是一种出自本能的需求，也是其个人自我完善的一种必不可少的途径。老年人对人际交流有强烈的心理需求。但是由于老年人自身生理功能的改变，导致许多老人活动范围变小，因此对家庭内部交流的要求更加突出：对老伴，希望能够白头到老；对子女们，希望他们能常回家看看；对邻里，老人们感到他们是离自己最近的朋友，交往过程中近邻胜过远亲；社区是老年人定居和活动的主要场所，更重视社区内的人员来往；对原单位来说，也向往能多组织活动、多旅游。人际交流好的老人心身健康，而人际交往差的老人，整天愁眉不展，或怨天尤人，或孤芳自赏，或无病呻吟，这样对身体健康没有好处。

2. 老年人的社交圈和人际交往风格

一般而言，每个人都有三个社交圈，家庭是第一社交圈；同窗同事、亲朋好友是第二社交圈；泛泛之交是第三社交圈。对于离退休老年人来讲，第一社交圈的交往频率提高；第二社交圈的交往对象由同事转换为邻里、亲朋好友；第三社交圈则要视老年人的健康状况、活动兴趣、喜好的差异而定具体对象、范围。并非所有人都按这种模式交往，比如丧偶老人、子女都在国外的"留守"老人，相对来说第一社交圈交往少，应该更多地从第二、第三社交圈结识朋友，沟通思想。澳大利亚心理学家德维叶曾概括出四种交往风格，见图 2-1-1。

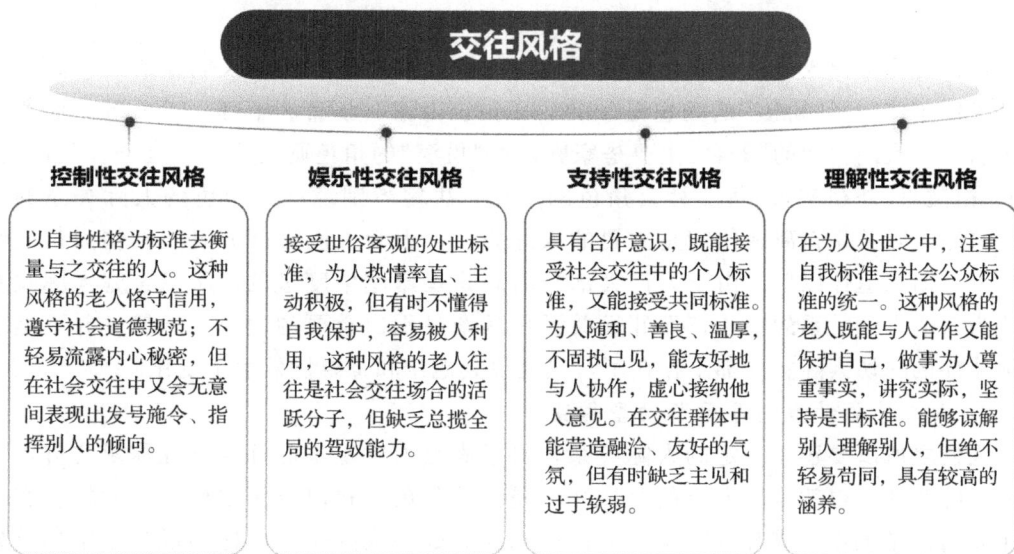

交往风格

控制性交往风格	娱乐性交往风格	支持性交往风格	理解性交往风格
以自身性格为标准去衡量与之交往的人。这种风格的老人恪守信用，遵守社会道德规范；不轻易流露内心秘密，但在社会交往中会无意间表现出发号施令、指挥别人的倾向。	接受世俗客观的处世标准，为人热情率直、主动积极，但有时不懂得自我保护，容易被人利用，这种风格的老人往往是社会交往场合的活跃分子，但缺乏总揽全局的驾驭能力。	具有合作意识，既能接受社会交往中的个人标准，又能接受共同标准。为人随和、善良、温厚，不固执己见，能友好地与人协作，虚心接纳他人意见。在交往群体中能营造融洽、友好的气氛，但有时缺乏主见和过于软弱。	在为人处世之中，注重自我标准与社会公众标准的统一。这种风格的老人既能与人合作又能保护自己，做事为人尊重事实，讲究实际，坚持是非标准。能够谅解别人理解别人，但绝不轻易苟同，具有较高的涵养。

图 2-1-1

(1)控制性交往风格。即以自身性格为标准去衡量与之交往的人。这种风格的老人恪守信用，遵守社会道德规范；不轻易流露内心秘密，但在社会交往中又会无意间表现出发号施令、指挥别人的倾向。

(2)娱乐性交往风格。即接受世俗客观的处世标准，为人热情率直、主动积极；但有时不懂得自我保护，容易被人利用。这种风格的老人往往是社会交往场合的活跃分子，但缺乏总揽全局的能力。

(3)支持性交往风格。即具有合作意识，既能接受社会交往中的个人标准，又能接受共同标准。为人随和、善良、温厚，不固执己见，能友好地与人协作，虚心接纳他人意见。在交往群体中能营造融洽、友好的气氛。但有时缺乏主见和过于软弱。

(4)理解性交往风格。即在为人处世中，注重自我标准与社会公众标准的统一。这种风格的老人既能与人合作又能保护自己，做事为人尊重事实，讲究实际，坚持是非标准。能够谅解别人、理解别人，但绝不轻易苟同，具有较高的修养。

(二)老年人人际交往方式的转变

人际关系和家庭氛围是影响老年人心理健康的重要因素，拥有一个良好的人际关系和感情融洽的家庭环境，有利于老年人的心理健康。当老人离岗赋闲，随着社会角色、生理和心理的变化，其人际关系也会发生变化，而且具有了一些新的特征，主要有以下三个方面的转变。

1. 以工作单位为中心向以家庭为中心转变

在离退休以前，由于工作的需要以及工作的关系，人们绝大部分的交往对象都是以工作单位为中心形成的，比如上下级关系、同事关系、与本单位业务有关的朋友关系等。这些交往占去了人际交往的绝大部分时间，至于与家庭成员、邻居以及同学、同乡等的交往，则在整个交往活动中占据次要位置。离退休以后，这种人际关系发生了重大变化，由以工作单位为中心逐渐向以家庭为中心转变，这使人际关系的侧重点发生了变化。

这种变化是由人们社会角色的变化引起的。在离退休以前，人们生活的"舞台"主要是工作单位，所"扮演"的角色是领导、职员、专家、学者、干部、工人等。而在离退休以后，人们生活的"舞台"主要是家庭，所"扮演"的角色则是丈夫、妻子、父母(公婆)、祖父母(外祖父母)等。社会角色的变化，决定着围绕这一角色的人际关系的变化。家庭人际关系在离退休前是次要的人际关系，因为人们大部分时间和精力都放在工作上。而离退休以后，由于人们大部分时间是在家庭中度过的，所以家庭人际关系就成为人们人际关系的中心，而邻里关系也逐渐显示出重要的地位。当然这并不是说离退休前的一切人际关系都不存在了，只是说其地位和重要性发生了变化。

2. 由工作驱动型向享乐驱动型转变

人们之所以要建立一定的人际关系，除了满足人类基本的社会交往需求之外，还有利益的驱动，也就是说人类的交往并不是无目的的。在离退休之前，人们社会交往的主要目的是工作，或者说围绕着工作来建立和处理人际关系。比如说为了工作搞好上下级、同事之间的关系，为了工作搞好有关业务部门的关系，为了工作又与多年没有联系的同学、同乡建立了联系，等等。甚至在处理家庭人际关系的问题上，有时也要带上工作的色彩。比如说，为了让父母帮助联系一批业务，儿子会对父母既殷勤又孝顺。上面这些人际关系，我们可以叫作工作驱动型的。但离退休以后，工作没有了，人们的主要任务是安度晚年。在这个基础上建立起来的人际关系，就不再是工作驱动型的，而是享乐驱动型的了。因为这时人们建立人际关系的目的并不是工作，而是享乐。搞好夫妻关系是为了生活有情趣，搞好父子关系是为了老有所养，搞好祖孙关系是为了尽享天伦之乐，搞好邻里关系是为了增加安全感，与朋友的交往是为了获得心理上的安慰，快乐地度过闲暇时光，等等。也就是说，这些人际关系的建立都是由享乐驱动的。当然我们不否认，有些老年人是在为家庭付出，比如贴补儿女们的生活；看管孙子、孙女等，但是只要这些是建立在和谐的家庭人际关系基础上的，那么对老年人来说就是一种享受。

3. 由对象的多变性向对象的稳定性转变

在离退休之前，人们交往的对象是多变的，因为人们的工作是不固定的。特别是在当代社会中，随着工作单位的变化，人们交往的对象也会发生整体性的变化。工作性质的变化，人们的交往对象也会发生部分变化；业务范围扩大，人们交往对象的范围也会相应扩大。由于离退休前的人际关系是以工作单位为中心的，是工作驱动型的，那么它的对象只能是多变的、不固定的。离退休以后的人际关系转向以家庭为中心，而家庭是相对稳定的，那么由此决定的人际关系也是相对固定的、稳定的。此外，由于离退休以后人际关系范围的缩小，也使得老年人在选择交往对象时比以前更为慎重，内容也更为深刻。因为老年人经历丰富，又有人际交往的经验和教训，所以他们在选择交往对象时，更注重质量，更要求彼此包容，有共同的志趣、爱好，这样他们的交往对象的稳定性就很强。

（三）人际交往对老年人身心健康有什么影响

1. 老年人人际交往对个人的生存和发展具有重要意义

人在年轻时通过人际交往，学习社会经验，掌握人类知识，形成社会生活的技能，培养人类共同的心理和行为模式，并在持续而广泛的人际交往中不断促进人的社会化过程。进入老年期后，人的社会交往状况开始发生重大变化，人际关系渐渐变得单纯起来。客观上，这种变化主要在于老年人退休以后劳动量减少了，劳动强度降低了，社会接触的深度和广度都比不上从前，老年人的人际交往也因此而相对减少。增强老年人人际交往的主动性，对于老年人有重要的意义。

（1）人际交往可以消除不良心态，满足老年人心理上的需求。

老年人的社会活动减少了，他们不再像以前那样肩负社会责任，承担繁重的工作压力，他们不用接受外来控制按时工作或劳作。人生职业使命的完成使得老人们不再像以前那样需要为生计到处奔波，社会和家庭对他们不再有以前那样的贡献和期待。由于社会和家庭负担减轻，他们有着某种如释重负的感觉，逐渐产生了颐养天年、享受天伦之乐的心态，年轻时的拼搏和闯天下的奋斗精神没有了，活动量和社会活动的范围都会明显减少，客观上造成老年人的社会接触面相比退休前大大缩小了。同时，老年人日渐衰弱的体质也迫使他们在社会活动的强度和活动量上有所顾忌。有的老年人总感到生活毫无乐趣，人际关系变得很差，时间一长性格就变得多疑、古怪。良好的交往可以使心情豁然开朗。

（2）人际交往可以消除退休后的孤独感。

退休后，老年人的闲暇时间多了。刚离开工作岗位的老人往往突然之间少了约束，不知如何打发时间。老年人由于生理上的原因容易给自己筑起一道篱笆，把自己和社会隔离起来，脱离集体生活。但这并不能使其获得快乐，反而会带来孤独和寂寞，继而导致疾病的发生，影响身心健康。老年人如能在一起交往聊天、进行娱乐活动，就会感到生活充满了活力和生机，从而体会到"老有所乐"的乐趣，赶跑退休后的孤独寂寞。

（3）良好的人际关系是心理成熟的标志。

退休后，隐藏在人身上的面具被揭开了。原来处在岗位上有许多事要受制于人，人们常常自觉不自觉地戴着面具去做一些违心的事，有时甚至在内心极度苦闷之时还要强装笑脸去迎合别人。人老了，要做的事也少了，不必仰人鼻息，过多地委屈自己，不必继续戴着面具做人。因此，原先不愿做的事可以不做，不愿见的人可以不见，主观上促使老年人缩小了交往范围。在这一点上，老人的心情似乎比以前舒坦了，可是人际交往的范围却变窄了。成熟地面对人际交往，可以促进老年人提高自身的沟通能力，从而促进老年人的身心健康得到积极发展。

（4）人际交往是老年人身心健康的保障。

老年人只有通过各种方式走向社会，广泛与人交往，积极参与老年活动，不断接受新信息，了解新事物，从社会生活中寻找精神寄托和生活动力，才能减少、消除身心疾病，并以良好的精神状态安度幸福快乐的老年时光。

脱离了广泛的社会接触，老人们自己又不主动进行积极的人际沟通，他们接收信息的渠道变少了，信息沟通的方式简单了，用于信息沟通的时间或许大不如从前多。因此，老人们所接收到的信息比以前减少了，有些人甚至与社会隔绝。

2. 老年人的人际交往对社会的发展具有重要意义

生活在人际关系错综复杂的社会中，交际是必不可少的。自有人类社会以来，人就有交往的需要。所以，人际关系是人类得以生存、人类社会得以存在和发展的基础和保证。也就是说，人际交往将个人与个人、个人与群体相联系，形成相互作用、相互影响、共同发展的网络系统。老年人如果具有良好的人际关系可以让自己的生活丰富多彩。朋友也可以在学习、生活、工作中给自己很多帮助。如果老人伤心时有朋友在身边安慰自己的话，就会很欣慰。总体而言，老年人的人际交往对社会整体的循环及社会的良性发展具有非常重要的意义。

任务二　分析老年人的人际交往类型，找出影响老年人人际交往的心理因素

对老年人人际交往心理与行为的了解是为了帮助老年人有效地进行人际交往，摆

脱老年人的人际交往过程中带来的烦恼。在上述老年人交往情境中，要完成情境任务，需要思考以下问题，并在问题的引导下才能更好地完成各项任务。

问题二：情境三中的老沈为什么愿意和老王交往，而不愿意搭理老张？情境四中为何雾霾也无法阻止大妈跳广场舞？

情境中的老年人为什么会有各种类型的交往选择？要回答这些问题，就需要了解影响老年人人际交往的心理因素。

学一学

老年人的人际交往(二)

(一)老年人的人际交往有哪些类型

广交新朋友，不忘老朋友。人际交往心理具体可以归为四类。

1. 业缘关系

业缘关系即人们由职业或行业的活动需要而结成的人际关系，如行业内部的领导与被领导关系、上下级关系和同事、同级关系；行业外部的彼此合作关系、伙伴关系、竞争关系、制约关系等。与血缘关系和地缘关系不同，业缘关系不是人类社会与生俱来的，而是在血缘和地缘关系的基础之上由人们广泛的社会分工而形成的复杂的社会关系。

2. 地缘关系

地缘关系即人们由于出生或居住在同一地域而形成的人际关系，如同乡关系、邻里关系。故土观念、乡亲观念就是这种关系的反映。

3. 趣缘关系

趣缘关系即因人们的兴趣、志趣相同而结成的一种人际关系。这是为了满足人们的精神需要而结成的社会关系，是社会发展的产物。随着社会生产力的发展和社会物质财富的增多，人们在基本满足物质需求的基础上产生了越来越多的精神需求，为此，人们形成了各种各样的人际关系。

老人们在交往过程中往往存在不同的交集，慢慢地，一些喜欢休闲娱乐的老人开始组成各自的小团体，有的是"搓麻会"，有的是"钓鱼林"，有的是"门球部"，还有的老人由于日常接触频繁而相识相交。同时，旧日的老伙计、老领导、老部下等的相聚也使得生活丰富多彩。

4. 血缘关系

血缘关系即由婚姻或生育而产生的人际关系。如父母与子女的关系、兄弟姐妹关系，以及由此派生的其他亲属关系。血缘关系是与生俱来的关系，在人类社会产生之初就已存在，是最早形成的一种社会关系。家庭起初是唯一的社会关系。人类历史上比较重要的血缘关系有：家庭关系、家族关系、宗族关系、氏族关系、种族关系。在不同的历史时代和不同的社会制度下，血缘关系的亲密程度和作用是不同的。在原始社会中，血缘关系是社会的基本关系，是社会组织的基础，对社会生产及人们的生活起着决定性的作用。

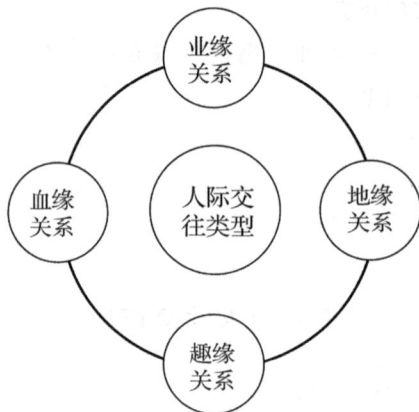

图 2-1-2

(二)老年人的人际交往心理受到什么因素的影响

1. 个人因素影响

(1)认知偏差的影响。

在现实生活中我们看到，有些老人能为周围的人所喜欢和仰慕，众人都以与之结交为荣幸和愉快，有的老人却为周围的人所嫌弃和疏远，孤零零地被拒斥在群体的活动圈子之外。造成这种人际关系中的相容或相斥的原因，其中一个因素就是人们在人际交往中的认知偏差。这种认知偏差是对交往对象真实情况的歪曲和错觉，反映了人在人际认知中的非理性和主观性，并且由于人际交往的复杂性和可变性，这种认知偏差往往不被人所觉察，但它却可能严重影响到人际交往的顺利进行和人际关系的良好建立。认知偏差主要有两种：对自我认知的偏差和对他人认知的偏差。

对自我认知的两种偏差：一是过高评价自己，孤芳自赏；二是自我评价过低，自轻自贱。对自我的这两种不正确认识都会影响人际交往。对他人的认知偏差：一是以貌取人；二是以成见待人；三是从众；缺乏主见，人云亦云。

这几种认知偏差在人际交往中有不同的表现。以貌取人常表现为第一印象。人初次对他人形成的印象，往往最为深刻，它是一个人通过对他人的外部特征的感知，进而取得对他的动机、情感、意图等方面的认识，最终形成关于这个人的印象。这种印象主要是来自对方表情、姿态、身材、仪表、年龄、服装等方面。社会心理学实验表明，人们对初次印象更容易重视，对后来获得的信息往往不大注意或易忽视。第一印象好，对以后的信息就会起到掩饰作用，产生正向优先效应，认为此人样样好，于是喜欢、信任他并与之接近；反之，不好的第一印象在以后的认知中就会更多地注意其缺点，甚至把优点也当作缺点，产生负向优先效应，对其样样看不顺眼，于是排斥、疏远、嫌弃他。

以成见待人在交往中常表现为晕轮效应和定势效应。晕轮效应是指在认知觉过程中，将知觉对象某一行为特征的突出印象不加分析地扩展到其他方面去，只凭一个人的某些品质或特征就认为他还有其他方面的品质或特征，也就是从所知觉到的特征泛化推及到未知觉到的特征，仅从局部信息而形成一个完整的印象。晕轮效应的成因与我们知觉上的整体性有关。①"情人眼里出西施"即典型。见木不见林、一好百好、一坏百坏，造成对人的认知偏差，从而影响交往。定势效应是指用一种固定的人物形象去认知他人。从众则是根据多数人的看法来确立自己的观点或态度的一种现象。这种人缺乏主见、人云亦云，看人看事随大流，没有自己的观点，不管别人的看法正确与否，一味随声附和。这样认识人，结果导致认识失真，影响与他人的交往。

人际交往中，不仅要正确认识自己，还要正确认识他人，知己知彼，才能建立和谐的人际关系。同时对双方交往的目的、内容、方法也要正确认识，否则交往最终也会终止。②

（2）情绪失控会造成老年人的人际交往障碍。

情绪，人们常认为是情感的外在表现，在人际交往中极为重要。情绪隐藏在交际过程中，是一种心灵的无声交谈。交往中，若没有良好的情绪状态，则会直接影响交往质量。例如：在取得某些成绩或被人羡慕的情况下沾沾自喜，得意之色溢于言表，唯恐别人不知，言语中洋洋自得，表情眉飞色舞，往往导致别人反感而不愿与之交往。与人交往，得意忘形不受欢迎，因为没有人愿意与高傲狂妄的人合作共事。同样，失意忘形留给别人的印象也并不美好。生活中难免会遇到种种困难、挫折、不幸，一个人若满腹愁肠，别人会认为你过于脆弱，缺乏自信，只会给予怜悯或同情，而不会把你作为知己，为你分担不幸。若遇不公正对待，怒形于色，迁怒于人，人们只会认为你浅薄，缺乏内涵，那么你连怜悯或同情也得不到，只会得到别人的轻蔑，又何谈与人交往？

情绪表达没有分寸同样会影响交往。例如不分场合、不看对象、不顾轻重恣意纵情，情感反应过分强烈，会给人以轻浮、狂妄或动机不纯等不好印象，让人对你顿生轻薄之感而不愿意与你接近；反之，一个人若对喜、怒、哀、惧或能引起情感共鸣的事无动于衷、反应冷淡，就会让人觉得他冷漠无情。试想，一个人永远是一副故作深沉的面孔，谁又愿与你交往呢？

生活中到处充满了矛盾，人们的交往活动也是如此。当交际活动中有了矛盾时，急躁冲动，情绪失控，结果只会导致人际关系的恶化。

（3）态度对老年人人际交往的影响。

态度是人们对一定对象较一贯、较固定的综合性心理反应倾向，它不是某种心理过程，而是全部心理过程的具体表现，认知、情感、动机等同时在其中起作用。

态度是在人际交往中形成，对老年人的人际交往也会产生影响。在交往中，态度

① 王承璐．人际心理学[M]．上海：上海人民出版社，1987．
② 余运英．应用老年心理学[M]．北京：中国社会出版社 2012：88—92

给交往的一方造成心理压力，因为态度总是指向并倾注于某个对象，具有压迫性。如态度和蔼、真诚、坦荡等，会使人有安全感并与之亲近；反之，态度圆滑、缺乏诚意、狂妄等，会使人有危机感并与之疏远。

在人际交往中，若对文化水平、身份、地位低的人持轻视、看不起的态度，只会导致相互间的隔阂与对立。事实上，一个看不起别人的人也一定会被人看不起，甚至遭人唾弃。

（4）语言对老年人人际交往的影响。

人际交往中，最经常使用的、最基本的手段是语言，但语音的差异、语义歧义或语言结构不当会造成老年人的人际交往障碍。

由于历史的影响、地域的差异和民族传统的不同，语言必然存在差异，即各地均有自己的方言。在交际中，各自使用自己的方言，那么语言误会也可能影响交际甚至引起纠葛。这是不言而喻的。在此主要谈谈语义歧义及语言结构不当所造成的交际障碍。语义即词语的意义，语义不明或语义含混，不能正确地传达信息会使人产生误解，造成交际障碍。同样，语言结构不当或有语病则让人难以理解和接受，也会给交往带来困难。

在使用语言进行交际的过程中，语言的表达对交际也有明显影响。如有的老年人说话夹枪带棒，或者出语尖酸刻薄，言外有意，或者冷言冷语；还有的老年人说话喜欢用反诘语言等。这样说话常会引起人们的反感，有时还会带来口角甚至不良后果，即使你再怎样努力也难以与别人建立和谐融洽的人际关系。

（5）个性对老年人人际交往的影响。

个性，心理学中又称为人格，是指在一定的社会历史条件下的具体个人所具有的意识倾向性以及经常出现的较稳定的心理特征的总和。包括一个人的兴趣、爱好、思想、信念、世界观、性格、气质、能力等。每个人都有自己的个性，人际交往会受到个性品质的影响。交往中，一个人热情、诚实、高尚、正直、友好，人们易于接受他而与之交往；相反，一个冷酷、虚伪、自私、奸诈、卑劣的人就会令人生厌，于是人们回避他、疏远他。对于一个口是心非、阳奉阴违、无中生有、嫉妒诽谤、搬弄是非的人和一个诚实正派、心诚意善的人，显然人们倾向于后者，更愿意与后者结交。可见，良好的个性品质易于建立和谐的人际关系，不良的个性品质则会影响正常交往。但人们在性情、志趣等方面存在个性差异并不等于他们没有共同之处。例如：有着共同文学爱好的两位老年人性格特点相左，但交往中如果以共同的文学爱好为基点，彼此产生心理上的共鸣，把彼此相左的性格特点放到交际的次要位置，求同存异，那么交往双方也会感到其乐融融，甚至会随着彼此的相融而成为知己。如果双方丢弃彼此的共同点，在个性品质上去相互指责或计较，这不仅会使交往双方关系僵化，甚至会反目成仇。你看不惯别人，对别人不感兴趣，别人也看不惯你，对你不感兴趣。

（6）行为的影响。

人际关系中的行为成分是指和人际关系相联系的主体的活动，包括动作、语言、表情、手势等，这些外显行为反映出一定的人际关系。人际关系的行为成分既反映了双方实际交往的外在表现和结果，又反映了人们之间的行为倾向性。一般来说，由于人际关系的不同，对人的认识和理解、情绪体验，以及所表现出来的外显行为，都可能会在程度、水平上有所差异。

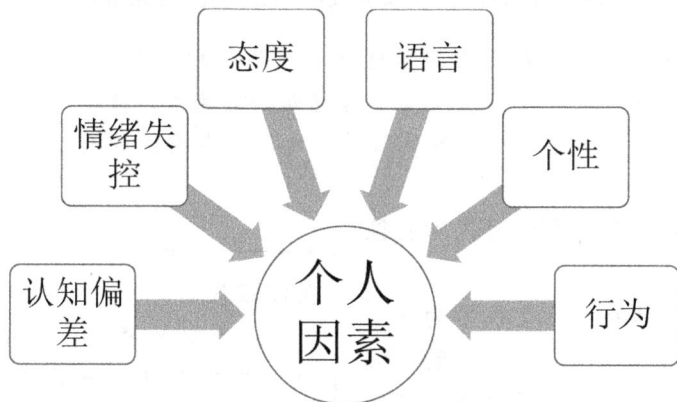

图 2-1-3

2. 社会因素影响

(1)地位、角色障碍。彼此所处的不同社会地位(权威性、知名度等)，以及角色、职责、年龄、经济、政治等方面的条件差距，会影响彼此间的亲密、疏远程度。

(2)空间距离障碍。如果双方空间距离太大，中间媒体磨合环节过多，势必会阻碍彼此人际关系的建立与发展。例如，空间邻近者可以更多地互相帮助和彼此关照，俗话说"远亲不如近邻"。心理学的研究证实，临近导致熟悉，熟悉导致安全，安全导致喜欢。为此，若想让他人喜欢自己，就要让他人接近你并进而熟悉你。

但是，虽说在一般情况下，距离越近，交往频率越高，就越容易形成亲密关系，可是也有"鸡犬之声相闻，老死不相往来"的局面，这也说明影响人际关系的因素是错综复杂的，距离并不是形成人际关系的主要因素。[①]

老年人在人际交往中如果从上述几个方面去提高自身素养，完善交际人格，那么相信一定能更好地与人相处，会更合群。

【任务导入二】

面对情境五至七你需要完成以下任务。

任务一：针对情境中老张、胡玉等老人的人际交往问题，找出影响老年人人际交往的障碍。

任务二：情境七中的老年人被骗、被害，想想老年人如何和异性交往，并提出合理的建议。

任务三：针对老年人的人际交往提出应对策略。

---

① 高云鹏等．老年心理学[M].北京：北京大学出版社，2013.

【任务分解】

任务一　找出老年人的人际交往中的问题，
掌握影响老年人人际交往的心理障碍

对老年人人际交往心理与行为的了解就是为了帮助老年人有效地进行人际交往，摆脱老年人人际交往过程中带来的烦恼。情境五、情境六、情境七中老年人人际交往中的问题，是什么原因引起的？请思考以下问题，并在问题的引导下更好地完成各项任务。

问题一：老年人为什么会有人际交往障碍？

情境五中的老张在人际交往中为什么不受欢迎？要回答这些问题，就需要了解老年人在人际交往中出现的不健康心理与行为表现。

> **关键概念**
>
> 人际交往障碍：是指人在交往过程中阻碍人际关系建立的各种因素，又称人际关系障碍。

学一学

老年人的人际交往中的不健康心理与行为特征

在日常生活中，人们通常戒备、回避，甚至排斥具有以下人格特质（个性品质）的人，老年人应该尽可能地克服不健康的人际交往心理，使自己向健康的方向转化。

（一）老年人的自私心理与行为表现

老年人精神与身体衰退后，感官功能降低，反应迟钝，使其人格和心理容易发生较大的变化，往往表现出自我中心倾向。老年人的自私和通常一个人在思想本质上的自私不同，它是人在老年期的一种心理表现。老年人的自私可以表现为：有的人原先很慷慨大方，上了年纪却变得十分吝啬，样样都分"我的""你的"，甚至对自己的亲人也留心眼。有的人事事总是以自我为中心，处处以关心自己为重；有的人过分重视自我感觉和情绪变化，对其他家庭成员却不关心，不体谅。这种自私心理的产生，或者与老年人的社会交往范围缩小，是非判断能力减弱有关；或者与老人在生活上缺乏他人的关心，在经济上要依靠他人生存有关；或者与他们的社会地位和家庭处境的改变有关；或者与老年人变化了的性格特征有关。但总而言之，这些情况的变化常常是由于他们以"自私"的方式去适应变化了的环境。此外，也有少数老年人表现得有一种感情上的自私。例如，他们在子女即将成婚离家之时，总感到放心不下，眷恋着与子女厮守在一起的时光，而且对他们未来的女婿和儿媳怀有一种戒心，担心婿媳的到来会影响子女对自己的感情；个别的老年父母甚至把儿女视为自己的私有财产，别人要是不付出使他们满意的代价，就难以谈婚论嫁。像这一类自私心理存在的结果，必然容易产生翁婿、婆媳间的矛盾和隔阂。这种处处以自我为中心，只讲索取，不讲奉献，争名夺利，甚至损人利己的心理，对于交际危害极大。

(二)老年人贪婪心理与行为的表现

贪婪心理的形成大致有以下两方面原因。一是客观原因。如社会上有"马无夜草不肥，人无横财不富""撑死胆大的，饿死胆小的"的说法，反映了不劳而获的投机心理。它宣扬的不是勤劳致富，而是谋取不义之财。

有些老年人原本也是清白之人，但是看到原来与自己境况差不多的同事、同学、战友、邻居、朋友、亲戚、下属、小辈，甚至原来那些比自己条件差得远的人都发了财，心理就不平衡了，觉得自己活得太冤枉，由此也学着伸出了贪婪的手。

有些老年人原来家境贫寒，或者生活中有一段坎坷的经历，便觉得社会对自己不公平。一旦其地位、身份上升，就会利用手中的权力索取不义之财，以补偿以往的损失。

贪婪并非遗传所致，是个人在后天社会环境中受病态文化的影响，形成自私、攫取、不满足的价值观，而出现的不正常的行为表现，这是可以改正的。

(三)老年人的自我封闭心理与行为的表现

自我封闭会加重老年人的心理负担。老年人一下子从岗位上退下来，会觉得无所适从，找不到自己的合适位置，想对别人诉说，却又怕别人不理解而成为笑话，于是就只好压抑着心情打发日子。久而久之，老年人压抑的心理得不到解脱、释放，渐渐形成了部分老年人易怒、暴躁、孤僻、多疑等不良性格，加大了心理失衡的偏差，使老年人的身心健康受到极大的损伤。

自我封闭阻碍了老年人余热的发挥。老年人是社会的财富，他们经历了无数的人世沧桑，经历了无数的大风大浪，并在人生的历程中积累了丰富的经验、知识，可以说每一个老年人都是一部活的教科书。特别是有一技之长的老年人，尽管他们已经不在主要工作岗位上，但他们的学识依然可以为人类社会作出贡献。

如果老年人把自己封闭起来，那么，他们与外界的接触机会就会越来越少，即使有专长，也没有了发挥的机会。这些人对与自己无关的人和事一概冷漠对待，甚至错误地认为言语尖刻、态度孤傲、高视阔步等就是自己的"个性"，致使别人不敢接近自己，从而也不能交到较多的朋友。

(四)老年人的虚荣心理与行为表现

我们平常所说的自尊心，就是尊重自己的人格、荣誉，不向别人卑躬屈膝，不容别人歧视侮辱，维护自我尊严这样一种自我情感体验。自尊心是自我意识中最敏感的一个部分，一个人有了自尊心，就总是能争上游，不达目的誓不罢休。我们在平常生活中可以看到，老人有自尊心后不甘落后，自觉主动地发挥余热，努力学习，创造性地完成任务。

但是，有的老年朋友自尊心强得过分，特别好面子，贪图表面光彩，这就走向了虚荣。比如不能正确地估价自己，不顾经济条件一味追求奢华，在知识学问上，不懂装懂；总想表现出一贯正确，听不得别人对自己的批评，等等，这些都是虚荣心的表现。

自尊心是建立在自信的基础上的。有自尊心的人也承认自己有比不上别人的地方，但是他们相信通过努力能够改变这种状况，使自己变得更好。而虚荣心却是建立在自卑的基础上，有虚荣心的人非常在意自己在别人眼里的形象；总是不由自主地掩盖自己的弱点，以便显得自己和别人一样或比别人更优越。虚荣心使他们不是去努力提高自己的实力，而是急功近利地做表面文章，结果到头来并不能真正改变不利地位，反而进一步丧失了自尊。因此，虚荣心并不能让我们真正感受到内心的充实，永不满足的虚荣心带给老年人的只能是无休止的烦恼。处处唯我独尊，"老子天下第一"，趾高气扬，轻视别人，甚至贬低别人、嘲笑别人，听不进别人的意见，这种心理对于交际危害很大，这样的人也很难与别人相处。

（五）老年人嫉妒心理与行为表现

由于老年人在社会生活中处于弱者的地位，因此有些老人也容易产生各种嫉妒的心理，只是个人抑制的程度与表现的形式有所不同而已。如有些老年人由于生理上和心理上的日益衰老，感到自己从此不能再与青壮年相比，一种夕阳西下、"处处不如人"的惶恐不安的心理油然而生，容易使他们对青壮年的"年龄尚少"发生嫉妒；或者对同龄老年人及青壮年人在"智力""体力"方面超过自己有所嫉妒；或者对同性别的老年人和青壮年人在"仪表美"方面的天赋有所嫉妒；或者对儿子与儿媳妇、女儿与女婿所流露的过分"亲昵"有所嫉妒；或者对其他家庭在政治地位、经济收入、生活条件、子女成才等方面的明显优势产生嫉妒。

由于嫉妒是一种人对人的态度方面的消极因素，持这种心理的老年人，往往也不肯服老，不让贤，论资排辈，技术保守，不愿"青出于蓝而胜于蓝"，不愿别人胜过自己。这种异常的心理，既不利于社会的安定、家庭的团结，也无益于老年人本身的身心健康。

（六）老年人的愤怒心理与行为表现

愤怒是一种极度不满的情绪宣泄。当老年朋友在人际交往中受到戏弄、打击、侮辱的时候，就会怒火中烧。这是情感负反应趋向极端的一种情境。发怒，人人都会，但暴躁易怒，则是不良的性格和气质特征。愤怒往往使老年朋友处于过激的情绪当中，没有很强的自我意识，几乎陷入非理智状态，意志力大大减弱，对外来的强烈刺激可能毫不犹豫地、无所批判地全部接受，并凭着一时的冲动做出害人伤己的反应。

每个人愤怒之后的发泄途径也是不一样的，有的老人把怒气压在心里，生闷气。这样的人发怒时，怒发冲冠，涨红了脸，咬牙切齿，胃部痉挛，但没有攻击行为。有的老人把怒气发在自己身上，如自我惩罚。有的老人无意识地报复发泄，把怒气发泄在朋友身上，把他人当出气筒。

其实，人是理智的动物，又是感情的动物，偏离任何一方，都会产生心理障碍。压抑是理智，但以损害自己的身心健康为代价；报复是冲动的，是以破坏友谊和伤害他人情感为代价的。只有用理智去宣泄情感才能两者兼顾。

任务二　针对老年人异性交往出现的问题，分析老年人如何正确地进行异性交往

问题二：老年人与异性交往应注意什么？

情境六、情境七中的老年人在和异性交往过程中出现了一些问题，或者不被家人理解，或者危及生命，那么老年人该怎样与异性交往？要回答这个问题，就需要掌握一些与异性交往的原则和技巧。

学一学

老年人的异性交往

(一)老年人如何与异性交往

1. 不必过分拘谨

在与异性的交往中，要注意消除异性交往的不自然感。应该从心理上像对待同性那样去对待与异性的交往，该说的说，该做的做，需要握手就握手，需要并肩就并肩。友谊本来就是感情的自然发展，不应有任何矫揉造作和忸怩作态，那样反而会贻笑大方，使人生厌。也就是要自然地、落落大方地进行男女间的交往。

2. 不应过分随便

异性间交往过分拘谨固然令人生厌，但也不可过分随便，诸如嬉笑打闹、你推我拉之类的举止应力求避免。须知异性毕竟有别，有些话题只能在同性之间交谈，有些玩笑不宜在异性面前乱开。

3. 不宜过分冷淡

异性交往时，理智行事，善于把握自己的感情固然是必要的，但不应过分冷淡。因为这样会伤害对方的自尊心，也会使人觉得你高傲自大、孤芳自赏、不可接近。

4. 不可过分卖弄

在与异性的交往中，如果想卖弄自己见多识广而口若悬河，丝毫不给别人讲话的机会；或者在争辩中有理不让人，无理也要辩三分，则会使人反感。

5. 不该过分亲昵

男女交往时要注意自尊自爱，言谈举止要做到文雅庄重，切不可勾肩搭背，搔首弄姿，诸如此类的过分亲昵，不仅会使你显得轻佻，引起对方反感，而且会造成不必要的误会。女性要自尊、自重，男性要有自制力。双方一定要互相尊重，珍爱自己，坦荡往来。

6. 适当的肯定

女士们大多有一个共同点，就是喜欢别人注意她，或者说多少有一点虚荣心。另

一个特点就是感情用事，作为一个老年人，不容忽视女士的这些特点，要用适当的语言来肯定她们的存在价值，使她们始终保持旺盛的斗志和积极性，以发挥余热。

7. 会谈时间、地点要适宜

若是两位谈得来的异性老年朋友，若没有选择适当的时间、地点相会，也可能会引起流言蜚语，妨碍以后正常的交往。因此，女士们要避免长时间独自与男士在幽静的地方相见，两人倾谈时，座位切勿靠得太近，避免肌肤接触。这样才不会让人产生误会。

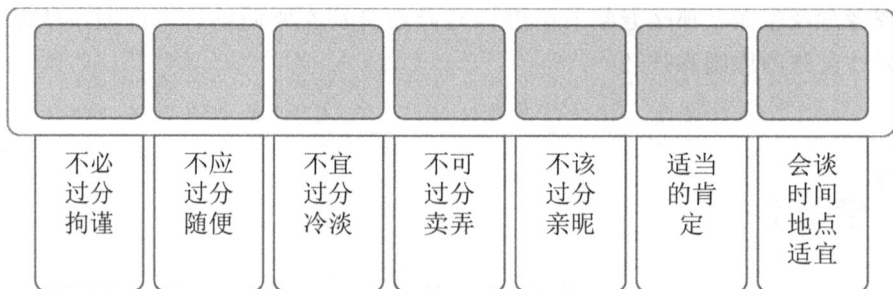

| 不必过分拘谨 | 不应过分随便 | 不宜过分冷淡 | 不可过分卖弄 | 不该过分亲昵 | 适当的肯定 | 会谈时间地点适宜 |

图 2-1-4

(二)老年人异性交往的技巧

(1)在交往的范围上，广而不狭。爱情具有排他性，而友谊则具有包容性，所以，要广泛交往。

(2)在交往程度上，淡而不深。淡交就是没有所图和索取，不奢求对方过多的情感给予，也不求单一的深交。如果感情陷得很深，一旦中断，将给自己带来很大的伤害。

(3)在交往关系上，疏而不远。疏就是两人交往要保持一定距离；不远就是交往要亲切、随和，不要给人一种高傲不可接近的感觉。

(4)在交往关系上，奋而不颓。奋，即交往能给人以发奋和积极向上的动力，能促进自己立志、立德、立学。颓，为颓废，即意志消沉，行为放纵。

(5)在交往感情上，喜而不痴。但需要把握的心态是：交朋友，建立健康的友谊，而不是对"恋人"的痴情投入。

(6)在交往对象上，真而不假。所谓真，就是真朋友，是为正常友谊而交往的；假则为假"朋友"，以友谊为幌子，另有贪图。因此，在交往中要学会识别，以免上当受骗。

温馨提示

黄昏恋"被骗的套路

套路步骤	表现形式
第一步	假冒各种高大上的身份骗取信任。
第二步	嘘寒问暖、关怀备至，感情升温，再确立恋爱关系。
第三步	通过虚构的故事和承诺，以各种理由借钱或者让其投资。

老人在与异性交往中防骗要注意以下几点。

首先，要保持理性的情感判断。不要轻易被甜言蜜语冲昏头脑。有些骗子会以恋爱为幌子，快速表达爱意，获取老人信任。

其次，涉及金钱往来要谨慎。如果对方频繁以各种理由借钱，如投资、家人重病等借口，基本可以判定是有问题的。老人要坚决拒绝，避免陷入金钱陷阱。

再次，保护个人隐私。在交往过程中，不要轻易把自己的家庭经济状况、银行账户等重要信息告诉对方。最后，对对方的身份和背景要有所了解。可以通过一些合适的渠道，比如向其朋友、邻居等打听情况，核实对方身份是否真实，是否有不良企图。

任务三　针对老年人人际交往，提出调整应对策略

问题三：为了使老年人更好地融入社会，应该怎样帮助老年人进行人际关系的调整和应对呢？

针对情境中的老年人在人际交往中的不恰当行为，提出人际交往的调整、应对策略。

学一学

老年人的人际交往心理与行为

（一）如何调整老年人人际交往心理与行为

老年人在与各类对象进行交往时，要克服自身的交往障碍。自负、孤僻、多疑、自卑、嫉妒、干涉、敌视等性格特征；自私自利、暴怒无常、虚伪浮夸、心胸狭隘、粗暴固执等品质都是人际交往的障碍，有交往障碍的老人应正视自己的不足，积极加以纠正。

进入老年以后，人的生理状况逐渐变得糟糕起来，体内的各种器官陆续出现问题，同时，心理上也会出现一些问题。可以通过培养高尚的情操及广泛的兴趣爱好来丰富自己的精神生活，提高自己的素养，以便更好地与人和睦相处。

1. 心理层面的调整

（1）老年人应从心理上重视人际交往。

人的生理状况向坏的方向发展是必然规律，无法抗拒。另外，人在退出职业岗位后，随着生活环境的变化和人际态度的细微改变，心理也会渐渐产生落差。各种心理问题逐一萌芽和滋生。此时，如不及时进行心理调整，平衡心态，就会影响到心理健康，从而引发身心疾病，不仅不能延缓身体的衰老速度，反而会加速生理状况向更糟糕的状况发展。

在人际沟通过程中，各种信息被发出或接收，机体受到持续的社会性刺激，产生正常的新陈代谢和心理反应。在人际沟通过程中建立起来的良好人际关系，能够起到

相互心理相容、互相吸引、互相依恋的作用，它促使老年人排解孤独与寂寞，让老年人共享人际的幸福与欢乐，增添生活的乐趣。相反，如果缺乏人际沟通，人的机体就得不到足够的社会性刺激，人体正常的新陈代谢和心理反应就会受到影响，孤独、空虚、抑郁等不良情绪得不到有效排解，人的心理平衡不了，就会引发生理机能的紊乱，产生身心疾病。严重时，老年人有可能出现痴呆症、抑郁症等老年性疾病。

心理学家曾经做过一种"感觉剥夺"实验：将志愿者关在一个杜绝光线和声音的实验室里，被试身体的各个部位也被包裹起来，以避免与外界接触。实验期间只给被试者必要的食物，不允许被试者获得其他任何刺激。仅仅 3 天，志愿者的整个身心就出现了严重障碍，甚至大动作的准确性也受到严重损害。这一实验说明了沟通对于人来说是多么重要。人们还发现，许多因战争、自然灾害、事故等因素独居深山或孤岛的人，因为得不到正常的人际沟通，重新返回社会后，其身心素质比正常人要差许多。这更加证明老年人应该重视人际沟通。著名的恒河猴"社交剥夺"实验从侧面说明包括人在内的动物都需要进行正常的社会沟通。

老年人进行正常的人际沟通，除了具有身心保健功能外，还具有交流信息、学习知识、传授经验等方面的作用。为了适应社会，追赶时代潮流，人需要终生不断地学习。因此，社会化存在于人的整个一生，老年人同样不能例外。老年人通过人际沟通，参与社会活动，深入社会生活，从而掌握新的知识和信息，与时俱进地与其他各个年龄层次的人形成共同的社会态度，真正成为社会的一分子。当然，通过报刊、电视等媒体，老人们也可以了解社会，学习新东西，但由于缺乏互动机制，没有情感上的交流，在深度和效果上均不如面对面沟通和交流。

在持续不断的人际沟通过程中，老年人也将自己身上蕴藏的宝贵社会经验和优良品德，传递给年轻人，影响着年轻人，为社会发挥着余热，促进了人类文明的传承。这一状况有利于建立起老年人与社会的良性互动，使老年人老有所为、老有所乐。

(2)老年人交友心态要积极乐观。

老年人对于退休后人际关系变淡往往感慨万千，从而忽略了身边的友情。作为老年朋友，要时常注意筛选、更新，拥有新鲜的人际关系圈。保鲜工作的好坏将极大地影响老年期的心理健康。同时，一味地因循守旧，不注意建立新的人际关系，最后会落得视野狭小、交际面窄的下场。

①学会"遗忘"。

人际交往是健康的前提，也是矛盾的滋生地。人际矛盾总是因"交"而产生。与和谐相比，矛盾带来的是烦恼与气愤。烦恼让人不安，愤怒使人痛苦。生活中人们为逃避这些消极情绪的困扰，有时不得不放弃人际交往，选择自我封闭。由此，一个交往行为中存在着两种可能性，第一种可能性是继续交往，第二种可能性是终止交往。

退休后的老人，为了能够使已经开始的人际交往持续下去，需要学会有意去忘掉一些可能成为人际交往障碍的东西。此类障碍不消除，人与人之间势必永远存在隔阂，恰似一堵墙挡在中间，阻断了人与人的交往。这里讲的遗忘，不是指真的忘掉，而是换个角度看问题。比如：多念人的优点。对于和自己有矛盾的人，多念其优点，多想其长处，多记其对自己的关心、照顾、友情乃至恩情，以此来不断冲淡旧时的恩怨情仇；换个角度看问题，世界上许多事情不仅可以从不同的角度去看、去理解、去认识，还可以用不同的心情去看、去理解、去认识，喜者见其喜，忧者见其忧，愁者见其愁。

②调整心态，积极交友。

A. 心态适度的调适

在人际交往方面，的确有一个适度的问题。适度，不是戒备，而是针对人与人之间关系不同而要求的。不同的交往程度，不能等同划一、一概而论。老年人在人际交往中，不可不放开心态，也不可过度放开心态，必须把握好尺度。过犹不及，走极端最终带来的只能是对人、对己的伤害。人际交往对于老年人健康具有非常重要的意义，是生命活动的一部分。老年朋友要积极走到青年人群中去，和他们交换思想，交流情感，畅谈人生，论古道今，还有在保健、饮食、居家过日子等方面的感受和体会，一定乐趣无穷。

B. 以平和的心态待人

过去，在漫长的职业生涯和琐碎的日常生活中，老人们或多或少都会与人产生某种不快，形成心理上的隔阂，为此可能彼此之间长时间不来往，见面时形同陌路。其实，老人们应该抛弃前嫌，忘却人世间的恩怨情仇，以平和的心态对待对方，"相逢一笑泯恩仇"。否则，一辈子念念不忘，岂不一辈子都要为此坏了心情，影响自己的生活质量？从某种意义上说，善待别人也就是善待自己。另一种情形是，回想退休以前，大家彼此差不多，有些人可能还是自己的下属。如今地位不同了，可能有的人不像以前那样尊重自己，心理上的落差使得老人不愿与对方接触。这是一种明显的心理障碍。俗话说，多个朋友多条路，多个冤家多堵墙。如果人们豁达大度，没有冤家只有朋友，那这个人的心里只会充满灿烂阳光。事实上，一个心胸开阔的人，一个包容心强的人，是不大计较人世间的恩恩怨怨的。这是心理健康的一大标志，是保持乐观开朗性格的重要前提。在人际沟通中，有些信息可能从平常较少来往和见面的人那里更容易获取。社会交往不设限，无疑可以获得更为广泛的社会信息和更为有益的社会性刺激。当然，防人之心不可无。老年人凭借着丰富的社会经验和智慧，只要处事理智，是容易辨出真伪的。

C. 寻找交往中的相似点

在人际交往中要善于和别人"求同"。求同存异、结"忘年交"、辈分不同而兴趣相投的朋友之间结交，对老年人保持心理年轻化有特殊的作用。少年朋友纯真童趣，青年朋友朝气蓬勃，中年朋友成熟有为，老年朋友沉稳练达，结成"忘年交"可以互助互补，消除"代沟"。

（3）把握好人际交往的技巧。

步入老年后，老年人的交往状况发生了变化。如何调整好心态，处理好老年阶段的人际关系，是许多老年朋友要面对的问题。对于老年人来讲，相互交往不仅能获取信息，增进友谊，还能有效缓解孤寂感，通过宣泄内心苦闷，平衡心理，增进情感支持，有益于老年人身心健康，是丰富晚年生活的重要渠道。

应对技巧：

①主动交往自信点。

老年人退休后闲暇时间多，在允许的情况下，经常主动与他人（同学、朋友、邻居等）联系，不断加深彼此的了解，逐渐丰富情感生活，达到减少孤独感的目的，通过扩大交往圈，让自己生活多彩起来。

②营造快乐感染点。

情绪是可以传染的，老年人相互交往中，积极的情绪相互传递，对老年人身心健康十分有益。交往中以微笑、温和的言语，主动热情的关爱行为等，向对方传递友好信息，感染对方，建立良好的人际关系，从而增进友情，提升快乐感。

③为人处世宽容点。

人和人的交往更多在于情感的交流，这是一个长期的过程，所以建立和维护人际关系都需要有耐心，这样才有好人缘。老年是人生的成熟期，老年朋友之间的情感支持十分重要，关系到老人的心理健康。在人际交往中，老人要有容人之心，以诚心待人，增进相互信任，建立亲密的朋友关系，有利于提升晚年生活的幸福感。

④与人相处和谐点。

有研究认为：通过参加社交活动，老年人能积极"开动脑筋"，与不同的人进行交流和沟通，由此获得各种信息，开阔眼界，并受到启迪，活跃大脑思维，防止认知功能退化。因此，老年人经常参加社区组织的各种老年活动，不仅能满足老年人社会交往的强烈愿望，还能创造机会和谐地与他人相处，平衡心理，增加安全感，提升社会支持度。

⑤互帮互助奉献点。

老年人之间互帮互助，既可发挥余热，奉献爱心，也能为晚年生活添加动力源泉；在帮助别人时也给自己带来快乐，又可激发老年人积极情绪，积蓄正能量；还可提升老年人自我价值感，增强自信心；另外，互帮互助还可加深帮助者与被帮助者彼此间情感，促进社区和谐。

2. 行为层面的调整

(1)扩大人际交往的范围。

老年人既可与老伙计们交往，也可与自己的亲人和左邻右舍保持接触，还可以广泛结交社会上的朋友，甚至年轻人。要放下架子，忘却年龄和辈分，与青年朋友保持平等接触，进行真诚沟通。老少间如果真能结成忘年之交，将使老年人从年轻人身上感染到青春的气息，获取更多的有益成分，唤回自己的年轻心态，促进老年人的身心健康。广泛接触，广交朋友，可以拓宽老年人的信息通道，扩大老年人的信息量，丰富老年人的精神生活，提高老年人的生活质量，达到健康长寿的目的。

(2)加大人际交往的深度。

研究发现，人际交往是遵循交互原则的。通常，人与人之间的亲密与疏远、爱与恨都是相互的，人人都希望与他人保持某种适当性和合理性，以保持自己的心理平衡。老年人在与他人的交往当中，如能做到真诚、热心，就能赢得别人真心待你，与你肝胆相照。其结果，让对方愉悦的同时，也必然引发自己的积极心理反应，使老年人沉浸于积极的情感状态，促进老年人的身心健康。因此，老年人在与他人的交往中，应尽可能敞开心扉，揭去面纱，真诚地对待他人。

(3)广开人际交往的渠道。

随着信息技术、网络技术和新媒体的兴起，水平传导取代了分级传导，改变了传统的信息传播方式，社会交往也脱离了传统的物理性实体形态，成为流变、液化、灵动的"指尖上的交往"，这不仅促进了社会交往的多样性、平等性、开放性、包容性和共享性。人际交往的渠道除了传统的面对面交流、电话交流外，还可以充分利用新媒体智能技术和环境拓宽社交渠道。研究发现，许多老年人通过接触、使用新媒体智能技术，充实了晚年闲暇时光，增进了社会认知，提升了人际交往水平，愉悦了身心，获得了精神层面的幸福感。① 当然，在使用新媒体智能技术开展社会交往时也要注意避免过分依赖，造成社会疏离感。

(4)积极参与各种社会活动。

党的二十大报告强调"实施积极应对人口老龄化国家战略"，在积极老龄化框架下，许多学者主张老年人应当积极投身社会活动，在社会活动中适应新角色、学习新知识、增长新技能，提高晚年生活质量。② 社会活动是人际交往的重要方式。老年人应积极参与社区、村镇和街道组织的各种老年活动，并力所能及地加入各种老年群众性组织中去。同时，也可参与其他经济社会活动，发挥自己的余热，在为社会作贡献的同时，强健自己的身心。只要是有益的活动，老年人就应该尽可能地参加，哪怕是自己过去未曾接触过的活动。老年大学活动作为"参与"内涵中为老年人提供教育学习的社会参与活动之一，对老年人开展同辈交往、学习新知识、提升新能力起着重要作用。当前，我国老年教育已经形成具有特色的开放型教育体系，建设了很多老年大学来满足老年人对精神文化的需求。老年大学入学是老年人社会参与的重要内容部分，对老年人作为"新生"融入社会具有重要意义。

> **小贴士**
> **最理想的表情**
>
> 日本 *Associe* 杂志提供了一个练成最理想表情的方式：咬住一根筷子，露出上排牙齿，你可以用双手按住两颊肌肉，调整嘴角上扬的角度，直到你认为是最好的位置为止。然后把筷子拿掉，这就是你个人最理想的表情。看着镜子，记住这个表情。

(5)运用人际关系中的处世之道。

①微笑交往。

在交往中，微笑不仅能让"强硬"变得温柔，"困难"变得容易，有时还会反败为

---

① 王宇涵.老年人新媒体使用与幸福感提升研究[D].青岛大学,2023.DOI:10.27262/d.cnki.gqdau.2023.002039.

② 刘兆杰.参与老年大学对城市老年人继续社会化的影响研究[D].南京邮电大学,2023.DOI:10.27251/d.cnki.gnjdc.2023.001417.

胜。一个人的外在形象不仅体现在打扮举止上，还体现在他的微笑中。我们将永远保持微笑的人视为优雅而有涵养的人，面带微笑的人永远受欣赏、受欢迎。难怪有位老人如此赞叹："微笑虽不用花钱，却永远价值连城。"对老年朋友来说，微笑轻而易举，却能照亮所有看到它的人，像穿过乌云的太阳，带给人们温暖。微笑的背后传达的信息是："我很受欢迎，我喜欢你。你使我快乐，我很高兴见到你。"老年人见到同事或朋友，微笑地问候："哦，今天你真漂亮""身体怎么样""上哪儿去呀"之类的话，会给人以亲近感，也使老年人深深地享受到朋友交往的快乐。

②善于倾听。

老年朋友的交流依然表现在听和说两个方面。首先要善于倾听别人的发言，这是交流中的修养。因为每个人的话只有在别人倾听时才显得有价值。一个人在讲话时都会捕捉那些全神贯注的目光，这样的目光对发言者来说是至关重要的。我们建议在相互交流时应注意以下细节。

当对方与你目光交流时，要有积极的反应，表示自己在注意倾听，以激发对方继续讲下去的兴趣。即使不同意人家的意见，也应等别人讲完后再表明自己的观点。有时发言者会因某一问题表达不清而感到尴尬，这时听者可进行简短的插话，调节一下气氛，以引导对方继续说下去。如果发言者向我们请教的时候，最好的回答便是："你看怎么办？"树立真诚倾听的形象。

在社交生活中，一个跟你交谈的人，对他自己的事情、自己的问题，要比对你的事情、问题感兴趣得多。这时，你应仔细倾听，这是他迫切需要的。注意倾听对方的谈话，具有以下三种心理效果：

一是通过交谈，对方会对他自己的问

> **小贴士**
>
> 学会倾听才能交到朋友，倾听朋友的诉说可以使我们心心相通。

题及如何处理逐渐明确起来（心理学上叫作"自我洞察"）。有时候对方也会注意到自己的问题没有什么大不了，会从中找到解决的方案；二是交谈能使一个人的情绪变得开朗起来（心理学上叫作"净化功能"），让他把心中的积郁一吐为快，具有心理治疗的效果；三是注意倾听他人说话，能获得他人的好感，使别人信赖你、喜欢你（心理学上叫作"亲近感"的产生）。

③尊重他方隐私。

尊重他人隐私，这就要求老年朋友不要打探对方的隐私。对方把一个领域划为隐私，对这个领域就有特殊的敏感，任何试图闯进这个领域的话题都是不受欢迎的。但隐私这个领域是一个秘密的状态，对方不会告诉我们。我们就只有凭自己与朋友交往过程中的感觉自己进行判断。如果在交往过程中，朋友从未对我们主动提起过某方面的情况，我们也就不要主动打听。

凡是涉及隐私的话题，老年朋友要懂得谈话的技巧。如果我们不知道自己要开始的话题是不是朋友的隐私，而自己又对这个话题非常感兴趣，那就巧妙地试探一下。如果涉及对方的隐私，就立刻打住；如果不是涉及对方的隐私，话题就可以深入下去。

朋友的隐私被我们发现了，我们要为朋友保守秘密，这是维持朋友关系的一种方式，也是朋友之间的互相信任。作为朋友，为对方保守秘密，也是为自己保守秘密；保守秘密既是对朋友负责，也是对自己负责。尊重隐私是朋友间应具备的道德修养。

> **小贴士**
>
> 为朋友保守秘密，是忠于朋友的表现。不伤朋友的面子，不仅是给朋友面子，也是给自己面子。

④诚信交友。

人际交往离不开信义，它既是对对方的尊重，也是对自己的尊重。所以凡是我们承诺了的事情，就要努力兑现。"说到做到，不放空炮。"如果因为客观原因无法办到，要及时向朋友道歉并说明情况。一个守信义的人能够表里如一，言行一致。我们可以根据他的言论来判断他的行为，

> **小贴士**
>
> 一个被人信赖的人所说的话，常常可以比尊师严长更有影响力。
>
> ——恽代英

进行正常交往；如果一个人不守信义，说话前后矛盾，做事言行不一，我们就无法判断他的行为动向，这种人是无法进行正常交往的。老年人在人际交往中要想取得对方的信任，就不要轻易许诺，应该给自己留有一定的余地。而答应了对方的事情，就要千方百计去兑现。

⑤保持谦逊品德。

做一个谦逊的人，就是要在交往中保持一颗坦荡的心。既不因为自身的长处而骄傲，也不因自身的短处而气馁，老年人在人际交往中，做一个谦逊的人，就会保持一颗进取的心。无论什么时候，不表现自己的优越感，不强调自己的职位高低，在别人痛苦或遇到不幸时，绝不袖手旁观、幸灾乐祸，而是尽量给予帮助和同

> **小贴士**
>
> 如果"自以为是"，就不能吸收别人有用的东西，就会妄自尊大，孤陋寡闻，在学术上必定狭隘，在政治上必定孤立。
>
> ——徐特立《思想修养漫画》

情。这也是一种谦逊的态度。比如有位老同志，无论什么时候都很谦虚。他在农村当村支部书记时是那么谦逊，当了乡党委书记还是那么谦逊。后来听说他因遇到不顺被县委撤了职，官复原职后见到他，他依然是那么谦逊。本以为他退休后被一家大企业聘为理事后会有所变化，但直到担任常务、专务的职务，他还是那么谦逊。最后，直到他坐到董事长的位置，还是没有丢掉谦逊的美德。有了这种谦逊品德，让人无法小看他。

(二)老年人人际交往心理与行为应对方法

根据民政部、全国老龄办 10 月 11 日发布的《2023 年度国家老龄事业发展公报》数据显示，截至 2023 年年末，全国 60 周岁及以上老年人口 29697 万人，占总人口的

21.1%，全国 65 周岁及以上老年人口 21676 万人，占总人口的 15.4%。我国老年人群体寿命逐步延长，人口老龄化程度明显加深。在此背景下，如何提高广大老年人的生活水平和质量，如何提高老年人群体的心理保健水平，使亿万老年人在身心愉快的状况下安度晚年，已逐步引起全社会的高度重视。

关注老年人心理与行为是"以人为本"、构建和谐社会的需要。老年时期是人类生命的最后阶段，由于生理、体力等方面的老化和变异，老年群体成为社会的困难群体之一。随着人类社会经济和科学的发展，老年人在全社会的比例将越来越大。因此，要实现构建和谐社会的目标，必须"以人为本"，从科学的角度认真研究分析老年人的心理与行为，了解他们的需求，尊重他们的意愿，关心老年人的身体健康和晚年幸福，这样才能更好地维护老年人的权益，使他们幸福地安度晚年，才能真正实现构建和谐社会的目标。

1. 老年人人际交往心理方面的应对办法

(1)牢记一切以健康为中心。

有人戏称："青年人用健康换金钱，老年人用金钱换健康。"此话并非没有一点儿道理。年轻人忙事业，忙家庭建设。现在各行各业竞争激烈，年轻人不同程度地透支生命，用健康的体魄赚前途、换金钱。老年人在青壮年时期已经对社会和家庭尽了义务，作了贡献，所以到了晚年应该不再是追求事业或金钱，而是要以健康为主了。

退休以后，老年人主要有两种生活方式：一种是在家安度晚年；另一种是再就业，发挥余热。但无论干什么，都应该有利于身心健康，如果与健康的目的相矛盾，就不应该去做，就要坚决改正。有的老年人退休后什么事都不做，什么事都不想，一心享清福，结果缺少必要的活动，很快便疾病缠身；有的老年人不太愿意歇下来，为了赚钱而不顾及自己的身体，结果因操劳过度而病倒，甚至丢掉了性命。这样的退休生活方式都是错误的。实际上，老年人做到身心健康，不给社会和子女添麻烦，就是对社会和家庭的最大贡献。

(2)凡事不要较真，要学会忘记。

老年人应适当糊涂一点，忘记年龄，忘记疾病，忘记恩怨。忘记年龄，是说老年人没有必要总在心里惦记着一个"老"字。有的人常常叹息"岁月催人老，时光不饶人"，甚至害怕过年过生日。其实，年龄有着不同的计算方法，可分为"日历年龄""生理年龄"和"心理年龄"。一般情况下，我们经常使用的是"日历年龄"，又称"年代年龄"或"时序年龄"，计算单位为年。"生理年龄"又称"生理学年龄"或"生物学年龄"，是指从生理学和生物学角度来衡量人的年龄。"心理年龄"则是指从大脑功能和心理衰老程度来衡量人的年龄。"日历年龄"的"老"并不能完全代表一个人身体的衰老程度，如果用日历年龄与生理、心理年龄进行比较，就会发现有的人是未老先衰，有的人则是老而不衰。

忘记疾病，并不是说老年人有病也不要去治疗，而是不要过度担心自己的疾病。人老了，难免会有病，但不必对所患的疾病过分地担心和害怕。对常见的老年性疾病，理当采取积极的防治措施，但防范过度非但无益，反而有害。有的老年人虽然没有什么大病，却总是怀疑自己患了某种严重的疾病而到处求医问药，或对照着医学书籍自己"找病"。这种对疾病过度恐惧的心理状态是非常有害的。说得通俗一点，就是本来没病的人也可能"怕"出病来。不要怕病，但有病也不要讳疾忌医，积极治疗就是了。

忘记恩怨，是指老年人要忘记过去的恩恩怨怨。人生旅途上总会经历一些风风雨雨、坎坎坷坷，不必对过去的事情耿耿于怀。有人说："伤害自己的最好办法，就是记住那些令你不快的事情。你'怀念'它一次，它就伤害你一次。"为什么要自己伤害自己呢？我国科学工作者对长寿老人的调查结果表明，性格开朗、心态平和是他们的共同特点。老年人要想获得平和的心态，最好的办法就是宽容、豁达，给记忆装一层过滤网，滤去过去的不愉快，只留下快乐与自己相伴。

（3）保持一颗宽容之心。

人和人的交往更多在于情感交流，这是一个长期的过程，所以建立和维护人际关系都需要有宽容之心。老年是人生的成熟期，在人际交往当中要有容人之量，要以诚待人，这样才能有好人缘。为人要厚道，要关心人、爱护人、尊重人、理解人。不要人家对你有点建议，或与你的思想观点不一致，就觉得人家是针对你，于是跟人家较真或对着干。每个人在思想上、性格上都有缺点，对人不能求全责备，要学会求大同，存小异，全方位了解别人，多发现别人的优点，取长补短。

广交友，交益友，朋友多了路好走；悦身心，除孤独，老年交友能延寿；增知识，开眼界，幸福人生共携手；我帮你，你帮我，老年快乐无忧愁。

（4）要保持心态安逸、平和，必须做到"四个有"。

如何做到心态安逸、平和？需要"四个有"。"四个有"是指有个老伴、有个老窝、有点老底、有几个老友。有个老伴，是指夫妻白头偕老当然最好，不幸丧偶之后也应该找个合适的伴。俗话说："满堂儿女，不如半路夫妻。"老夫老妻在一起是最好的生活方式，儿女再多也比不上夫妻之间的相互照应。即便是再婚的老年夫妻，相互的关照也要比子女更及时、周到、细致。老来有个伴，精神上可以相互安慰，生活上可以相互照顾，这种感情是其他亲情关系所无法替代的。

有个老窝，是指要有一个属于自己的家。有的老人怕自己身后留给子女的房子要交遗产税，于是将房产全部分给了子女。谁想分房之后子女互相扯皮，把他当作了包袱，谁都不想尽赡养义务，他这家住几天，那家住几天，后悔极了。像这样的例子可能极端了一点，但不管怎么说，老少之间难免有"代沟"，老年人有一个家，有一个独立的小天地，起码生活上要自由自在得多。

有点老底，是指留有一点积蓄。有积蓄的作用很奥妙，不说可以防备儿女不孝，重要的是有那么一点"老底子"，心里才能踏实，精神上才会放松，思想上会有安全感。这对老年人身心健康有着不可估量的作用。

有几个老友，是指有几个情投意合的老朋友。年龄大致相同的老年人，生活经历和人生观基本相同，有共同语言，相互间更容易进行思想交流。老哥老姐在一起，平时一起聊聊天，有事相互帮帮忙，对身心健康很有好处。

（5）要做到心态年轻、快乐，必须要做到"五个要"。

五个要，是指要掉、要俏、要笑、要跳、要聊。

要掉，是指放下架子。对于原来有一定社会地位的老年人来讲，这一点非常重要。离退休后，就不要再比职位高低、成就大小，也不要再讲当初如何如何。要把自己放在普通老百姓的位置上，用一颗平常心来看待和处理周围事务。这样就不会叹息"人走茶凉"等，就不会因失落感的困扰而影响自己的心情。

要俏，是指穿着要漂亮一些，让自身的形象更美一些。老年人千万不要有"上了年纪还讲什么穿着打扮，有身衣服穿就行了"的想法。老年人衣着漂亮一点，能增强自信心，自我感觉就会年轻许多。

要笑，常言道："笑一笑，十年少。"笑可以让人忘记烦恼，化解恩恩怨怨，让人舒心快乐。对生活充满乐观的情绪，时时保持着愉快的心态。有人说："生活就像一面镜子，你对它哭，它就对你哭，你对它笑，它就对你笑。"传统养生学认为，一个人如果精神愉快，性格开朗，对人生充满乐观情绪，就会阴阳平和，气血通畅，五脏六腑协调，机体自然会处于健康状态。现代医学也证实，心理因素对机体的健康有明显影响，心胸豁达、性格乐观开朗的人，其神经内分泌调节系统处于最佳的水平，免疫功能也处于正常状态。

要跳，是指经常活动。跳能促进血液循环，适量的活动（包括体力劳动和体育运动）可以活动筋骨，调节气息，畅达经络，疏通气血，调和脏腑，增强体质，使人健康长寿。

要聊，是指经常与亲朋好友聊天，拉拉家常，说说闲话，谈天说地，可以抒发情怀，活跃思维。老年人要迈出家门，走向社会，参加集体活动，多交朋友，"晚年多交友，能活九十九"。经常和朋友在一起聚聚，聊聊天，散散步，或结伴去风景名胜区旅游，亲近大自然，陶冶情操。聊天是一种最经济实惠的活动，有益于老年朋友的身心健康，不但能调节情绪，促进大脑的思维活动，还能起到预防抑郁和老年痴呆的作用。[①]

2. 老年人人际交往行为方面的应对办法

（1）走出家门，主动联系他人。

现在城市基本都是单元式住房，本来就不利于人际交往，如果成天坐在家里，怎么会结识朋友？老年人退休在家，时间充裕，在可能的情况下，老年朋友，请您多走出家门，走向社会，与大家沟通，加深彼此的了解。例如，一些过去曾一起工作的老同事，可能分别多年，互相之间不甚了解了，交往不多，可以主动与几位老同事联系，叙叙旧、聊聊天，很快就会建立起新的联系。在精力允许的情况下，要从"熟人社会"走向"陌生人社会"，如与不同年龄段的人、不同行业的人、不同地区的人、不同国家的人都可以交朋友，这样可以获得意想不到的收获。老年人多交几个知心朋友，可以纾解身心、延年益寿、延缓衰老，俗话说："晚年多交友，能活九十九。"

（2）经常参加一些社会活动。

老年人要经常参加一些社会活动，以开阔自己的视野，拓宽生活面。如每天到游

① 余运英. 应用老年心理学[M]. 北京：中国社会出版社 2012：104—106

泳馆游泳，可以结识一批"泳友"，在社区打球会有许多"球友"，参加社交沙龙、生日晚会、郊外野炊、旅游参观、茶话会、座谈会，等等，现在城市社区建立了文化体育活动组织、老人互助组织、公益活动组织，经常组织老年人开展活动，满足了老人社会交往的强烈愿望。老年人是社区活动的主力，要积极参加这些有益的活动。只要你经常参加社会活动，相信一定会结识不少新朋友。

（3）做点力所能及的工作。

老年人经历多、阅历广，要出去做一些力所能及的事情，不管是体力还是脑力活动，要依靠自己去寻找一些乐趣。邻里之间闲聊有利于人际关系的和谐、发展；可以多参加一些运动，拓展人际圈子；可以参加老年大学或自己学习一些知识，不但学会了会很兴奋，增加心理成就感，而且在与其他老学友共同学习、探讨中，增加了人际交往，减少了孤独感；可以到一个单位当顾问，支持年轻人的新思路，甘当人梯；或者静下心来写写回忆录，以文会友，以诗会友，给社会提供宝贵的精神财富。"老有所为"的例子不胜枚举。从 2003 年开始，全国老龄委连续组织开展"银龄行动"。"银龄行动"是以老年人为主体，坚持自觉自愿、量力而行的原则，以开展智力援助和参与基层治理、社会服务等为内容，服务经济社会发展的志愿服务活动。截至 2024 年 7 月底，全国参加"银龄行动"的老年志愿者总人次已超过 700 万，开展援助项目 4000 多个，受益群众达 4 亿多人次。新时代"银龄行动"参与主体从老年知识分子拓展到全体老年人，行动内容从以智力援助、技术帮扶为主，拓展到"银发巡逻"、儿童托管、互助养老、全民参保、扶残助残、探访关爱等社会生活的方方面面，从线下活动为主拓展到线上线下相结合。

（4）多举办一些小范围的聚会。

聚会是联络感情的重要方式。关系密切的同事朋友可以经常聚餐，炒几个小菜，边吃边聊，饭后下下棋、打打牌，轻松又热闹；喜欢驾车出游的老年人，可以约几个老朋友一起到郊外看风景，享受自然风光。老年人可以根据自己的兴趣爱好选择适合自己的聚会方式，不喜欢热闹的，可以遛鸟、晨练，或找几个朋友爬爬山。不喜欢寂寞的朋友，可以把老朋友请到家里聚会、跳舞、唱歌等。

小知识

老人心理测试

问题：在一个晴空万里的日子，是最适合出游的。假如，你和你的朋友漫步在森林之中，无意中发现了一栋隐藏在森林中的建筑物，凭你的直觉，你会认为这是何种建筑物？

A. 小木屋

B. 宫殿

C. 城堡

D. 平房住家

测试结果见表 2-1-1。

表 2-1-1

测试选项	结果解释
选择小木屋	你是一个能忍别人所不能忍的人，宽大的心胸使你对任何的事物都抱着以和为贵的态度，基本上你就是一个完美的人。
选择宫殿	你是一个思路极细的人，对于身边的事物都能有良好的安排，凡事都在你的掌握之中，虽说不上城府极深，但对于复杂的人际关系却能处理得很好，如鱼得水。
选择城堡	你可说是 21 世纪最厉害的人际高手了，你比选宫殿的人对事物的观察更敏锐，更能看透人心，在这方面别人总是望尘莫及，而你也一直以此自豪，乐此不疲。
选择平房住家	你是一个生平无大志的人，也没有什么企图心，虽然对周围的感应能力并不差，但你凡事仅抱着一个平常心罢了，这种人的最大的好处就是，平凡，没有烦恼压力。

实施步骤

步骤一：活动指导

(1)全班同学人人参与。先小组进行活动，后全班进行活动。

(2)可从教师事先给出的项目情境中挑选一种进行角色扮演。

(3)利用网络、书籍、报刊等查找、收集自己感兴趣的"老年人人际交往"相关资料，并把资料抄写、复印或者打印出来。

(4)角色扮演的时间要控制在 10 分钟以内。

(5)角色扮演时，要根据情境内容配合相应的语气、语调、表情、动作等，把角色中人物的喜怒哀乐生动地表达出来，把情境中的场景再现，为了把情境中的内容演好，还可以适当地根据掌握的"老年人人际交往"的相关资料对情境进行补充，设计一些对话、旁白等，以活跃现场气氛。

(6)角色扮演的准备工作是否充分，直接关系到这次活动的成败。因此，在熟悉情境后可以先试着在小组进行预演，并征求其他同学的意见或建议，进行改进。

(7)情境进行重新加工的时候要注意对情境的补充，力求情节生动形象。人物扮演活灵活现，符合角色的特征。

步骤二：活动过程

(1)准备工作：通过多种方式收集所需资料。

(2)小组长负责收集组员加工编写的情景剧，并交教师审阅。

(3)各小组成员根据项目情境，分解成几个情景剧，每组各选一个进行角色扮演。

(4)观看情景剧后，各小组进行讨论交流。

(5)各小组选出代表，对情景剧任务完成的过程进行分析、交流和汇报。

(6)各小组之间就出现的问题进行讨论交流。

(7)各小组修改完善方案，并提交书面材料。提交材料包括：情景剧的剧本（剧情、参与角色扮演学生的名单）；情景剧要告诉人们什么？这个问题该如何解决？

(8)教师针对任务完成情况进行点评。

能力检测

【情境一】3年前，吴阿姨被诊断患有冠心病，从那以后她就特别怕吵闹，不愿与人交往。因为怕孙子吵，她让儿子一家搬出去单独住；住在楼上的人稍微发出点响动，她马上就感到自己的心脏受不了了，于是坚持让家人换房，住到了顶层。这下可苦了老伴，每天在没有电梯的六层楼里爬上爬下。根据这个情境，需要完成以下几个任务：

任务一：从吴阿姨的情况看，可能是因为受疾病影响，从人际交往角度出发，出现了哪些心理问题？行为表现如何？

任务二：如何应对吴阿姨的人际交往心理？

【情境二】退休刘阿姨上老年大学

56岁的刘阿姨说："工作时朝九晚六，下班后做顿饭，和朋友散步、聊天，一天过得很充实。退休后感觉时间过得很慢，早上去菜市场买个菜，中午一个人连饭都懒得做，一天就只做一顿晚餐。一个人在家无聊得很，只能刷刷手机买买买，买了退退了买，心里总是空落落的。有时候还会觉得自己就像一个没用的人。"

直到去年9月，刘阿姨的女儿为她报名了当地的老年大学，起初刘阿姨觉得浪费钱。去了之后刘阿姨不仅学到了新技能还交到了新朋友，现在每天回到家向家人展示刺绣、舞蹈等技能，每天成就感满满。刘阿姨透露，"自从去上课后，生活变得有了盼头，不再是日复一日地重复过日子，精神面貌也好了很多。"

根据以上情境，完成以下任务。

任务一：从刘阿姨的例子上看，老年人人际交往发生了哪些变化？

任务二：人际交往对老年人而言有什么功能？

⋌⋋ 相关链接

马克思和恩格斯的交往——冰释前嫌

常在河边走，哪能不湿鞋？

知错便改错，好友皆俊杰。

1863 年 1 月 7 日，恩格斯的妻子玛丽·白恩士患心脏病突然去世。恩格斯以十分悲痛的心情将这件事写信告诉马克思。信中说："我无法向你说出我现在的心情，这个可怜的姑娘是以她的整个心灵爱着我的。"

第二天，马克思从伦敦给曼彻斯特的恩格斯写了回信。信中对玛丽的噩耗只说了一句平淡的慰问的话，却不合时宜地诉说了一大堆自己的困境：肉商、面包商即将停止赊账给他，房租和孩子的学费又逼得他喘不过气来，孩子上街没有鞋子和衣服……"一句话，魔鬼找上门了……"生活的困境折磨着马克思，使他忘却了、忽略了对朋友不幸的关切。

正在极度悲痛中的恩格斯，收到这封信，不禁有点生气了。从前，两位挚友之间常常隔一两天就通信一次。这次，隔了五天。直到 1 月 13 日，恩格斯才给马克思复信。波折既已发生，友谊经受着考验。这时，马克思并没有为自己辩护，而是做了认真的自我批评。10 天以后，当双方都平静下来的时候，马克思写信给恩格斯说："从我这方面说，给你写那封信绝不是出于冷酷无情。我的妻子和孩子们都可以作证：我收到你的那封信（清晨寄到的）时极其震惊，就像我最亲近的一个人去世一样。而到晚上给你写信的时候，则是处于完全绝望的状态之中。在我家里待着房东打发来的评价员，收到了肉商的拒付期票，家里没有煤和食品，小燕妮卧病在床……"

出于对朋友的了解和信赖，收到这封信后，恩格斯立即谅解了马克思。1 月 26 日，他在给马克思的信中说："对你的坦率，我表示感谢。你自己也明白，前次的来信给我造成了怎样的印象……我接到你的信时，她还没有下葬。应该告诉你，这封信在整整一个星期里始终在我的脑际盘旋，没法把它忘掉。不过不要紧，你最近的这封信已经把前一封信所留下的印象消除了，而且我感到高兴的是，我没有在失去玛丽的同时再失去自己最老和最好的朋友。"随信还寄去一张 100 英镑的期票，以帮助马克思渡过难关。

 知识梳理

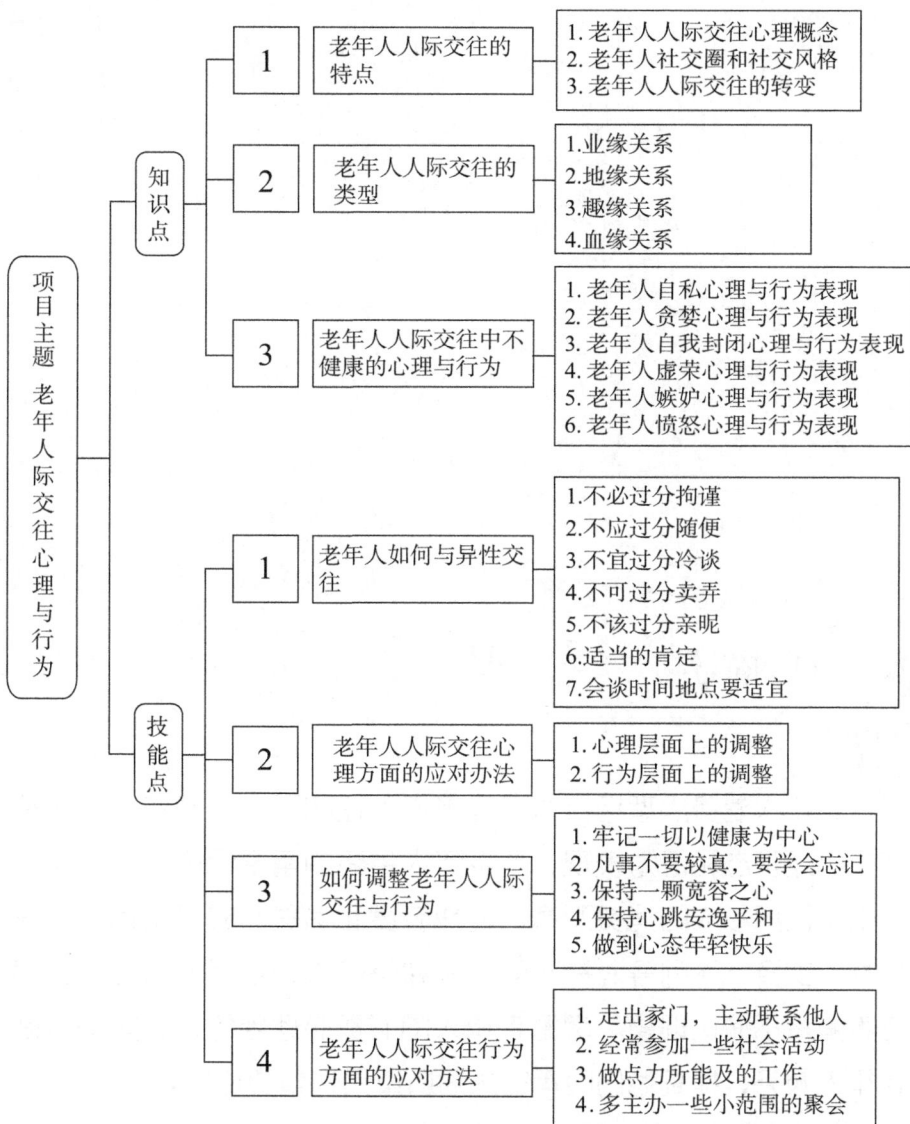

项目主题 老年人际交往心理与行为

知识点

1 老年人人际交往的特点
- 1.老年人人际交往心理概念
- 2.老年人社交圈和社交风格
- 3.老年人人际交往的转变

2 老年人人际交往的类型
- 1.业缘关系
- 2.地缘关系
- 3.趣缘关系
- 4.血缘关系

3 老年人人际交往中不健康的心理与行为
- 1.老年人自私心理与行为表现
- 2.老年人贪婪心理与行为表现
- 3.老年人自我封闭心理与行为表现
- 4.老年人虚荣心理与行为表现
- 5.老年人嫉妒心理与行为表现
- 6.老年人愤怒心理与行为表现

技能点

1 老年人如何与异性交往
- 1.不必过分拘谨
- 2.不应过分随便
- 3.不宜过分冷淡
- 4.不可过分卖弄
- 5.不该过分亲昵
- 6.适当的肯定
- 7.会谈时间地点要适宜

2 老年人人际交往心理方面的应对办法
- 1.心理层面上的调整
- 2.行为层面上的调整

3 如何调整老年人人际交往与行为
- 1.牢记一切以健康为中心
- 2.凡事不要较真，要学会忘记
- 3.保持一颗宽容之心
- 4.保持心跳安逸平和
- 5.做到心态年轻快乐

4 老年人人际交往行为方面的应对方法
- 1.走出家门，主动联系他人
- 2.经常参加一些社会活动
- 3.做点力所能及的工作
- 4.多主办一些小范围的聚会

项目三　老年人消费心理与行为

项目描述

　　老年人消费心理与行为是指老年人在购买和消费商品时所具有的心理状态和行为表现，是老年人生活的重要组成部分。老年人由于长期形成的消费观念、消费态度和消费方式等的影响，在购物、饮食、休闲等消费方面有着独特的心理与行为特征，也存在着消费不愉快现象。掌握老年人的消费心理与行为，对于做好老年人服务，提高他们晚年的生活质量具有重要意义。

项目情境

【情境一】今年 71 岁的王先生，家住西安，他曾多次在当地一电视购物频道购买一些生活用品和收藏品。2021 年 9 月，一个自称小赵的女子电话联系到了王先生，表示购物频道原来的收藏品推销人员离职了，她将接替之前的工作人员继续为王先生服务，并借机向王先生推销一些能够高价回购的收藏品。

因为小赵能准确说出王先生之前购买过的产品和金额，王先生便没有怀疑，还从小赵手中多次高价购买收藏品，累计购买金额达到 8 万元。再加上两三次的回购手续费，王先生总共花费了大约 10 万元。

【情境二】今年 9 月，某饮水机公司以"关心老年人，普及发放饮水机"的说法告知许老太有饮水机免费发放。许老太领了一台，却被要求交付 10 年的维护、保养费 1380 元。在使用了一段时间后，她发现饮水机里的水不干净，竟有黑色的小颗粒。在南京市消协的调解下，该公司才答应退机。

【情境三】有两位老年夫妻一大早出门逛超市，在新开的大型超市里的一个铺位旁有人说要送他们一个杯子，然后说帮他们打开杯子的时候里面有奖券，说中奖了，奖品是价值 3980 元的按摩器和价值 4280 元的不锈钢厨房用具，现在只用 3980 元再加 200 元就可以换到。销售人员还装作很吃惊，说送错杯子了，这个不能给他们，最后请示经理后很勉强地答应亏本卖给两位老人。拿着两箱东西，两个老人还一个劲地说买到便宜货了，一共才 4180 元，原价是 8 千多元！据孩子透露，按摩器和这个不锈钢厨房用品的牌子就叫"贝尔家"，说什么马来西亚产的，上网查了查，没法查到这个牌子的市场售价。

【情境四】一天，有人敲家住呼和浩特幸福小区的李大爷家的门，推销一种治疗颈椎、腰椎病的按摩机，说是能治疗颈椎病，想到自己在媒体工作、每天对着电脑的儿子，李大爷就花 300 多元购买了一台按摩机。可是等到在媒体上班的儿子回来后一看，类似的按摩机在正规商场只需要 100 多元。虽然父亲上当，可是想到父亲此举是对自己的关心，也就只能安慰父亲并表示感谢。

【情境五】一保健品经营部推出的"神药"，宣称有多种保健功能，购买者不仅有产品赠送，购买达到一定数量后，还可以享受每年 8 次以上的全陪护"免费"游。在如此诱人的承诺下，十余位老人先后多次购买了此"神药"，总花费近 20 万元，但服用后一直没有效果。后经消费者协会核查，该商家有夸大、误导消费者的嫌疑。

【情境六】在梅列区列西某宾馆 8 楼会议室，记者在参加一个会议时发现，隔壁的一个大会议室里人声鼎沸。探头一看，只见近三百名白发老人端坐在那儿，听"专家"讲座，看投影资料宣传片。

而在会场的后面，几个身着便装的人，背靠展板，有模有样地拿着老人的手，或看指肚，指出老人患有 N 种病；或用一个仪器照一下，说老人缺少哪几种元素……

记者佯装要买一些药品给老人。一个身着西装、佩戴一个长方形胸牌、左眼边有一块胎记的中年女子迎了过来，将记者引到一堆花花绿绿的盒子边："这些药适合中年人和老年人，治疗关节疏松、降血脂、降血压，都非常有效。"

记者看了一下包装，所谓药品，上面标注的是保健食品批准文号。

记者在现场采访了多位老人，其中一对是夫妻。这对夫妻应该是记者采访的老人中警惕性最高的。他们知道，这是骗人的。但是具体怎么骗，他们说不知道。老大爷说："我感觉是。"

和这对夫妻在一起的另一位老人则不以为然。她说："我们老年人想要健康和长寿，有什么不对。大家儿女都给老人买保健品治病，我用的是自己的退休金。"

一位老人说："专家说我血压高，明明我老伴才血压高。但是专家说的，应该没错。所以我买了 3 盒药试一下，他们说吃后 10 年不买药。"记者看了一下，这盒厦门康乐某公司生产的食品上写着"某豆"，标注的是保健品文号。

【情境七】作为土生土长的广州人，已近中年的王女士在老城区开了一家中老年人内衣专卖店。她针对老年人购物心理，服务有的放矢，使生意越做越旺。

先抢铺面再选行业

一般情况下，小本创业老板总是先找准行业再决定铺址，王女士却反其道而行之，先争取铺面再考虑做什么生意。于是，早在三四年前，她在父母居住的老城区荔湾区开始广泛留意适合的商铺，恰巧位于荔湾路与龙津路交接路口有一骑楼租约到期，铺主准备张贴广告招租。王女士在亲戚帮助下先发制人，没等广告贴出，就先抢到了这个位于大路交接处的好铺面。

黄金铺面是抢到了，做什么生意可要好好掂量。王女士想：商铺位置虽然不错，门口人流量却并不大，只有做与人们日常生活息息相关的行业才能有稳定的顾客群。偶然间，她听到父母抱怨如今的内衣涨价太快，百货商场里原来还销售几十元一件的中老年人穿的内衣，现在却只销售单价百元以上的中高档名牌货。王女士心里一动：为什么不销售适合中老年人穿的内衣，为老城区里住的中老年人服务呢？

挑选中年妇女当服务员

朋友们听说她要开这样一家中老年人内衣专门店，就建议她去批发市场进货。王女士不以为然：批发市场几乎没有品牌商品，价格是便宜了，质量却不敢恭维，再说，很多老城区中年人的消费能力并不比白领差，对产品质量非常挑剔。于是，她立足于产品质量，以"性价比"作为挑选标准，与广州一家口碑不错的企业签订了汗衫、毛巾、棉毛衫等产品的长期供货协议。

别的老板都尽量雇用年轻漂亮的女孩子当服务员，王女士却有心找来两位本地中年妇女来帮忙。中年妇女更有居家过日子的经验，更容易与目标顾客沟通。开业后，事实证明她的选择非常正确，两位"伙计"很快与街坊邻里交上了朋友。

"讨好"老人争取长期顾客

怎样讨得老城区阿公阿婆的欢心是内衣店经营成功的关键。可是做到这一点的难度实在不小。老一辈人清贫惯了，喜欢抱怨这个价格高那个卖得太贵。王女士循循善诱，耐心讲解，告诉他们这些品牌货好在哪里。

为了讨好老人们，她每种货品都拿出一两个样品作展示，专供阿公阿婆们参考。

如果顾客研究了半天还是没有购买，她同员工也照样笑脸相送，因为她知道，在老城区做的就是街坊们的生意。长期下来，顾客对她的中老年人内衣专卖店的服务态度有口皆碑，固定顾客数量不断增加。

以上情境表明，老年人消费心理与行为或多或少还存在一些误区，导致消费购物不愉快现象，只有掌握老年人的消费心理与行为，才能帮助老年人理解心理误区，有目的地满足老年人的多种需求，才能更好地做好老年人的服务。

项目目标

能力目标：

(1)能够根据老年消费市场和消费需求的变化，对老年人的消费心理与行为进行分析、判断和评估。

(2)能够为老年人有效地消费提供心理与行为上的保障，预防老年人消费时上当受骗。

(3)能够运用老年人消费心理与行为特征，策划老年产品的营销活动，满足老年人的多种购买需求。

知识目标：

(1)了解老年人各种生活方式的变化，掌握老年消费市场的特征。

(2)掌握老年人消费需求的变化特点。

(3)了解老年人消费的心理与行为特征，以及针对老年人消费心理与行为的营销策略等知识。

情感目标：

(1)培养积极为老年人做好消费服务的心理意识。

(2)养成对老年人进行销售服务时，时刻以"老年人为中心"，尊重老人，满意服务的习惯。

(3)形成"为老人消费服务而感到自豪"的责任感和使命感。

 项目任务

【任务导入一】

面对情境一至情境四你需要完成以下任务。

任务一：了解老年人购物的需要，找出老年人购物的动机。

任务二：分析老年人被骗的原因，帮助老年人解开购物被骗的心理疑惑。

任务三：掌握老年人购物的行为特征，帮助老年人做好预防再次受骗的心理准备。

【任务分解】

任务一 了解老年人购物的需要，找出老年人购物的动机

对老年人消费心理与行为的了解就是为了帮助老年人有效地进行消费，摆脱消费过程中带来的烦恼。在上述老年人购物情境一至四中，要完成"了解老年人购物的需要，找出老年人购物的动机"这样的任务，需要思考以下问题，并在问题引导下更好地完成各项任务。

问题一：老年人为什么想购物？

情境中的王先生、许老太、那对老夫妻、李大爷等，为什么那么多老年人会购买上当产品？这些产品真的有那么好吗？他们确实需要这些产品吗？要回答这些问题就需要了解老年人的购买欲望和购买力，以及老年人消费的基本需要和生活方式。

> **关键概念**
>
> 购买力：购买力指一定时期内投入市场购买商品或劳务的货币总额，与市场容量成正比关系，居民购买力的大小取决于可支配收入的多少。
>
> 生活方式：生活方式是关于人满足生存和发展需要而进行的生命活动的模式与特征的总和。简单地说，就是指人们是怎样生活的。

 **学一学**

(一)老年人为什么有购买欲望？他们的购买力如何？

1. 老年人的购买欲望

近年来，随着人们生活水平的提高，特别是人口平均寿命的延长，老年人的消费有"年轻化"的趋势。20世纪前，我国中年以上的妇女并不经常化妆打扮，而如今，中老年妇女也是化妆品的主要顾客群之一；老年人服饰也与年轻人没有太大差别，特别是妇女，到了60岁，还特意选购鲜艳的服装，使自己"焕发青春"；过去，旅游似乎与老年人无缘，是年轻人的天下，而今，一些名胜古迹、旅游胜地，不时能见到外出旅行的老年人，他们或是老两口同行，或与昔日同事好友结伴，或有孩子陪伴。老年消费呈现的这些新特点，对厂家和商家来说，无疑具有巨大的市场价值。

再有，老年人口随着年龄的增长和生理条件的变化，形成不同于其他年龄组人口

的基本特征是：大多数人已经退出经济活动领域，安享晚年是他们追求的最大目标，闲暇时间增多，活动范围缩小主要局限于家庭和邻里，疾病增多，护理需求扩大等。这些特征决定了他们的饮食消费、精神文化消费和医疗卫生护理需求上升，而其他方面的需求相对下降，并在消费方式上显示出方便化、保健化和舒适化的特点。这些表明老年人在老年食品、老年服装、老年用品、老年住宅、旅游娱乐、精神文化、医疗保健、咨询服务等方面产生了大量的消费需求。

另外，随着改革开放的深入、居民收入水平的提高和西方文化价值观念的传播，老年人的价值观、消费观与生活方式也在不断更新，重积累轻消费、重子女轻自身的传统价值观念正在弱化，老年人的消费需求正在向高层次、高质量、个性化、多元化的方向发展，花钱买健康、买年轻、买漂亮、买闲暇、买舒适、买享受、买方便正成为老年人的生活追求，老年人的购买欲望普遍增强。

总之，随着老年消费需求范围的不断扩大，老年服务市场、玩具市场、教育市场、保健品市场和休闲市场等，具有广阔的发展前景。有了需求市场，才会有购买欲望，才能产生实际的购买行为，形成现实的市场，否则只能是潜在的市场。

2. 老年人的购买力

总体来说，我国老年人口具有较高的购买力水平。原因是多方面的。

一是，老年人收入来源较多，尤其是城市老年人，如退休金、养老保险金、再就业收入、各种补贴收入、赡养费收入等是一笔相当大的购买力。

二是，与在职的中青年人口相比，虽然老年人收入相对较低，但由于其子女多已成家立业，负担较轻，即使考虑到老年人对子孙的经济帮助，也会有较多的可支配收入用于个人消费。

三是，随着我国经济的持续快速增长，人民总体生活水平的提高和社会保障制度的逐步完善，老年人的收入水平也会稳定地提高。

四是，过去我国老年人大多生活节俭，重积累轻消费，习惯于攒钱，他们往往有着较充裕的储蓄，其储蓄存款将产生较大的近期或远期购买力。

五是，老年人消费需求广，购买欲望强。老年人的消费观念近年有年轻化的趋势，节衣缩食正让位于安度舒适的晚年价值观，人均消费性支出在逐步提高，因此我国老年人实际和潜在的购买力都是巨大的。

综上所述，基数庞大、比例上升的老年人口，为数可观、日益增强的老年群体购买力，量大面广、不断强化的老年消费需求，孕育了一个庞大的老年市场，预示着老年人将成为一个重要的消费群体。

(二)老年人的生活方式和基本需求有哪些变化呢？

1. 老年人各种生活方式的改变

生活方式是人满足生存和发展需要而进行的生命活动模式与特征的总和。简单地说，就是指人们是怎样生活的。人们生活方式的形成，一方面受到外部条件的制约，另一方面受到主体需要和利益的制约。当今城市的老年人，大都经历了人生的坎坷和波折，并形成了独特的价值观和生活态度，使他们有着与众不同的生活方式。生活方式决定了消费者的需求特征，并影响到消费者的购买决策、购买行为和购买习惯。因此，老年人生活方式的改变也影响着他们的消费需求、行为和方式，并为消费市场的开发与创新提供了广阔的空间。主要表现如下几点。

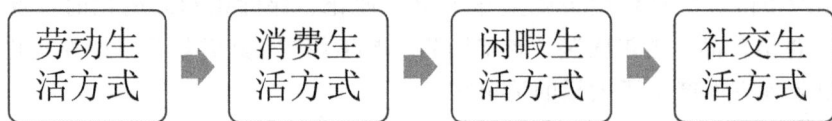

```
┌──────┐     ┌──────┐     ┌──────┐     ┌──────┐
│ 劳动生 │ ➡   │ 消费生 │ ➡   │ 闲暇生 │ ➡   │ 社交生 │
│ 活方式 │     │ 活方式 │     │ 活方式 │     │ 活方式 │
└──────┘     └──────┘     └──────┘     └──────┘
```

图 3-2-1

(1)劳动生活方式。

城市老年人在离退休之后，劳动生活方式发生了很大的变化。几十年养成的工作习惯和日常作息时间都被打乱了。即使有的老年人被返聘或因为其他原因继续工作或再就业，也多数是从生产性的第一产业、第二产业转向了服务性的第三产业。这些老年人的生活节奏也随着劳动生活方式的变化由快过渡到慢，由紧张过渡到松弛。

(2)消费生活方式。

老年消费群体长期形成的勤俭朴素的思想观念使得他们并不具有很高的消费能力，而且，老年人在各类实用商品的消费方面一般都有比较稳定的消费习惯和消费兴趣。因此，大多数老年人的消费趋势都表现出实用性、保健性、方便性等相对封闭和保守的特征。这些特征渗透到老年人吃、穿、用和娱乐的各个领域。

首先，从吃的方面来看，饮食支出占老年人日常生活消费支出的绝大部分。随着生活水平的不断提高，老年人不再满足于仅仅吃饱，还要求吃好，讲究食品营养、可口、方便、新鲜。比如，老年食品要高蛋白、高维生素、低糖、低盐、低油、低脂肪、低胆固醇；食品的"色、香、味、形"要新颖，品种要多样化；小包装的方便食品及半成品尤其受欢迎。此外，老年人对各种滋补强身的食品和药品的需求也在逐渐增长。

其次，从穿的方面来看，购买衣服的投入不如购买饮食的那么多。虽然还有部分老年人由于受经济条件的制约和传统观念的限制，仍注意购买结实耐穿、价格便宜的衣服，但是顺应时代的变迁，不少老年人改变了过去色彩灰暗、款式古板、品种单调的选择，而追求舒适合体却又不乏新颖的衣着。

再次，从用的方面来看，喜欢结实、耐用且使用方便的东西，如电视、冰箱、洗衣机等传统家用电器普及率很高。其他一些比较新潮但价格合理的耐用消费品也受到老年人的喜爱，如电饭煲、电热水器等。另外，出于强身健体的考虑，又由于自然环境的限制，城市老年人对各种家用小型健身器材和按摩器、负离子发生器等辅助治疗设备的需求不断增长。

最后，从娱乐方面来看，随着社会服务的不断到位，如跳舞、下棋、打麻将、舞剑、打球等有利于身心健康的公共活动场所和设施不断增多，老年人的娱乐活动方式方法更加多样化。而且，他们对各种方便、健康的文化娱乐和健身活动情有独钟。

(3)闲暇生活方式。

当今城市里的老年人有充裕的闲暇时间，这为开发老年人的闲暇生活创造了条件。

但由于每个老年人的健康状况、个性特征、兴趣爱好、经济条件、社会地位、生活态度等的差异，他们对闲暇时间的支配和利用不尽相同，因此，他们的闲暇生活方式也不一样。那些身体健康、精力旺盛、性格开朗、兴趣广泛且具有独立经济能力的老年人，便拥有丰富的闲暇生活内容。比如，有的老年人喜欢看电视、听广播、阅读报刊等；有的老年人喜欢养鸟、种花、下棋等。街头不时可见衣着鲜艳、精神饱满的老年人随着欢快的锣鼓声扭起秧歌；而在大大小小的公园，早晨和傍晚娱乐、锻炼的，也大多是老年人；至于在菜市场及各个中、小型商场，更是随处可见悠闲购物的老年人。

（4）社交生活方式。

人到老年，从一个社会组织的工作单位，回到了基本社群的家庭，生理、心理和社会角色的变化既改变了老年人参与社会交往的条件，也改变了他们的社交态度、社交需求、社交范围和社交方式。离退休前，社交生活以工作关系为主，与同事交往较多；离退休后，老年人的生活空间缩小在家庭和社区里，社交生活以血缘关系、地缘关系为主，一般局限于左邻右舍、三亲六故。城市离退休老年人主要借助间接的方式来联系社会，他们主要通过大众传播媒介如报刊、电视、电影、广播、网络、短视频等来获得知识、新闻、娱乐内容以及其他精神产品。所以，城市老年人的社会共享网络不很发达，社交圈子也相对狭小和封闭。

2. 老年人基本需求的变化及特点

人们总是在不断地想方设法地来满足自己的需要，因为需要不仅是人对生理和社会需求的反映，也是个体心理活动和行为的动力。所以，做好老年人的服务要从了解和满足老年人的心理需求出发。老年人的需求具有多样性，既有生理性的，又有社会性的；既有物质的，又有精神的。美国著名的人本主义心理学家马斯洛把人的各种需要归纳为五个层次，即生理需要、安全需要、归属与爱的需要、尊重需要和自我实现的需要（见图 3-2-1）。老年人也有这五个层次的需求，老年人的需要随着其年龄的增长而变化，并有其特殊性，老年人需求的变化特点，为开拓老年消费市场提供了依据。以下根据老年人需求的特殊性，对其做具体分析。

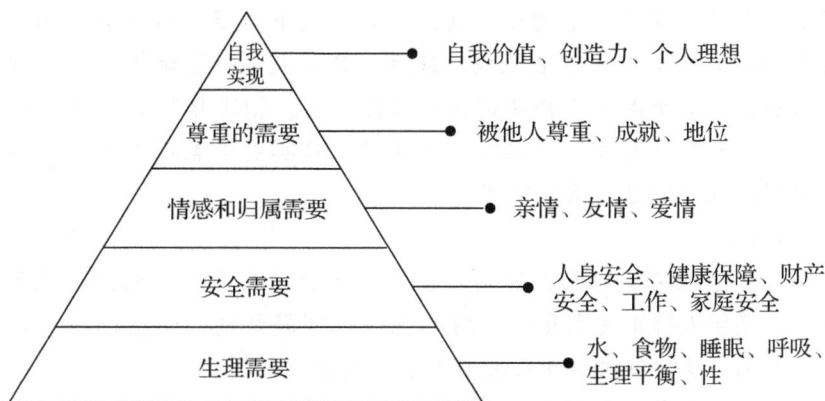

图 3-2-1

（1）生理需要。

生理需要是最基本、最优先的一种需要。它包括人对食物、水、空气、衣服、排泄及性的需要等，如果这一类需要得不到满足，人类将无法生存下去。老年人也有这些基本的需要，以满足其生存，但老年人的生理需要有其特殊之处。在生理需要中，良好的睡眠和休息对于老年人缓解疲劳和保持精力是必不可少的。性的需要也是老年人心理健康非常重要的一个方面，但却往往被忽视。另外，老年人由于机体功能的老化，会有牙齿缺失或松动、肠胃不好等情况，因此，老年人在食物方面应更注意科学、合理，对环境的需要也更讲求洁净、卫生；在服装方面，老年人需要与自己年龄相符的服饰，并讲求宽松、轻便、保暖、透气和实用等。

（2）安全需要。

在人们的生理需要相对满足后，就会产生保护自己的身体和精神，使之不受威胁、免于伤害、保证安全的欲求。如防御生理损伤、疾病；预防外来的袭击、掠夺、盗窃；避免战乱、失业的危害；以及在丧失劳动力之后希望得到依靠，等等。老年人的安全需要较其他人群更为迫切，尤其集中在医、住和行这三个方面。在医疗康复保健方面，老年人希望老有所医、老有所乐、健康长寿。一旦生病，希望能及时得到治疗，能就近看病和看好病；还希望生病期间身边有人护理和照顾；另外就是希望有人指导他们加强平时的健康保健，使其不生病或少生病。老年人的居室要求通风、干燥、透光，空间稍宽敞，以便于行走和活动。比如，卫生间要有扶手和坐便器之类，楼道要安装栏杆和扶手，以防其摔倒；居住楼层不宜太高，以便于老年人进出和下楼活动。老年人出行的安全尤其重要，一般需要有人陪护，以防途中摔倒或犯病。公共场所和交通工具也需设老人专座或老人通道，保障老年人出行安全。

（3）归属与爱的需要。

一个人在社会生活中，他总希望在友谊、情爱、关心等各方面与他人交流，希望得到他人或社会群体的接纳和重视。如结交朋友、互通情感，追求爱情、亲情，参加各种社会团体及其活动，等等。老年人的这些需要也是强烈的。首先，他们需要家庭的温暖，子女的孝顺，享受天伦之乐；其次，老年人也需要参与社会活动，渴望与邻里、亲朋好友的接触和交流，害怕孤寂；最后，老年人也有爱情需要，特别是一些丧偶老人，希望能有一个伴侣与之相濡以沫，共度晚年。很多年轻人存在一种错误的观点，认为人老了只要衣食无忧就可以安度晚年了。其实对于老年人来说情感需要更重要，他们最渴望得到的就是亲情和友情。

（4）尊重的需要。

一个人在社会上总希望自己有稳定、牢固、强于他人的社会地位，需要自尊和得到他人的尊重。老年人特别爱面子，自尊心强，特别需要别人对他的尊重，对于他人对自己的态度尤为敏感。这种尊重需要有时表现为独立的需要。

一般认为，人到了老年依赖感会增强。而事实是，当代许多老人并不愿意依靠子女，相反，他们更愿意独立生活。一项关于老人是否愿意与子女同住的调查显示：只要经济独立，大多数老人就不愿意与子女同住。他们是否选择与子女同住与其自身的文化程度有关，文化程度越高，独立要求和独立意识越强。

老年人的尊重需要有时也会延伸为老年人注重自己在知识和修养方面的提高，对自身形体、衣着装扮等方面的关注，以及文化和精神慰藉方面的服务。如兴办老年大学，组织老年人学习书画、外出旅游或进行其他方面的文化娱乐活动等。

(5)自我实现的需要。

人们希望实现自己的理想和抱负，充分发挥个人的聪明才智和潜在能力，取得一定的成就，对社会有较大的贡献。老人们离开了自己从事多年的工作岗位，离开了自己为之奋斗和挥洒过青春热血的事业，不免感到无所事事，若有所失，陷入无聊和寂寞之中，但这并不是说，老年人就没有实现自我人生价值的需要。许多老年人退休后还希望能为社会做一些力所能及的事情，他们积极地去创造自己的第二职业，或者奉献公益事业，或者专注于自己因工作时没有时间而搁置的业余爱好等，充分调动自己的潜能，发挥自己的特长和优势，为社会、家庭奉献余热，实现自身的价值或未完成的心愿，也从中体验到成功的喜悦和满足感。因此，有关部门应积极提供老年人参与社会、发挥作用的平台，如为老年人发挥专长牵线搭桥；组织老年人参加社会公益活动；组织老年社团、服务社等，满足他们自我实现的需要。

(6)社会化养老服务的需要。

当今社会，老年人除了具有上述五种需要外，还有对社会化养老服务的需要。随着人口老龄化的发展，老年人口日益增多。由于中青年人忙于工作和参与社会与市场的各项竞争，没有更多的时间照料老年人。因而，老年人对社会化养老服务的需求就凸显出来了。老年人的社会化养老需求主要表现在以下几个方面：

一是家庭劳务。首先是日常饮食供应服务的需要。约有41%的老年人身边无子女，其中有10%左右的单身户，他们日常生活绝大部分靠自理。与子女居住在一起的老年人，一般需要自己做午饭或为子女做晚饭。因此，"做饭问题"是老年人不小的负担。很多老年人自己无力解决，便瞎凑合。有一位单身教授曾因长期吃方便面，营养不良以致浮肿。一些卧床不起的老年人中午靠啃面包、喝白开水度日，这些情况需要引起社会的关注。所以，老年人迫切需要价格适中的主食成品和副食半成品，或者采取多种形式供应适合老年人需要的午餐。其次是帮助搞家庭清洁卫生、换煤气、洗衣等需要较强体力劳动方面的服务，也是多数老年人力不从心而且较迫切的需求。

二是医疗保健服务。首先是送医送药上门，陪送老年人上医院看病以及提供住院陪床服务。据北京市统计局1994年抽样调查，老年人口中生活不能自理的占51.83%，对他们加强医疗护理服务，是老年人及其家人迫切的需求。现在已有一些社区医疗机构开始向这方面发展，但还需进一步解决公费医疗报销、提高医疗质量、加强陪护人员管理等问题。其次是提供保健指导、健康咨询等服务。最后是扩建康复医院和临终关怀医院等。

三是建立多层次、多样化的集中养老机构。从我国的国情出发，今后仍需以家庭养老为主。但由于身边无子女的老年人大量增加，以及一些老年人因不愿给子女增加负担而要求住进老人公寓，因此，他们对集中养老机构有一定的需求。所以，有必要建立多种层次、多种形式的老年公寓、养老院、托老所等，来满足不同层次老年人的需要。

老年人是当代社会中的一个特殊消费群体，他们的需求特点和其他消费群体有较大差异。因此，"对症下药"，开发"银色市场"，发展老年用品产业，满足老年群体多方面的消费需求已成为时代发展的必然。

任务二　分析老年人被骗的原因，帮助老年人解开购物被骗的心理疑惑

对老年人消费上当受骗的心理与行为的了解可以帮助老年人进行有效的消费，提高老年人的理性消费意识，摆脱消费过程中不必要的烦恼。在上述老年人购物情境一至情境四中，要完成"帮助老年人找出被骗的原因，解开他们上当受骗的心理疑惑"这样的任务，需要思考以下问题，并在问题的引导下更好地完成各项任务。

问题二：老年人为什么会受骗？他们又是怎样被骗的？

情境一至情境四中的王先生、许老太、那对老夫妻、李大爷等为什么会一而再，再而三地上当受骗？难道他们真的没有一点防范意识？骗子利用了老年人的哪些心理？要回答这些问题就需要了解老年人的消费心理特征。

> **关键概念**
>
> 老年人消费心理：老年人消费心理是指老年消费者在购买和消费商品时所具有的心理状态。

学一学

表 3-1-1　老年人消费的心理特征

序号	特征	主要表现
1	理性消费心理	具有较多的消费经验和知识，在购买过程中善于观察、分析和比较，显得较为理性。在购买前（特别是在购买新产品前），常常多方搜寻所需商品信息，了解市场行情，力求对商品有一个全面的认识，并经过权衡利弊、深思熟虑之后，才做出购买决定。对不了解的商品一般不轻易购买。购买商品时，仔细挑选，认真对比，很有耐心。在整个购买过程中，往往由理智来支配行动，很少发生冲动性购买。
2	习惯性消费心理	消费惯性强，对商品品牌、商标的忠实度高，形成了对某种产品比较稳定的态度倾向和习惯化的行为方式，在选购商品时，他们喜欢凭过去的经验、体会来评价商品的优劣，表现出较强的自信、自尊。一旦对该商品或品牌产生偏爱，就会逐渐固定下来，形成不变的消费和购买习惯，很难轻易去消费别的品牌商品。
3	求实消费心理	心理稳定程度高，比较注重实际。其购买动机以方便、实用、安全可靠、经济实惠为主，往往较少幻想，不追赶时髦，要求商品既要有好的功能、效用和质量，可靠性高，有利于身心健康；又要物美价廉、经济实惠。购买、使用方便，购物环境良好，提供周到服务。

续表

序号	特征	主要表现
4	健康消费心理	对生的欲望非常强烈,他们渴望延年益寿,健康、长寿是他们重要的心理追求。在老年人口的全部商品消费中,营养食品、保健食品、保健用品的消费占有较大的比重;在穿着及其他奢侈品方面的消费支出大为减少,满足于兴趣爱好的商品消费量明显增加,有益于身心健康、能够弥补老年人身体方面的某些缺陷与不足的商品更受欢迎。
5	方便消费心理	在购物时希望获得特殊的帮助和照顾,在商场或其他消费场所,最怕别人责怪动作迟缓,购物挑三拣四。营业员的服务态度好坏,购物环境如何,商品陈列是否醒目,使用说明是否详细,产品操作是否简便,大宗商品是否送货上门,售后服务是否有保证等都直接影响老年人的购买欲望和数量。
6	补偿性消费心理	为排解家庭空巢化带来的心理孤独和寂寞,产生了安享晚年的消费愿望。他们通过合理安排自己的消费结构不断提高自己的生活质量,希望在人生的后半部分补偿过去由于工作、经济负担重以及其他条件限制而未能实现的消费愿望。在美容美发、穿着打扮、食品营养、健身娱乐、旅游观光等方面与中青年消费者有着同样强烈的消费兴趣,同时乐于进行大宗支出。

小知识

老年人为何容易上当受骗

为什么老人特别容易上当受骗呢?原因有很多,且每个老人的原因也不完全相同。导致老年人容易上当受骗的因素主要有以下几点。

(1)理性大脑的老化,理性大脑功能的减退。

从进化和发育的角度,大脑可分为三层结构,最下一层主要由脑干组成,是生命中枢,也称"爬虫类的大脑"主要起调节血压、心跳、呼吸、体温的作用;脑干的上方是边缘系统,是情感中枢,也称"哺乳类的大脑",主要起调节情绪、记忆、激素分泌等作用;位于眼眶上面、额骨后方,占据大脑前侧约三分之一位置的前额叶,是理性中枢,负责大脑的总调控,也称"人类的大脑",主要起分析、思考、逻辑推理、判断、觉察、安全评估、协调、控制等作用。

前额叶是大脑所有结构中最迟发育的,要到2～3岁时才正式开始发育,到青春期末时才基本形成,而完全成熟女性要到24岁、25岁,男性一般在30岁左右。

我们防止被骗最需要的就是这个"理性大脑"的功能,所以,小孩子容易上当受骗,因为他们的理性大脑还未发育好。为什么老人也容易上当受骗呢?因为老人理性大脑的功能已经开始退化,理性大脑是所有大脑结构中最先老化的。大脑老化的规律是,最后形成的、最高级的脑组织最容易受损伤,也最先老化。老人的其他大脑和身体功能可能还很好,但前额叶已退化到孩子时的状态,表现在行为上就跟孩子似的:容易上当受骗,容易被忽悠。

美国艾奥瓦大学(The University of Iowa)研究人员从脑损伤患者中选择18名前额正中皮层受损的患者,以及21名该部位以外受损的患者参与一项实验。研究人员通过分析实验中患者对广告信息的反应(或"相关数据"),发现前额正中皮层受损患者对广告的信任度是其他参与者的大约2倍,购买产品的可能性更高,整体而言,他们最容易受骗。

因此,当老人被骗时,家人要尽量少些指责和埋怨,多些理解和宽容。他们被骗是有客观原因的,因为他们大脑中负责这块功能的脑组织有损伤或已老化。同样的理由和原因,被骗的老人也不要太过内疚和自责,你已经不是年轻时候的你,由于你的理性大脑已经开始老化,导致你没有以前精明了,又加上其他一些因素的影响,在当时的情形下要快速识破骗子的伎俩,这对你来说的确是有困难了。

在现实生活中有一些老人被骗后长期不能释怀,自怨自责,整天唉声叹气,这样郁郁寡欢几年后就去世了,真是令人唏嘘。

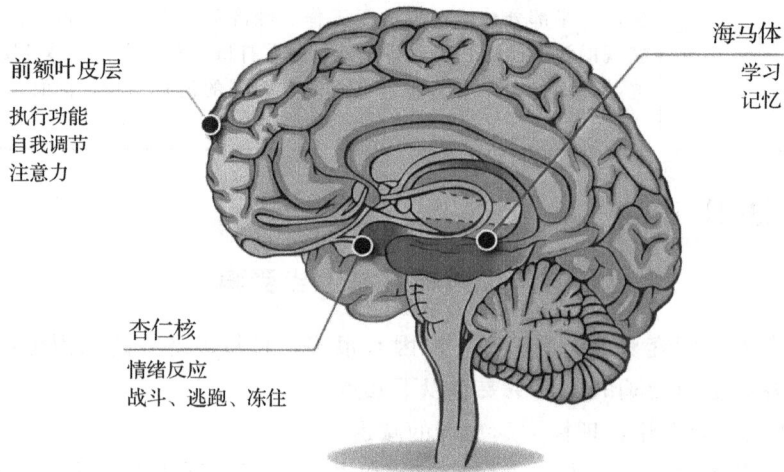

图 3-2-3　大脑结构图

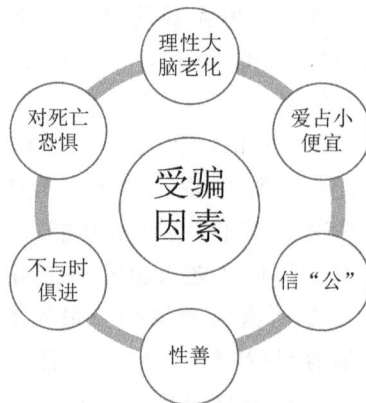

图 3-2-4

（2）有些老人爱占小便宜，或起了贪心。这也跟前额叶皮层老化有关。前额叶皮层最高级的大脑功能减退，导致之前被前额叶控制的低级中枢的功能释放出来，例如自私、好色、轻率等。瑞士与美国的科学家的一项研究显示，前额叶外侧皮层能帮助人们抑制对性、金钱等的强烈冲动，即便这会损害他们自己的既得利益。当用电抑制正常人前额叶外侧皮层的功能时，受试者对金钱的欲望和冲动就明显增强。

不法分子正是看上了老人的大脑功能退化，利用送礼品、发意外财、高投资回报率，利用色相，利用"爱情"等诱导老人踩进他们早已设好的圈套。

老人自私、贪图便宜也有一些外在的原因，例如，很多老年人是从穷日子熬过来的，知道赚一分钱都不容易，所以，买东西时一分钱也舍不得多花。一些骗子正是瞄准了老年人贪小便宜的心理，用假货、劣货冒充名牌、正品，以所谓"出厂价、跳楼价"作诱饵"钓"老人上当。

（3）信"公"。当今的老人，他们成长的年代较特殊，计划经济和公有制占绝对主导地位，导致他们那一代人对姓"公"的东西特别信任。为什么对姓"公"的东西特别信任，当然还有其他原因，例如体制的影响、文化与信仰的影响，中国传统文化对善良、孝道、美、能力的教育和培养重于对诚信的教育和培养，这样传承下来的后果有两个，一是个体对自己欺骗他人行为的自我约束性差，而公众对骗人者的道德谴责不强，导致骗子遍地都是；二是如果连姓"公"的东西都不可信的话，这个世界就不知道还有什么可信的了。

老人的这个特点又被不法分子利用了。例如，利用国家的电视、期刊、报纸等做虚假广告，打着政府、大学、医院、研究所、银行、大型国有企业的旗号进行诈骗，那些利用电话或手机信息骗钱的更声称自己是某公安局、法院或检察院。总之，就是应有尽有，且无不用到极致。

（4）性善。现在很多城市老人年轻时是农民，那个年代的年轻人也比现在的年轻人普遍单纯，再加上人老了后通常会心善心宽些，导致对当今社会的复杂性与阴暗面不设防，他们哪知道在公园遇上的斯斯文文的年轻人、嘘寒问暖的中年妇女是披着羊皮的狼，被人吃了，还整天担心会伤对方的胃。

（5）不能"与时俱进"。现在是一个知识与信息高速发展的时代，老年人对新知识新信息的接收能力差，而他们年轻时掌握的那些知识和经验又已经不够用或不适用了，所以，当骗子用现代高新技术来骗他们时，很容易得逞。

（6）对死亡的恐惧。人都有生的欲望和对死的恐惧，年龄越大越如此。老人孤独，少家人陪伴和关心，也会增加对死亡的恐惧。当这种焦虑恐惧情绪在病人的意识中占主导地位时，会影响病人客观分析和判断，看不到相反的证据和可疑的线索。在老人被骗的案例中，有很多是医疗和保健方面的，原因之一就是骗子利用了老人对疾病、死亡的恐惧心理。还有些老人在意识层面对死亡的恐惧不明显，甚至好像还很坦然，但如果我们仔细观察的话，就会发现这种恐惧心理还是存在的，在潜意识层面操控老人的行为。

任务三　掌握老年人购物的行为特征，帮助
他们做好预防再次受骗的心理准备

对老年人购物消费心理与行为的了解，有助于帮助老年人进行有效的消费，提高老年人消费时的防范意识，摆脱老年人消费过程中的烦恼。在上述老年人购物情境一至四中，要完成"掌握老年人购物行为特征，帮助老年人做好预防再次受骗的心理准备"这样的任务，需要思考以下问题，并在问题的引导下更好地完成各项任务。

情境一至情境四中的王先生、许老太、那对老夫妻、李大爷购物消费有哪些行为表现？他们是怎样上当受骗的？如何帮助他们做好防骗的准备？要回答这些问题，就需要了解老年人的消费心理与行为特征。

> **关键概念**
>
> 老年人消费行为：老年人的消费行为是指老年消费者在物质消费和精神消费方面的购买方式、陪伴方式及受广告影响程度。

学一学

老年人消费行为的特征

老年人消费心理特征

老年消费者经历了人生的各个时期，生活阅历丰富，心理需求稳定。他们离开工作岗位后，多数人生活安定，在吃穿住用行等消费方面有一定保障。但随着年龄的增长，他们的消费发生了新的变化，如老年人消费以购买必需品为主，为子女的开支占相当大的比重，用于医疗保健的费用有增加的趋势，对住房和某些耐用消费品存在潜在的需求等。老年人是一个特殊的消费群体，有其独特的消费行为特征，主要表现在以下几方面。

1. 物质消费方面

（1）饮食消费减少，保健品消费逐渐增加。

老年人随着年龄增长，消化机能逐渐衰退，牙齿松动和脱落等给他们的饮食带来不便。再加上运动少、活动量小，体力消耗不大，所以，他们饮食量大大减少。然而老年人的饮食质量在提高，他们的饮食要求也在向有益健康、利于消化吸收的低糖、低盐、低脂、低胆固醇、多蛋白、多钙等方面转化，因此，保健品的消费大大增加。如人参、鹿茸、银耳、燕窝、蜂王浆等滋补品为越来越多的老年人所消费。

（2）穿着类商品既追求舒适、实用，也追求华丽、质地好。

老年人在穿着类商品的消费上，更注重商品的舒适性和实用性。由于老年人血液循环和机体自我调节功能下降，对外界冷暖变化十分敏感，既怕冷又怕热，因此，穿着类商品要求穿脱方便、透气、松软、保暖。他们对穿着类商品不太注重形式、装饰，更注重商品的性能、质量，喜欢选择天然的纺织品。一般而言，老年人购买穿着类商品时喜欢选择素雅的色彩和图案。

对于产品的价格来讲，老年人也追求物美价廉的商品。但不像年轻人那样在购物时，除追求产品性能好、价格适中外，对商品的品牌要求也很高。有研究认为，老年消费者认为"要买就买名牌"只占少数；大多数老年消费者主张"品牌无关紧要，只要性能好""品牌无所谓，价格要适中"。可见，商品的性能与价格是老年消费者购物时最关注的因素。商品价格低廉，让老人觉得实惠、划算，能刺激他们的购买欲望。

随着人们生活水平的提高，对外开放和文化交流的增加，一些外国老年人的消费观念正在影响我国老年人，追求华丽、艳丽的服装也成为一部分老年人的选择。我们经常听到一些老年人抱怨，老年人的服装太单调、死板，买不到称心如意的服装等，这表明一些生产企业还未认识到老年人的新追求、新观念。"越老越需要打扮"可能将成为我国老年人普遍接受的一种消费观念。

（3）食用类商品追求安全、便利。

老年人购物时比较看重物美价廉。在老年人眼中的"物美"就是"方便、实用"，注重消费品的基本功能是否完备、操作使用是否方便，是否安全可靠。由于老年人的听觉、视觉功能随着年龄的增加而不断降低，身体的协调性、灵活性减弱。加上老年人体质差，骨质疏松，怕磕碰摔跤，因此，他们对使用类的商品首先考虑的是安全性、便利性。如老年人使用的家具、用具要简洁、舒适、方便、安全性能好。

（4）居住环境追求安静。

老年人对住的要求，则是居住环境安静、空气新鲜、光线明亮等。由于老年人的睡眠时间少，受外界环境影响大，因此，居住环境要求安静，居室中可创造种花、养鱼的条件。总之，有利于老年人身心康复的、安静的、敞亮的、能交流的居住环境，才能更好地满足老年人的居住需要。

2. 精神消费方面

学习、健身、旅游、休闲等的消费需求上升。老年人离开工作岗位后，经过心理调节，寻求积极、向上的晚年生活成为主流。为了充实晚年生活，健康愉快地度过晚年，有些老年人退休以后继续学习，在老年大学学书法、学绘画、学乐器，培养养鱼、种花的兴趣爱好。有的老年人积极参与娱乐、康复活动，如登山、歌咏、棋艺等活动，因此，适合老年人这些需要的娱乐健身用品、书纸杂志等需求量大增。

老年人退休后，有了较充裕的闲暇时间，同时有了一定的积蓄，有时，子女还会提供一些资助，因此，不少老年人在身体条件允许的情况下，常参加旅游活动，或出国观光，开阔视野，或国内游玩，饱览山川壮丽景色。因此，老年人对旅游用品、休闲健身用品的需求显著增加。

3. 消费品购买方式的选择方面

老年消费者多数选择在大商场和离家较近的商店购买商品。一方面，因为大商场提供的商品不仅在质量上能得到保障，而且在购物环境和服务方面也有较大优势。另一方面，因为老年消费者的体力相对以前有所下降，所以他们希望能够在比较近的地方买到自己满意的商品，并且希望能够得到周到的服务，如商品咨询、导购服务、运行较慢的自动扶梯和舒适的休息环境等。

在专卖店和连锁店购买商品的老年消费者也占有一定的比例，甚至还有极少一部分老年消费者会通过网络、短视频直播购买商品。这说明随着我国市场经济的不断发展，人们的消费行为也在不断地改变。不仅是青年人的消费行为在改变，而且有相当一部分老年人的消费行为也在随着时代的变迁而改变，他们对于一些较新的购物方式都表现出一定的适应能力。因此，在向老年消费者销售商品的时候可以采取多种方式。

4. 在购物陪伴方式方面

"当前年轻人大多喜欢网络购物，但老年人大多还是喜欢线下购物。"因为老年人大多害怕寂寞，而其子女由于工作等原因闲暇时间较少，所以，老年消费者多选择与老伴或同龄人一道出门购物。老年人之间有共同话题，在购买商品时也可以互相参考、出谋划策，他们对于哪些商品适合老年人比较了解。这说明，购物时老年群体的陪伴对老年消费者购买行为有着重要影响。

由于某些原因，也有少部分老年消费者独自外出购物。对于这部分人群，商家更要提供热情周到的服务，如为他们详细介绍商品的特点和用途，提供容易携带的包装，必要的时候提供送货上门服务等，也使他们在消费中体验快乐，刺激老年人的消费动机，满足他们的需要。

5. 受广告影响程度方面

广告对老年消费者的影响程度不大。大部分老年消费者对广告的依赖程度一般，并且由于一些虚假广告的负面影响，使得部分老年消费者对广告产生了反感情绪。加上老年消费者心理成熟、经验丰富，他们一般相信通过多家比较和仔细判断就能选出自己满意的商品。当然，老年消费者也希望通过广告了解一些商品的性能和特点，并以此为依据选择某些商品，所以，商品广告要具有真实性，尽量避免夸大和虚假的广告宣传。

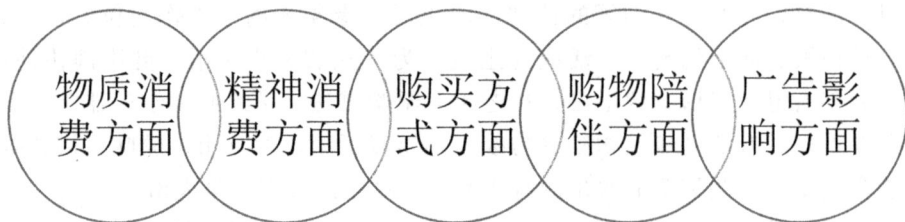

图 3-2-5

【任务导入二】

面对情境五、情境六，你需要完成以下任务。

任务一：找出老年人购买药品或保健品的动机，掌握老年人购买药品或保健品的真实需求。

任务二：分析老年人被骗的原因，帮助老年人解开购药或购买保健品被骗的心理疑惑。

任务三：掌握老年人购物的行为特征，帮助老年人做好预防再次受骗的心理准备。

【任务分解】

任务一 了解老年人购买药品或保健品的需要，找出老年人购买药品或保健品的动机

对老年人购买药品或保健品的消费心理与行为的了解，有助于提高老年人购买药品及保健品的有效性，帮助老年人消费者摆脱购买过程中带来的烦恼。情境五、六中老年人购买药品或保健品被骗，要完成项目情境交给的"找出老年人购买药品或保健品的动机，掌握老年人购买药品或保健品的需要"这项任务，需要思考以下问题，并在此问题引导下，思考一系列细小的问题，这样才能更好地完成各项任务。

问题一：老年人为什么想购买药品或保健品？他们有需要吗？他们的购买力怎样呢？

情境五、情境六中，为什么那么多老年人会上当购买药品或保健品？它们真的有那么好的效果吗？老年人确实都有需要吗？要回答这些问题就需要了解老年人的购买欲望和购买力，以及老年人消费的基本需要和生活方式。（参考知识内容，见"任务导入一"）

任务二 分析老年人被骗的原因，帮助老年人解开购买药品或保健品被骗的心理疑惑

对老年人购买药品或保健品的消费心理与行为的了解，有助于提高老年人购买药品及保健品的有效性，帮助老年消费者摆脱购买过程中带来的烦恼。情境五、六中老年人购买药品或保健品被骗，要完成项目情境交给的"分析老年人被骗的原因，帮助老年人解开购药或购买保健品被骗的心理疑惑"这项任务，需要思考以下问题，并在此问题引导下，思考一系列细小的问题，这样才能更好地完成各项任务。

问题二：老年人为什么会受骗？他们是真的需要这些药品或保健品，还是另有原因呢？

情境五、六中，老年人为什么会去买药品或保健品？他们真的有需要吗？他们为什么会上当受骗？骗子利用了老年人的哪些心理现象和行为表现？要回答这一系列问题就需要了解老年人的消费心理特征。（参考知识内容，见"任务导入一"）

温馨提示

老年人防骗宝典

如今街头骗子无处不在，有卖钻石项链的、卖金手表的、换外币的，还有冒充神医骗钱的。而由于老年人行动迟缓，反应缓慢，防范能力较弱，更是经常成为不法分子的侵害目标，下面介绍十种关于老年人防骗的招数。

（1）老年人上街或外出散步时，如突然有人自称是您或家人的熟人，主动与您握手、拥抱时，您应留意您的金银首饰或财物，防范被窃取、抢走；

（2）在自己家或在路上，遇有和尚、尼姑、道士打扮的陌生人敲门或打招呼，并极力向您讨好求救时，您千万不可轻信或带其进家门，这可能是陷阱的第一步，接下来便可能使用花言巧语引诱您，最终诈取您的钱财；

（3）若有残疾人到您家或店铺兜售物品、求助时，您一定要谨慎，严防被假象迷惑而被侵财；

（4）平时自己的身份证、户口簿、房产证或其他证照应妥善保管，万不可转借他人，否则将可能有意想不到的麻烦或损失；

（5）当有人向您兜售金银财宝或文物、古董时，一定要警惕，谨防花巨款买来一文不值的破铜烂铁；

（6）无意中发现地上有贵重财物，同时又有人要与您平分时，您一定要头脑清醒，也许这正是骗子设的圈套；

（7）当您带有钱财准备购物、看病时，不要与陌生人搭腔，也许他们以有生意要合作，以高额回报为诱饵把您骗至人烟稀少的地方，然后再与同伙配合，实施抢、骗或偷盗您的钱财；

（8）从银行或邮局支取现金时，一定要谨慎，防止有人窥视。如有人提示您钱掉地上了，您一定要警惕，防止卡被人调包；取钱后，若有陌生人主动跟您搭话，应及时脱身或报警求助；

（9）一旦有人向您兜售假币、残币、错版币、外币时，万不可轻信，其巧妙的手段会让您因发财心切而上当受骗；

（10）如有人摆地摊卖药，周围又有人称效果不错等，您要小心了，这有可能是托儿在诱骗您。

任务三　掌握老年人购买药品或保健品的行为特征，帮助老年人做好预防再次受骗的心理准备

对老年人购买药品或保健品的消费心理与行为的了解，有助于提高老年人购买药品及保健品的有效性，帮助老年消费者摆脱购买过程中的烦恼。情境五、六中老年人购买药品或保健品被骗，要完成项目情境交给的"掌握老年人购买药品或保健品行为特征，帮助老年人做好预防再次受骗的心理准备"这项任务，需要思考以下问题，并在此问题引导下，思考一系列具体的问题，这样才能更好地完成各项任务。

问题三：应该怎样帮助老年人预防受骗呢？

情境五、情境六中，老人上当受骗有哪些心理和行为表现？如何帮助他们做好防骗的准备？要回答这些问题，就需要了解老年人的消费心理与行为特征以及老年人防骗的基本技巧。（参考知识内容，见"任务导入一"）

小知识

对于老年人来说，防骗技巧有哪些呢？

首先，要牢固树立有病就医的观念，切不可盲目听信广告宣传和所谓健康讲座、专家义诊等推荐的药品(多数是以保健食品或普通食品充当药品)。

其次，要增强自身的鉴别能力。不管广告做得如何天花乱坠，一定要看它包装盒上的批准文号，是"国药准字"还是"国食健字"或"卫食字"，只有前一种是属于药品系列，后两种则是保健食品或食品类，不能起到治病的作用。

再次，要树立正确的健康观念。中老年人体质和免疫能力下降，属正常的生理变化，不必因此过分劳心费神，只要保持积极的生活态度、健康的心理状态、适当的体育锻炼，是能够顺利度过晚年。

最后，子女应该做好家中老年人的防骗教育，引导他们树立正确的财富观念，不要有迷信思想。多用一些具体的事例让他们多了解社会上的不良现象，树立正确的防范意识。

【任务导入三】

面对情境七，你需要完成以下任务。

任务一：从店家的经营过程中，找出老年人的消费需求类型、消费心理和行为。

任务二：进行老年人消费心理与行为分析，向老年产品经营者推荐老年人急需的产品。

任务三：根据老年人的消费心理与行为，制定出赢得老年人信任的营销策略。

【任务分解】

任务一　从店家的经营过程中，找出老年人的消费需求类型、消费心理和行为

对老年人消费心理与行为的了解就是为了帮助老年人有效地进行消费，摆脱老年人消费过程中的烦恼。情境七是从老年消费品经营者的角度，体现经营者如何根据老年人的消费心理与行为表现来满足老年人的消费需求，避免因消费不顺利给老年人带来不良情绪，影响他们晚年的生活。要完成项目情境中"从店家的经营过程中，找出老年人消费需求的类型、消费的心理和行为"这样的任务，需要思考以下问题，并在问题引导下，更好地完成各项任务。同时，也可以引导学生采取头脑风暴、角色扮演等方式，根据项目情境完成每一项任务。

问题一：老年人有哪些消费需求？老年人消费心理与特征有哪些？

情境七中的王女士了解老年人的需求以及他们的心理与行为特征吗？表现在哪些方面？她在挑选服务员和"讨好"老年人方面有哪些表现？这些表现都反映了老年人的哪些心理与行为特征？要回答这些问题就需要了解老年人的生活方式、购物需求、消费心理与行为特征等。

任务二　进行老年人消费心理与行为分析，向老年产品经营者推荐老年人急需的产品

对老年人消费心理与行为的了解就是为了帮助老年人有效地进行消费，摆脱老年人消费过程中的烦恼。情境七是从老年消费品经营者的角度，来体现经营者如何根据老年人的消费心理与行为表现来满足老年人的消费需求，避免因消费不顺利给老年人带来不良情绪，影响他们晚年的生活。要完成项目情境中"进行老年人消费心理与行为分析，向老年产品经营者推荐老年人急需的产品"这样的任务，需要思考以下问题，并在问题的引导下更好地完成各项任务。

问题二：王女士是怎样向老年人推荐产品的？

情境七中的王女士了解老年人急需的产品吗？她是从哪些方面做出判断的？她又是如何向老年人推荐产品的？要回答这些问题，就需要了解老年人的消费心理与行为特征。（参考知识内容见"任务导入一"）

🔘 小知识

色彩与心理、行为

红色与勇气、生命力、性、安全感、力量、愤怒、挫折等有关。红色最具有激情，它刺激脑电波活动，增加心率和血压，有助于治疗消除忧郁症状，狂躁者严禁使用红色，心脑血管病患者禁用红色。

纯度较低的红色比如玫瑰色或粉色是温馨自然的，可以消除肌肉疲劳，舒缓心率紧张，保持情绪稳定。减少由于爱恨、恐惧、嫉妒、灰心、愤怒、吝啬等产生的行为问题。

橙色与幸福感、创造力、亲密、惊恐、依赖、分离等有关。橙色和橘红色主要掌控创造性和表现力，有助于改善精神和情绪上的过失，避免生活中的罪行、过度欲望和控制问题。橙色虽然不如红色那么刺激，但同样可以愉悦人的心灵，有助于缓解人的疲劳。

黄色与奉献、抱负、胆小、焦虑、开心、决心等有关。黄色是色彩中明度最高的颜色，是一个比较矛盾的色彩，对于健康者可以起到稳定情绪、增强食欲的效果，但对于悲观失落、情绪紧张的人又会使他们更加胆小。黄色是智慧的色彩，主宰个人的权力和世界中的自我意识、认知等。这有助于提高自尊、自信和主观能动性。

绿色与爱、信任、宽容、平衡、空间、方向感、嫉妒等有关。绿色是由黄色和蓝色调配而成的，它包含着黄色的暖意和蓝色的宁静，平静而中庸，具有消除眼疲劳、舒缓紧张的效果。绿色使人感觉自由轻松。绿色有助于缓解抑郁症、焦虑和神经衰弱的症状。

蓝色与沟通、权力、阳刚、决策力、专注、宁静、真实等有关。蓝色是让人镇定的颜色，它能够让人们冷静下来，使人容易控制自己的情绪，是心灵的镇静剂，可以治疗狂躁症，而抑郁症患者应尽量远离蓝色。蓝色使人学会对自己所做的一切担起责

任，克服谎言，增强个人意志力。

靛色与忧郁、通灵、直觉、预感、想象力、自我历程等有关；靛青色使人在心理上对真理产生敬畏，有助于提高理智、避免混乱等。

紫色与悲伤、逃避、内在认知、灵感、精神之爱、压抑的愤怒等有关。紫色是由红色和蓝色结合而成。它既有红色的热情又有蓝色的宁静，既不让人兴奋也不让人失落，这些特点让有些人感到不舒服。越深沉的紫色越能让人陷入宁静的沉思，但也容易使人忧虑，应适当节制。

黑色是最深沉的色彩，是夜的颜色，但黑色不代表绝望。虽然它常常与死亡、悲伤联系在一起，但黑色也象征着力量和成熟、权势，使用大面积的黑色可以展现自己的自信，增强自己的毅力。

白色是最纯洁的颜色，它对易发怒的人群可以起到调节情绪的作用。但是，白色容易让人感到单调无聊，因此，孤独症和抑郁症患者不适合长期在白色环境中居住。

灰色让人低沉无力，增强心理的失落感，使人易产生负面情绪。

在日常生活中，我们周围的色彩一定潜移默化地影响着我们的心灵，如果注重色彩的应用，会使我们的生活变得丰富多彩。性格外向、易冲动的人，可以让自己的生活里多一些冷色调，这样可以使你内心平静，消减心理压力。性格内向的人，应该选择暖色调，让自己的身心得到释放，避免因压抑而产生心理异常。

任务三　根据老年人的消费心理与行为，制定出可以赢得老年人信任的营销策略

对老年人消费心理与行为的了解就是为了帮助老年人有效地进行消费，摆脱老年人消费过程中带来的烦恼。情境七是从老年消费品经营者的角度，体现经营者如何根据老年人的消费心理与行为表现来满足老年人的消费需求，避免因消费不顺利给老年人带来不良情绪，影响他们的晚年生活。要完成项目情境中"根据老年人的消费心理与行为，制定出可以赢得老年人信任的营销策略"这样的任务，需要思考以下问题，并在问题的引导下更好地完成各项任务。

> **关键概念**
>
> 营销策略：市场营销策略是企业以顾客需要为出发点，根据经验获得顾客需求量以及购买力的信息、商业界的期望值，有计划地组织各项经营活动，通过相互协调一致的产品策略、价格策略、渠道策略和促销策略，为顾客提供满意的商品和服务以实现企业目标的过程。

问题三：怎样才能使自己的产品赢得老年人的信任？

情境七中王女士为什么能获得老年人的好感？她对商家的产品了解吗？她又是采取什么样的办法赢得老年人的信任的？要回答这些问题就需要了解老年人的消费心理与行为特征以及市场营销策略等。（参考知识内容，见"任务导入一"以及下文）

学一学

如何针对老年人消费心理进行营销

针对老年人的生活方式、心理需求等不同特征，企业或厂家应采取适当的市场营销组合策略。具体来说包括以下四个方面：

(一)产品策略：实用方便，针对性强

老年人通常有比较稳定的消费习惯和消费兴趣，这对于已拥有较大比例的老年消费者的生产企业来说，进行市场营销工作的负担就减轻了。因为这些老年消费者在购买所习惯的品牌或产品时，行为比较果断，满意程度也高。而那些尚未在老年消费市场中建立企业地位的，就应该利用各种方法，引导老年消费者形成对本企业产品的消费习惯。

由于城市老年人在购买商品时，基本受理性支配，考虑的是它的实用性、保健性、方便性，因此，要想真正吸引老年消费者，企业在开发老年产品时，一定要考虑老年人的生理和心理特点等因素，产品必须具有亲和力，并把重点放在以下方面。

(1)产品的实用性。企业在开发老年产品时，要考虑老年人的生理和心理特征，注重其实用性。产品，尤其是日常用品，要具有较高的使用价值。比如在吃的方面，老年人普遍喜欢食用一些易嚼、易消化且低脂、低糖、低胆固醇的食物。因此，老年食品应能满足老年消费者对解除饥饿、补充体能、平衡营养的需要。在穿的方面，服装要大方实用、舒适保健、易穿易脱，并随季节的变化而变化，满足老年消费者调节冷暖的需要。在用的方面，要求操作方便、安全可靠、说明详细、标志清晰、轻便实用等。华贵精美的包装或知名流行的品牌并不是老年消费者所追求的产品特性，但这并不是说企业不可以在产品包装和品牌形象上做文章、在老年消费产品的包装上，应该尽量美观大方，标识清楚醒目，最好用简单的图示来说明产品的用途和使用方法。产品的品牌名称应该简洁明了、朗朗上口，便于老年消费者对产品形象的记忆。

(2)产品的保健性。对于老年人来说，健康、长寿是重要的心理追求，对于这类商品，只要有效果，价格变化不会影响其购买力。因此，产品应符合老年人防病治病、追求健康的需要。比如，绿色食品、黑色食品等营养丰富的健康食品肯定能获得老年消费者的青睐；各种医药保健品和健身用品也会有很好的销路。另外，在开发产品的保健功能时，企业应该把传统产品的功能移植到新产品中去，并使新产品具有更多的功能。比如，河北省磁疗器械厂在传统的用以挠痒的"老头乐"的基础上，设计出多功能的"磁性健身锤"。此锤集磁疗、按摩、挠痒等功能于一体，既保持了传统产品的特色，又开发出了新的用途，投入市场后很受老年人的欢迎。

(3)产品的方便性。产品的功能应该可以减少消费者操作的难度、强度和重复操作的次数，提供更多方便。比如，食品最好是开袋即食或直接烹食，包装要小，以方便购买和携带；家用电器最好附有遥控装置或自动运行、自动定时断电的装置。此外，企业还应强化产品的质量，切实保障老年消费者的利益，以争取他们的喜爱。

(二)价格策略：物美价廉，优惠让利

老年人是成熟而理性的消费者，往往对价格具有较高的敏感性，价格高低直接影响着他们的购买决策，物美价廉、经济实惠是多数老年人购买商品的基本准则。这不仅由老年人的消费心理决定，而且也由其经济状况和承受能力决定。因此，企业在制定价格时，要进行合理的价格定位，尽量降低产品成本。一般而言，低价策略、薄利多销是企业的最佳选择。当然，企业也应了解，随着老年人生活水平的提高和生活方式多元化的发展，部分老年人特别是收入高的老年人对高档老年产品或服务已表现出较强的需求。因此，企业也可适当增加一些优质优价的高档产品，以满足这部分老年人的需求。同时，通过这种以高养低的做法来提高企业的盈利水平。

(三)促销策略：广告宣传，情感服务等

企业要针对老年市场的特点，综合采取多种多样的促销形式，以便有效吸引老年人的注意，促使其产生购买欲望，最终促使其实现购买行为，满足其需要。

(1)广告促销策略。针对老年消费者的广告，必须以真实为原则。在利用广告推销产品时，应以产品的实用、健康、方便等特性为重点进行宣传。针对老年人的实际需要，抓住他们的所思所想以及产品固有的性能去介绍和宣传。而不能夸大其词，甚至欺骗老年消费者，以至于失去老年消费者的信任而招致营销失败。

另外，针对老年消费者的惯性心理，注重"老字号""老品牌"等传统商标品牌的宣传，一般不应经常更换商标和店名，以巩固原有市场空间。

(2)营销推广策略。由于老年人较为理性，具有较强的求实动机，因此，能给老年人带来实惠、能表明产品质量、促使老年人放心购买的营销推广方式，往往对老年人的购买欲望与行为有着较大的影响。如允许老年人试用、品尝、以旧换新等都是对老年人最有吸引力的营销推广形式，恰当地运用这些推广形式有利于提高产品的促销效能。

(3)形象促销策略。企业可通过提供高质量产品和优质服务、进行公益性活动等途径，在老年人及社会公众心目中树立良好的企业形象，并时刻重视维持这种形象，以达到保住老顾客、赢得新顾客的目的。

(4)情感促销策略。企业应抓住社会关心、尊重老年人以及老年人渴望与人接触、渴望人间温暖、渴望得到社会与家人的尊重与关注的心理，将"情"字贯穿于营销活动的始终，处处为老年人着想，做到以情动人，以情感人，使营销活动更具人情味，以真情吸引老年消费者，以真情博得社会公众的好感。

(5)分销策略：连锁经营，开设专柜。老年人一般体力不足，活动范围有限，企业在分销渠道设计方面，应以方便购买为指导思想，尽可能选择老年商场、老年专卖店、老年便利店、老年专柜销售老年产品，并对销售网点合理布局，使其尽量接近老年人生活地、聚集地。另外，也可采用邮购销售、电话预约销售、网络销售、上门销售等

直销形式，热情为老年人提供商品介绍、购物咨询、代办手续、送货上门、安装调试、免费上门维修保养等服务项目，最大限度地为老年人提供方便，增加利益。

此外，还应加强销售渠道终端的建设与管理，在商品摆放、店铺服务设施、服务项目设置等方面，照顾到老年人的生理和心理特点，加强与老年人的情感沟通，进行周密的布置。比如，对销售终端进行适宜的包装，各种张贴或悬挂的宣传横幅、店面牌、广告牌等要进行合理的规划、设计与布局，以吸引老年人的注意力。老年商品的陈列方面，位置高度要合适，标价要清晰明了，手续要简单，便于老年人选择与购买。老年人购买大件商品时，尽量做到送货上门，帮助安装调试，详细讲解使用方法及注意事项，以提高老年消费者的满意度。同时，充分利用老年群体的相互交流的宣传功能，拓宽消费市场。

企业还应考虑老年群体需求的多样性、层次性和复杂性，提供适合不同年龄、地域、性别、文化、个性、收入和消费方式的老年人所需的商品，搞好产品线决策。

小知识

某服装企业在为老年人提供服装时采用了以下营销措施。

（1）在广告宣传策略上，着重宣传产品大方实用、易洗易脱、轻便、宽松等。

（2）在媒体的选择上，主要是电视、报纸与杂志等。

（3）在信息沟通的方式方法上，主要是介绍、提示、理性说服，避免炫耀性、夸张性广告，不邀请名人明星。

（4）在促销手段上，主要以价格折扣、展销会等为主。

（5）在销售现场，生产厂商派出中年促销人员，为老年消费者提供热情周到的服务，为他们详细介绍商品的特点和用途，若有需要，便送货上门。

（6）在销售渠道的选择上，主要选择大商场，靠近居民区的，并设立老年专柜或店中店。

（7）在产品的款式、价格、面料选择上分别采用了"以庄重、淡雅、民族元素为主""以中低档价格为主""以轻薄、柔软为主"，适当配以福、寿等具有喜庆寓意的图案。

（8）在老年顾客的接待上，厂家再三要求销售人员在接待过程中要不徐不疾，以介绍质量可靠、方便健康、经济实用的产品特点为主，在介绍品牌、包装时，需注意顾客的神色与肢体语言，做到适可而止，不进行硬性推销。

实施步骤

步骤一：准备工作

（1）环境准备：要求教室清洁卫生，宽敞明亮，配有活动桌椅，设备能正常使用。

（2）材料准备：一是各项目情境资料及学生预习准备的相关资料；二是白纸、彩笔、胶带、剪刀等。

（3）人员准备：根据项目情境，将全班学生分为几个小组，选出小组长，负责带领团队完成项目任务。

步骤二：分配项目情境，布置项目任务

将各项目情境分别发给每一个小组，并提出每个项目情境的任务及要求。具体要求：熟悉项目情境——制订工作计划完成项目情境任务——写出实施提纲——代表发言汇报——全体评价。

步骤三：制订工作计划

各小组组长负责制订项目工作计划的草案，教师对计划草案进行审核、指导，确定最终的工作计划，并确定详细的工作步骤和程序。

步骤四：实施计划

各小组成员根据项目情境中的任务要求，进行任务分解，确定每位成员在小组中的分工以及小组成员合作的形式，然后按照已经确立的工作步骤和程序实施。其间可参考教材及相关资料，也可以上网查询相关资料，提出问题，讨论交流等。并以提纲的形式，写出问题解决方案或措施。

步骤五：检查控制

在整个活动过程中，教师对活动过程中的工作过程和质量进行督导、检查和控制，发现问题及时引导或纠正。

步骤六：成果展示

以小组为单位，对任务完成的过程做分析汇报。其他小组可以提出问题或意见、建议，进行讨论交流。最后，各小组修改、完善，并提交作业（汇报材料或视频材料等）。

步骤七：实施效果评价

讨论质量监控结果和下一步改进策略。可先以小组为单位，由各小组派代表对自己项目完成过程中的优点与不足进行自我评价，然后其他小组共同讨论、评判项目进程中出现的问题、学生解决问题的方法以及学习行动的特征（其间教师起着启发、引导、监督、控制等作用）。通过对比自评与他评的评价结果，找出造成评价结果差异的原因，最后教师做出总结性评判。

步骤八：归档与结果应用

学生首先把项目学习的工作结果归档，存放在教师处，以备将来抽查或做对比研究。然后再把项目学习的工作结果应用到养老机构的实习或课外实践项目中检验、反馈、提高。

能力检测

【情境】电视购物骗局专杀熟 77 岁老人半月被骗 3 次

家住北仑的 77 岁戴师傅虽近古稀之年，却是有着四年电视购物经历的"购物达人"。但是最近半个月的 3 次经历，却让他对电视购物产生了警惕心理。

购物达人半个月被骗三次

"由于您是电视购物的老客户，我们最近搞活动、免费送您一台价值四五千元的手提电脑，只要付 1700 元的税就能得到，3 个月内有问题都可以换。"今年 8 月 26 日，戴师傅接到某购物中心的一名王姓工作人员打来的电话。戴师傅觉得划算，便购买了。

"我不懂电脑，过了几天我孙子来了，我才知道这电脑是劣质产品，根本无法启动也不能使用。"戴师傅说，而且快递单上没有详细的地址，只能辨认是一个叫"王胜"的人从杭州快递过来，还留有一个电话号码。9 月 3 日，戴师傅的孙子亲自把电脑带到杭州去找这个所谓的"王胜"退货，然而对方不肯透露公司名称和公司地址，结果这台电脑就成了他家的摆设。

一波未平一波又起，9 月 4 日，一位自称是上海某东方电视购物中心的"工作人员"也给戴师傅打来电话，称购买一台价值 1180 元的平板电脑，可送价值 18000 元的电视机。

戴师傅又冲动了。但是对方表示，戴师傅必须承担 498 元的保险运费。戴师傅答应后，平板电脑第二天就送到了。但是那台预付了保险运费的万元电视机却迟迟没到。

戴师傅觉得蹊跷，联系"工作人员"。"工作人员"查看记录后，表示货物送错了地方。戴师傅心凉了半截，向"工作人员"提出退订。快递人员上门一检查，表示平板电脑有划痕，不能退，但是戴师傅说自己根本就没有打开过。

两星期不到，戴师傅又接到电话，同样是说只要付少量的钱就能得到一份丰厚的大礼包。戴师傅购买后结果花费了数百元，却什么礼品也没有得到。

北仑新碶消保分会工作人员得知情况后，多次与"中国电视购物会员中心工作人员"联系，但都未能联系上。随后他拨打了承担派送业务的快递公司，最终在消保委的协调下，戴师傅获得了 3184 元退款。

【任务】面对以上情境，你需要完成以下任务。

任务一：找出戴师傅被骗的心理原因。

任务二：进行心理分析，帮助戴师傅解开心理疑惑。

任务三：帮助戴师傅做好预防再次受骗的心理准备。

【问题】为完成上述任务，你需要思考以下问题。

问题一：戴师傅为什么会一而再、再而三地上当受骗？

问题二：怎样才能让戴师傅弄清楚上当受骗的心理原因？

问题三：如何才能让戴师傅不再上当受骗？

知识梳理

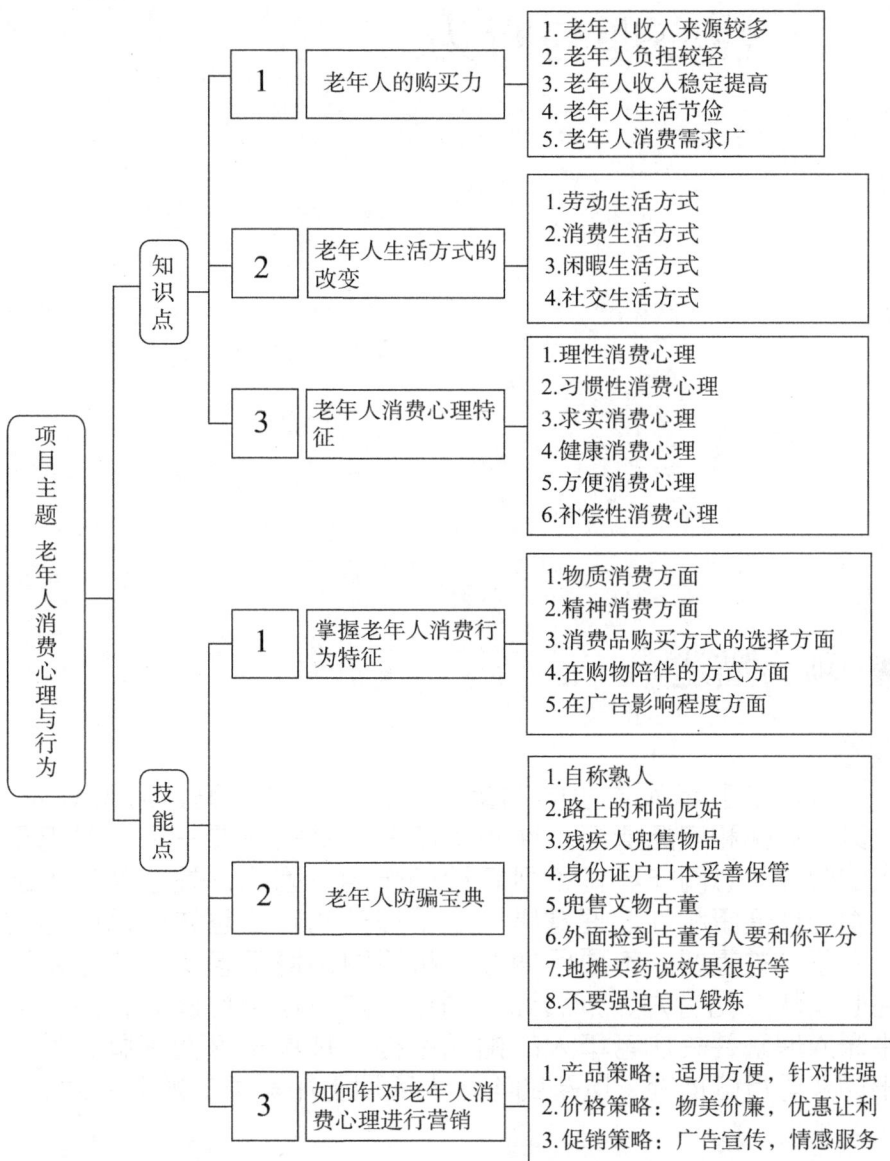

		1 老年人的购买力	1.老年人收入来源较多 2.老年人负担较轻 3.老年人收入稳定提高 4.老年人生活节俭 5.老年人消费需求广
项目主题 老年人消费心理与行为	知识点	**2** 老年人生活方式的改变	1.劳动生活方式 2.消费生活方式 3.闲暇生活方式 4.社交生活方式
		3 老年人消费心理特征	1.理性消费心理 2.习惯性消费心理 3.求实消费心理 4.健康消费心理 5.方便消费心理 6.补偿性消费心理
	技能点	**1** 掌握老年人消费行为特征	1.物质消费方面 2.精神消费方面 3.消费品购买方式的选择方面 4.在购物陪伴的方式方面 5.在广告影响程度方面
		2 老年人防骗宝典	1.自称熟人 2.路上的和尚尼姑 3.残疾人兜售物品 4.身份证户口本妥善保管 5.兜售文物古董 6.外面捡到古董有人要和你平分 7.地摊买药说效果很好等 8.不要强迫自己锻炼
		3 如何针对老年人消费心理进行营销	1.产品策略：适用方便，针对性强 2.价格策略：物美价廉，优惠让利 3.促销策略：广告宣传，情感服务

项目四 老年人的婚姻心理和性心理与行为

项目描述

　　婚姻是老年人生活中的重大事件，深刻影响其心理健康，尤其是抑郁和焦虑情绪。性心理作为婚姻的重要一环，对老年人的心理状态同样具有不可忽视的作用。因此，关注老年人的婚姻心理健康和性心理健康，对于提升他们的整体生活质量和幸福感至关重要。本项目通过分析不同情境下老年人的婚姻与性心理状态和行为、开展深入讨论、进行角色扮演等，引导学生深入理解并关注老年人的婚姻幸福。并基于这些理解，设计出切实可行的措施，以帮助老年人实现更加美满的婚姻生活。

子项目一

老年人婚姻心理与行为

项目情境

【情境一】54年恩爱情，老人用诗歌回味

"夫妻真情重泰山，彼此恩爱如婵娟"，这是80岁的王春湖老人写给老伴的诗句，他想用这种方式，与同龄妻子姜天赞共同回顾54年的夫妻恩爱情。王春湖生于1926年，河北人，与他同龄的妻子是山东人。54年的婚姻生活，夫妇俩非常恩爱，从未红过脸，更没吵过嘴。王春湖说，"能遇到她是这辈子的福分，我欠她很多。"让他记忆最深的事发生在1990年，"我突发大面积心肌梗死，抢救后捡回一条命，可大小便无法自理，老伴在病床旁照顾我整整40天，我非常感谢她。"王春湖回忆。2005年底，王春湖再次住院，病床上他想起两人生活片段，想到用写诗歌的方式回顾这段感情。今年年初，没上过学的他用自学的知识，背着老伴写起了抒情诗歌：……待到梦想成真时，结拜天地谢苍天……春节期间，王春湖将写好的诗歌读给老伴，老伴很感动。王春湖讲，今年夫妻俩同为80岁，他要把诗歌作为送给妻子的生日礼物，希望彼此永记这段甘苦与共的夫妻情。

【情境二】争吵一辈子的婚姻

俗话说"少年夫妻老来伴"，张大爷和王大妈走过了50年争嘴婚姻，两老吵了又好，好了又吵，但终归白头偕老。膝下两子均已参加工作，二人都称早年结婚时并无感情基础，婚姻并不如意，婚后又因性格不合常发生争吵，一辈子凑合着也就这样过来了。

【情境三】八旬老翁嫌妻子太节俭竟提出离婚

持续60年的婚姻被称为"钻石婚"，意味着婚姻的忠贞不渝、坚如钻石。但一位八旬老翁老张却在和妻子共结连理后的第61年，将老妻告上法庭要求离婚。主要理由是嫌老妻生活太过节俭。日前，上海市青浦区法院一审判决，对老翁的诉讼请求不予支持。

老张今年80岁，61年前经人介绍与小自己两岁的伍某结婚，婚后两人育有三子。在过去的艰难岁月里，虽然经常吃不饱、穿不暖，但两人相濡以沫，共同养育孩子，也算是苦中有乐。1971年老张工作调动，两人终于结束了分居生活，一家人和和美美地过上了幸福日子。

但老张夫妇退休后，两人之间的矛盾逐渐暴露了出来。老张认为，儿子们现在都已成家立业，该是反哺自己的时候了；况且自己年轻的时候吃了那么多苦，到了老年应该好好补偿一下。因此老翁的滋养品经常一买一大堆，向孩子们伸手要钱也是常有的事。此举遭到了节俭了一辈子的老伴的反对。两人由此产生了矛盾，后来甚至分室而居、分灶吃饭。但老妻还是劝告对方要节俭，并希望他能和自己一起吃泡饭、咸菜。为此，老翁一怒之下将其告上法庭，要求离婚。老妻在收到法院传票后觉得十分意外，坚决不同意离婚。

青浦区法院经过审理认为，原被告双方风雨同舟六十余载，培养了较为深厚的夫妻感情；两人若能加强沟通并能相互理解，夫妻矛盾是能解决的。据此判定，对老翁的诉讼请求不予支持。

【情境四】60 后夫妻离婚上法庭，法官调解和平分手

原告李叔叔，一位年逾花甲的老人，将共同生活近二十年的妻子王阿姨告上了法庭，要求解除婚姻关系，并追偿在婚姻关系存续期间为抚养王阿姨与前夫所生儿子所支付的费用。

李叔叔与王阿姨于 2003 年重组家庭，携手共度了十多年的岁月。然而，2018 年，王阿姨为了帮儿子照顾孩子，离家前往外地，从此便很少回家，两人的关系逐渐疏远。李叔叔独自一人生活在老家，倍感孤独，最终决定通过法律途径结束这段婚姻。

庭审中，双方情绪异常激动。李叔叔坚称，王阿姨的离家不仅伤害了他们的感情，还让他在经济上承受了巨大压力，他要求王阿姨归还婚姻期间为抚养其儿子所支付的费用。而王阿姨则坚决不同意离婚，她声泪俱下地回忆了自己自 2003 年以来对这个家庭的默默付出，认为李叔叔的诉求完全是无理取闹。

面对这对老夫妇的激烈争执，承办法官深知，简单的判决或许能迅速结案，但难以真正化解双方心中的怨气，于是决定通过调解处理。在调解过程中，法官首先让双方充分发表意见，通过耐心倾听与情感共鸣，双方逐渐冷静下来，开始理性地看待问题。接着，法官从法律角度对双方的诉求进行了分析。经过多轮协商，李叔叔同意放弃追偿抚养费用的诉求，而王阿姨也理解了李叔叔的孤独与不满，同意离婚。

【情境五】新婚 4 个月妻子出走，老汉苦等 11 年诉离婚

于先生在 50 岁时娶了小自己 10 岁的王女士，不料王女士结婚仅 4 个月便离家出走，于先生足足等了 11 年。近日，于先生向通州法院起诉要求离婚，获得了法院支持。

于先生说，10 多年前，他和王女士经人介绍认识。2003 年 8 月份，他们在北京市通州区民政局登记结婚。然而，婚后四个月王女士便离家出走，他及家人通过各种途径找寻了王女士 11 年，却一直没有王女士的音讯。眼看自己年龄越来越大，身边没有个知心人陪伴与照顾，于先生最终决定将王女士诉至法院，请求法院判决解除他们的婚姻关系。

法院受理案件后，与王女士户籍所在地村委会进行联系，通过电话、邮寄等多种方式仍旧无法联系到王女士，最终选择公告方式送达了起诉书和传票。开庭时，王女士没有到庭。考虑到于先生的情况，法院最终判决支持了他的诉讼请求。

【情境六】关注老人再婚，重组家庭也有春天

齐女士是一位上山下乡的知青，48 岁时离婚，带着唯一的儿子回到了天津，住在父母留下的一居室。儿子谈婚论嫁时，因没有购买婚房的能力，母亲为了儿子能结婚，想到了再嫁，给儿子腾地方。见过了几个年龄相当的男士后，都因齐女士无正式职业而作罢。别人劝她，要不你找个有房、收入又高的离休干部。可是，离休干部大多在 65 岁以上，思来想去，为了儿子结婚，也为了自己有安稳的生活，便想通了。

后来经人介绍，她认识了 72 岁的公安离休干部刘先生。刘先生每月有 1700 多元离休费，有住房，儿女也都已结婚另过。刘先生与齐女士认真考虑后取得了一致意见。在住房上约定，只要齐女士为刘先生送终，再婚五年后，刘先生的一居室住房的所有权就变更到齐女士名下。二人再婚时，刘先生 73 岁，齐女士 51 岁。刘先生不会做饭，老伴儿去世后，生活无人照料。有了齐女士，生活有条有理，身体健康了许多。齐女士也因此有了稳定的生活来源，而且一辈子不用为住房担心了。一向苦闷的脸，呈现了笑容。齐女士的儿子结了婚，也过上了幸福的小日子。刘先生的儿子十分感谢齐阿姨照料自己的父亲。

【情境七】八旬单身汉想要再婚不容易

由于老年人生活圈子狭小，找配偶方式单一，加上婚后财产分割、儿女反对等问题，使一些有再婚想法的老年人对自己再婚之事一拖再拖。近日，家住丹东市孤山街道东红楼社区的 80 岁单身老人董老汉向记者诉说了老年人再婚的不易。

董老汉今年 80 岁，过了 20 多年单身生活，一直想找伴侣，但因平时圈子太小，找老伴比较困难。董老汉说，前几年为找伴侣，他去过两次婚介所，都没有找到合适的。

几个月前，通过朋友介绍，董老汉结识了 60 多岁的王老太，见了几次面以后双方感觉都不错，董老汉觉得女方善解人意，心眼又好，于是便确立了恋爱关系。经过几个月的接触，几天前，董老汉觉得两个人相处得不错，想和王老太登记结婚，于是便把想法告诉了儿女。谁知，此举遭到了儿女的强烈反对。儿女给出的理由是：恋爱可以，结婚不可以。大女儿告诉记者，现在父亲已经 80 岁了，女方才 60 多岁，两人年龄差距太大；此外，老太太还没有退休金，都这么大年纪了，登记结婚实在没有必要，儿女们颇为担心。

董老汉介绍，自己的朋友中有很多是"再婚"的，但他们只是简单地"在一起"，并没有领取结婚证。董老汉说，一旦涉及财产分割以及儿女赡养的问题，两位老人的关系就可能会破裂。现在自己也遇到了这种问题，为了避免与儿女发生矛盾，董老汉只好放弃结婚的念想，只和王老太保持恋爱关系。

【情境八】老人再婚，成年子女对继父母无赡养义务

温先生与黄女士经人介绍而再婚组成家庭，双方的儿女都已成家立业并对老人的婚事表示支持。但是在实际生活中，温先生的子女只会给温先生一些生活费用，并不会给黄女士任何生活费。对此，黄女士非常气愤，她觉得自己也是温先生子女名义上的母亲，但温先生的子女对自己没有尽到赡养义务。就此，黄女士想咨询律师，她能向温先生的子女要生活费吗？

【情境九】"婚外恋"困扰老年人

前不久，家住南昌市的七旬潘老太来到江西省妇联权益部，投诉其老伴"红杏出墙"。潘老太声泪俱下的叙述让在场的人感到既同情又不可思议。老年人"婚外恋"现象再一次引起了人们的关注。

据潘老太称，她与丈夫周某是结婚已近50年的老夫老妻了。退休后的周某没事就去茶楼、舞厅等地方，在这些场所里，周先生认识了一位50多岁的查女士，不久两人就有了同居关系。开始两人还是有些隐蔽的，可被潘老太知道后，周先生就光明正大地将查女士带回家了。在家的场景，潘老太说出来人们都很难相信，潘老太被安排在客厅住，周某反而与查女士一起住到房间里。他们俩在房间里常常是大声地打情骂俏，而潘老太一开口，周先生就对她拳打脚踢。

记者采访中还了解到，老年人离婚案近年来呈上升趋势，其中不少是因"婚外情"引起的。"婚外情"已越来越多地困扰着老年人。而让人忧虑的是，老年人婚外恋以及非婚同居现象，目前还没有行之有效的解决办法。有关专家也由此呼吁，希望社会能为老年人提供一个健康的生活环境，让他们真正安享晚年幸福生活。

【情境十】两七旬老人婚外恋，小三老妇公交车上狂扇老翁

某日，在福州工业路一辆行驶的公交车上，两名70多岁的大爷大妈吵了起来，大爷被大妈打了两巴掌。乘客见状后立即报警。台江义洲派出所民警赶到后，将两人带到派出所询问。

陈大爷，今年76岁，已有家室。由于口才好，他退休后常在公共场所义务为老人举办时事讲座，有了不少"粉丝"。74岁的黄大妈就是其中一个铁杆"粉丝"。黄大妈今年74岁，中年丧夫，但善于保养，看上去比较年轻。被陈大爷吸引后，她借故与之接近，一来二往，两人就私下走在一起。由于陈大爷子女早已成家，另居他处，其妻年纪也大，很少外出活动，两人时常一起下馆子，也没被家人发现过。但好景不长，由于陈大爷经常掏钱为两人外出活动买单，仅靠退休金过日子的他有点吃不消了，就有意断绝交往。前日中午，陈大爷提出分手，黄大妈提出赔偿遭拒，扇了对方两个巴掌。民警通知陈大爷女儿到场，双方称会自行私下处理，之后各自离开。

项目目标

能力目标：

(1)能够针对老年人的心理与行为表现，判断老年人的婚姻现象。

(2)能够根据老年人的行为表现，掌握老年人幸福婚姻、离婚、再婚、婚外恋等婚姻现象的心理特点。

(3)能够针对老年人的各种心理现象与行为表现进行调适。

知识目标：

(1)掌握老年人的婚姻心理及行为表现特点。

(2)了解婚姻对老年人的意义及潜在危机。

(3)掌握针对老年人各种婚姻心理的应对措施。

情感目标：

(1)培养学生重视老年婚姻的意识。

(2)培养学生甘愿做老年人幸福婚姻催化剂的愿望，形成"以为老人服务而感到自豪"的责任感和使命感。

(3)时刻做到同情理解老人，关心爱护老人，尊重服务老人。

项目任务

【任务导入】

面对情境一至情境五，你需要完成以下任务。

任务一：观察老年人的婚姻，能够掌握幸福婚姻对老年人生活的意义。

任务二：针对老年人离婚现象，能够学会掌握老年人离婚的心理特征及应对方法。

任务三：针对老年人再婚现象，学会掌握老年人再婚的心理及其应对方法。

任务四：针对老年人婚外恋现象，学会掌握老年人婚外恋心理及其应对方法。

【任务分解】

任务一 观察老年人的婚姻，能够掌握幸福婚姻对老年人生活的意义及老年人婚姻呈现的特征

对老年人婚姻心理与行为的了解就是为了帮助老年人摆脱婚姻中潜在的危机。上述老年人婚姻情境中，要完成上面的任务，需要思考以下问题，并在问题引导下更好

地完成各项任务。

问题一：幸福婚姻对老年人的意义是什么？

情境中的老年人在婚姻生活中各自感受不同，婚姻对于老年人的意义是什么？老年人的婚姻有何特征？

"少年夫妻老来伴。"当人生步入晚年，婚姻生活对于老年人的重要性尤其显著，对老年人的身心健康有着不可估量的影响。老年夫妻之间的关系既是爱人、亲人，也是伴侣。世界上任何两个人的相处都是需要经营的，老年人的婚姻尤其需要细心呵护。

学一学

老年人的婚姻

（一）婚姻对老年人的意义是什么

爱情与婚姻是人类永恒的话题，花前月下、两情相悦并不只是年轻人的专利，进入人生夕阳期的老年人同样需要情感的慰藉、爱情的滋润。老年人的婚姻与年轻人不同，一方面受传统思想、习俗的影响，受到的束缚较大；另一方面又受自然条件、生理条件的影响，形成独特的婚姻状态。人们常说："少年夫妻老来伴。"老年人从缔结婚姻到生儿育女，风雨同舟数十年，携手经历人生的顺境与逆境，分享人生旅途上的成功与失败、欢乐与悲伤。由于长期的生活，形成了相互依赖、"相依为命"的心理。老年人的生活要得到充实，必须经济上有保障，身体健康或无重大疾病，有若干知心朋友，与家庭成员关系协调和睦等；此外，还必须有一个美满的婚姻。因此，老年人的婚姻美满对提高老年人晚年生活的质量有重要意义。

1. 良好的婚姻有助于老年人身心健康

据国外对老年人问题的研究，单身老年人在结婚交友前，有36％的男女老人希望早日了此残生，而找到对象和结婚之后，这一比率几乎降到了零。追踪调查100余名65岁以上的丧偶老年人10年，发现重新结婚者心情舒畅，疾病减少；而没有再婚、一直孤身生活的老年人，却心情抑郁，郁郁寡欢，发病率与死亡率都远远高于再婚老年人。33名再婚老人中仅有3名因慢性病而死亡；而27名鳏寡老人中却有14名因得重病死亡。不少再婚老年人都自我感觉"返老还童"了、"不再受病魔折磨"了、"生活得更有活力"了。现代医学研究也认为，恩爱的夫妻、和谐的家庭能够使人保持舒畅的心理状态，避免恶性情绪的刺激，从而使双方身心处于最佳状态，降低罹患与心理平衡失调有关疾病的概率，如高血压、冠心病、胃溃疡、老年性精神障碍、恶性肿瘤等。可见，老年人的美满婚姻确实是提高老年人生存质量的"灵丹妙药"。

2. 有利于老年人在情绪上得到满足

老年人的婚姻美满，除了性欲上的满足以外，更重要的是老年夫妇之间情感融洽，亲密无间，相互关心和爱护，相互鼓励和帮助，共同分享欢乐与痛苦。这样的婚姻关系，即使退出社会生活的主流，也可以在家庭中感受温馨，消除孤独感，增添自信心，从而使家庭生活更加幸福与愉快，达到延年益寿的目的。

3. 良好的婚姻对于空巢阶段具有特殊价值

目前，中国家庭人口已呈现"倒三角形"结构，家庭规模不断趋于小型化，年轻人和父母更趋向于各自独立居住，此时伴侣就成了老年人生活中最主要的交流对象。如果有良好的婚姻，夫妻恩爱，感情融洽，相互勉励，就可能避免产生这样的心理问题。另外，老年夫妻之间的互相照料还可以提高生活和精神上的自立程度，减轻子女的养老负担。

(二)老年人婚姻的特征是什么

老年人的家庭特征也与其他年龄人口的家庭有本质的区别。老年人的家庭已进入生命周期的最后阶段，预示着一代人家庭生活的结束。老年人家庭的规模，也随着老年人老化过程，老年人在家庭中的地位的调整而发生变动。进入老年期后，生理和心理都出现了一系列的变化，这对于夫妻关系是一个严峻的考验。再加上老年人从工作岗位退下来后生活范围缩小，闲暇时间增多，儿女长大离家，朝夕相处的几乎只有老伴，时间一长难免会出现以前不曾有的矛盾和问题。因此，如何过好退休后的家庭生活，仍是老年夫妻要考虑的问题。

据统计，老年夫妇绝大多数关系是好的或比较好的。这种积极健康的夫妇生活对老年人家庭的巩固和生活的幸福，有着相当重要的作用。但是，还有少数老年夫妇的婚姻关系比较差。虽然是少数，但也值得重视。因为人到老年，朝夕相处的不是别人而是自己的配偶。如果夫妻长期不和，经常争吵，就会对老年人的心情和健康造成很大的影响。

老年夫妻风风雨雨几十年，有些人经历了不少曲折，但仍能相依为命，相伴终生。也有一些老夫妻吵吵闹闹一辈子，但终能白头到老，这是极其难得的感情。有人认为老年夫妻不再需要有意做心理调节工作，双方的婚姻也不需要再花精力去维系便可一劳永逸了，这是不正确的想法。老年夫妻关系也是需要精心呵护的。

值得注意的是，随着社会上离婚率的提高，老年人离婚的现象也并非少见。与其他年龄人口离婚不同的特点是，老年夫妇由于长期性格不合，经常吵架打骂，日久积怨成仇，孩子年幼时为了抚养孩子只得勉强凑合过日子，待子女长大后以为责任已尽而离婚。还有，近年来不少老年人退休后继续参加工作，收入丰裕，交际广泛。加上原来的夫妇关系不好，或一人在外地工作，与异性接触较多，喜新厌旧，产生了婚外恋，最后导致家庭破裂。由于长期关系不和而离婚，对双方都是一种解脱。但是这种离婚也要慎重，因为离婚不仅仅是两个人的问题，与子女的血缘关系是无法割断的。

任务二　针对老年人离婚现象，能够掌握老年人离婚的心理特征及应对方法

对老年人离婚心理与行为的了解就是为了帮助老年人有效地掌握应对方法。上述老年人婚姻与行为情境中，要完成情境任务，需要思考以下问题，并在问题的引导下

更好地完成各项任务。

问题二：老年人为什么会有离婚的现象？针对此类现象应如何采取有效的应对措施？

情境三、情境四、情境五中的老张、老李、于先生为什么要离婚？回答这个问题就需要了解老年人离婚的原因及心理特征。

学一学

老年人的离婚心理及应对

1. 老年夫妻离婚的原因

离婚是从法律意义上解除夫妻的婚姻关系。但如今有许多老年夫妇在共度大半生后突然离异，老伴老伴，老来作伴。风风雨雨几十年的老人，为什么会在需要相伴的时候分手呢？

（1）不和谐的婚姻历史。

有些老年人婚姻基础不好，导致婚姻生活不如意，过去为了孩子或者顾及社会舆论一直凑合。当人们不再受旧有的观念束缚后，为了让彼此在晚年能自由地生活，不用再忍受那么多无谓的争吵，于是劳燕分飞。

（2）更年期的定时炸弹。

人在更年期时脾气往往特别急躁，稍不高兴就要数落周围的人。老伴挨得最近，自然受的气最多。也许刚开始一方还能一忍了之，但是如果双方调节不好，长期下去就难免会吵嘴、打架，若彼此个性都强，甚至可能升级为冲突，极端情况下还可能走向离婚。人上了年纪，由于精神衰老或是动脉硬化以及其他心理创伤，往往导致精神异常，表现为极端自私、猜疑、执拗、顽固，听不进他人半点不同的意见，常常唠叨个没完，遇到一点小事不快就大发脾气。也有些老年人表现出强迫观念、抑郁、焦虑、孤独，终日一语不发，暗暗生闷气。基于此，年轻时不和谐的夫妻，到了老年变得互不尊重、互不理解、互不相让，甚至发展到难以相容的地步。在缺少亲友劝说和心理疏导的情况下，大多数以"离婚"宣告结束。到头来，只能各自寻求安慰了。倘若不再婚，在健康状况不佳的情况下，很少有人会长寿。

（3）缺乏沟通。

夫妻共同生活几十年，产生矛盾是很正常的，但必须在发生意见分歧后进行必要的沟通，如果经常不交流，互相看不惯，有问题就憋在心里，结果就是夫妻之间互

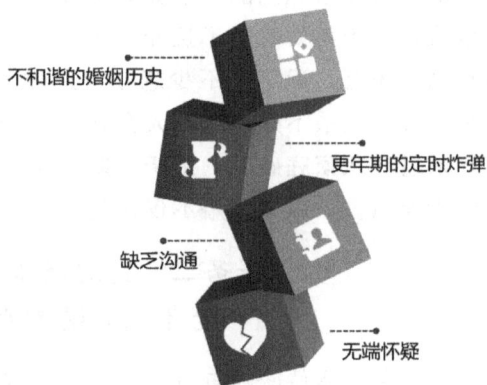

不和谐的婚姻历史

更年期的定时炸弹

缺乏沟通

无端怀疑

图 4-1-1

相不理不睬。越来越缺乏共同语言，进而导致感情破裂。

（4）无端怀疑。

有的妻子一看到丈夫去跳舞，就吃醋，等丈夫归来就与他吵架；有的丈夫看到妻子与异性交往，就怀疑妻子"红杏出墙"。像这样的无端怀疑，很容易造成胡思乱想，戒心重重，导致夫妻互不信任，造成感情创伤。

2. 老年离婚者的心理特征

（1）解脱心理

对于老年人来说，可能由于种种原因结合到了一起，多年来夫妻吵吵闹闹过了大半生，感情已经破裂了，现在孩子大多已成家立业，认为再这样下去没有必要了，离了婚就可以解脱了。

（2）孤独心理

即使离婚解决了日常婚姻中产生的矛盾冲突，可能获得一种暂时的安定感，但是过去形成的家庭人际关系是难以摆脱的。这种人际关系一旦崩溃，对老年人来说，脱离群体的日常生活，无论如何总会产生凄凉、孤独的感觉。

（3）仇恨心理

这类多以一方伤了另一方的感情居多，如果一方不忠，那么被伤害的另一方必然会鄙视、憎恨背叛家庭、背信弃义的一方，也会百倍仇视那个破坏其家庭的第三者，并由此产生强烈的仇恨心理。绝大多数离婚老年人从主观愿望上都想抛弃旧的一切。

（4）再婚心理

长期处于生活和心灵重压之下的离婚老年人，心理上暂时得到了解脱，并且为了弥补过去婚姻的失败而选择再婚，从而去享受自己向往的理想生活。有的老年离婚者本来就有外遇，离婚的目的就是再婚。另外，有的再婚者因感情因素已成了次要条件，而主要是为了生活，甚至是为了生存而结婚。

（5）抑郁心理

旧的家庭生活带给离婚老人的，除了感情痛苦的延续以外，还有必须面对"半个家"的凄惨现实。这种在精神和感情上的痛苦和哀怨使他们往往陷入自我封闭状态，对人冷淡、感情淡漠，不愿与人交谈，易烦躁、焦虑、闷闷不乐，丧失斗志，缺少生活信念，产生抑郁，甚至逃避现实，进而产生厌世的情绪。

图 4-1-2

3．老年人离婚心理的应对

（1）加强法制宣传教育。

要加大对《中华人民共和国婚姻法》和《中华人民共和国老年人权益保障法》等法律的宣传力度，提高公民的法律意识，增强老年人的法律观念和家庭责任感，建立和睦亲善、平等互爱的婚姻家庭关系。同时教育子女尊重老人的婚姻，使老年人在经历人生风雨之后能享有幸福的晚年生活。

（2）强化调解优先。

绝大多数离婚者离婚后心情总是很沮丧，情绪低落、伤感，他们会出现愤恨、不满、自卑、看破红尘等各种各样的消极心理。因此，应运用多种手段促成调解。民事调解部门要提高调处老年人婚姻纠纷的能力和水平，做到及时发现、及时介入、及时调处，将矛盾消解在萌芽状态，通过对双方进行心理疏导，必要时邀请其子女、亲友参与调解，积极促成双方和好，避免或减少离婚纠纷的发生。争取让老年人安度晚年。

（3）保障老年人离婚后生活。

对于老年人离婚，要充分考虑老年夫妻在离婚前与离婚后对双方生活的影响。有的老年人年龄比较大或者重病缠身。判决离婚后，一方当事人可能会由于没有生活来源或没有独立生活能力而难以维持生计，这种情况下非不得已就不应判决离婚；而如果双方感情确已破裂，通过某种途径能够解决双方当事人，主要是生活困难一方当事人离婚后的生活问题，就可以判决双方解除婚姻关系。对判决离婚后一方当事人无独立生活能力，又没有赡养人的，不应盲目判决双方离婚，可以向当地居委会、村委会或民政部门寻求支持与帮助，还可以向其亲戚朋友寻求支持，另外如果生活困难的一方有房产等有价值的财产，可以引导其与亲戚朋友签订遗赠扶养协议。在充分考虑妥善解决老年人离婚后的生活问题后作出相应的判决。

（4）加强综合引导。

老年夫妻无论因什么原因导致离婚，都应做到离婚不离德。经过心理、环境和社会适应后，应积极准备再婚。为此，一方面，加强普法教育，提醒老年人再婚时应慎重择偶，要吸取以前的教训，要现实些，不要还生活在幻想中，也不要急于求成。同时，婚前妥善处理好财产关系和子女关系；另一方面与村（居）委会、司法所等基层组织沟通配合，对于感情出现危机的老年人夫妻，运用多种手段、综合各方力量加以劝导，调和夫妻矛盾。

（5）应加大对老年人基本生活保障的投入。

国家和社会在采取措施健全对老年人的社会保障制度、逐步改善保障老年人生活以及参与社会发展的条件方面也加大了投入，但是对于满足无劳动能力、无生活来源、无赡养人和扶养人的老年人的基本生活需要还有一定差距，所以建议国家和社会加大对没有生活来源且没有劳动能力老年人的投入，使老年人老有所养，安度晚年。

解决好老年人的离婚问题是一个较为复杂的问题，不仅仅需要耐心的调解工作，更需要国家制定相关法律和具体措施充分保障老年人的权益，也需要社会各界的支持和帮助。

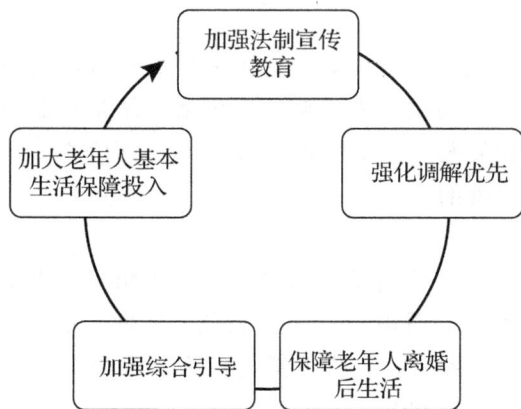

图 4-1-3

任务三　针对老年人再婚现象，学会掌握老年人再婚的心理及应对方法

对老年人再婚心理与行为的了解就是为了帮助老年人有效地掌握应对方法。上述老年人在婚姻与行为情境中，需要思考以下问题，并在问题的引导下更好地完成各项任务。

问题三：老年人再婚的原因是什么？针对这一现象如何应对？

如何看待情境六、情境七中的齐女士、董先生再婚现象？情境八中的再婚黄女士可以向温先生子女索要生活费吗？要回答这些问题，就需要了解老年人再婚的原因及老年人再婚的心理。

老年再婚者的心理特征

学一学

老年人的再婚心理及应对方法

生老病死乃是不可抗拒的自然规律。因此，事实上，老年夫妇不可能真正地"白头偕老"，其中总有一人先行一步，于是，就出现了一个孤男寡女的特殊群体。随着人们生活条件、医疗条件的不断改善，人们对自己的健康状况更加重视，人的寿命也越来越长，老年人口越来越多，孤身老人的队伍也日益壮大。现在欧洲、日本等国已进入老年社会。我国人口基数大，孤身老年人群更是庞大，他们的再婚心理问题日益显得突出。

（一）老年人再婚的原因

1. 心理方面

老人遭遇丧偶打击，精神痛苦，生活孤单。他们为改变这种处境，希望找个情投意合的伴侣，来调整自己的心理状态，充实生活，度过幸福的晚年。有的老人由于身体日渐衰弱，想找个老伴得到照顾，这种情况以男性居多。

2．生理方面

进入老年后，有的老人性功能尚好，有了老伴就可以满足其性生活的需求。所谓性，并不单纯意味着性欲的满足。老年期的性生活，就是满足双方相互认为还有必要的一种感情，使双方互相鼓励，分享快乐，增强生活自信心。老年人再婚能满足这种需要，对身心健康是有好处的。

3．生活方面

老年人总担心自己生病，怕给子女增加负担。再婚后，老夫妻可以同出同入，白天做些感兴趣的事，晚上一同看电视，相互照顾、体贴、抚慰。平时，冷暖温饱有人惦念；病时，请医问药有人照料。只要再婚老年人能保持心灵的宁静和愉快，就会在平淡的生活中不断地发现幸福和惬意。

4．子女方面

儿女不孝或者孝顺都会促使老人寻找老伴。不孝顺的子女认为老人是包袱，这使老人精神上受到打击，促使老人下决心寻找出路，去找对象；还有的子女孝顺，他们理解老人的心情，支持老人的正当要求，让老人心情愉快，这也会促使老人去找伴侣。

此外，还有经济上的原因。这主要是一些女性老人，因为没有经济收入，找个老伴在经济上有了依靠，生活有保障。因此，要鼓励单身老年人去谈恋爱与结婚，要让单身老人重获婚姻带来的幸福感，让他们感到自己并不孤单，有人相伴到老，可以安度晚年。

5．"代际婚姻"成为老年婚姻的新特点

以前女方找男方，主要是找个经济依靠，是找"饭票"，男方则是找个能照顾自己的，是找"保姆"。而现在老年人再婚，选择的条件与年轻人没有太大的差别，女方要求老头长相潇洒，身材高大，而男方则希望老太太漂亮、体贴、身材好。"代际婚姻"的背后，有性方面的原因。以往人们难以启齿的夫妻性生活，如今已成为衡量婚姻质量的一个重要标准。

由于男女生理结构不同，老年男子在70岁时还有性要求，甚至还较为活跃，而此时老年女性因卵巢功能退化等，几乎没有这方面的需求，"代际婚姻"却能弥补这一不足。调查显示：老人再婚男女的年龄平均差距为11.1岁。在这种情况下，双方身体条件较能相互适应，性生活能基本达到和谐。

（二）再婚老人的不同心理问题

恋爱不只是年轻人的权利，同样也是老年人的权利。老年人再婚不只是换个老伴，还应当有丰富的感情内涵。不少孤身老年人过着"出门一把锁，进门一盏灯，无论怎样喊，四壁无回声"的孤独、寂寞生活，即使节假日子女"回巢"，欢乐也不过是短暂的。现在，我国孤寡老人在物质生活上是不成问题的，但优越的物质条件代替不了他们精神、感情上的寄托和安慰。

一是受子女虐待和歧视者。他们无法忍受子女对其冷淡、歧视，甚至仇视的生活。他们为得到精神上的慰藉，渴望找到新的伴侣，另寻家庭温暖。

二是中青年期离婚、守寡者。由于当时要抚养教育子女，经济负担或其他原因，没有再婚，现在年岁大了，精神上没有寄托，生活上需要照顾，希望再婚。

三是老年丧偶者。常常很想再找伴侣，他们认为子女各自建立了自己的小家庭，难以照顾自己。虽然子女多半还能够体贴和尊重他们，但两代人在情感、需求和行为方式上都有一定的差别。子女的情感、行为以及多么周到的照顾，均不可能替代老夫老妻之间那种特有的情感和行为。丧偶的老年人有很多难言的苦衷，哪怕是一般的生活琐事，也有不便让子女参与之处，何况性爱及情爱的慰藉就更不用说了。

人到老年，不少老人容易产生孤独、寂寞、老不中用、悲观厌世、丧失生存信心的心理。在多数情况下，老人的恋爱与再婚恰恰能满足男女双方彼此需求的那种情感，使双方相互鼓励、分享欢乐，进而使双方在精神上有所寄托，既消除了老人的孤独感，同时又增添了生存的自信心。

（三）老年人再婚心理的应对

"再婚难，再婚后的日子更难！"再婚也会带来一些心理和家庭方面的问题。如经常听到一些老人说："年轻时结婚要父母同意，老年时结婚要子女同意。"这多少说明了当今社会老年人再婚所碰到的难题。对于再娶或再嫁，老人害怕别人说："都七老八十了还想那些呢。"这是老年再婚者的共同心声。之所以如此，是由于老年人再婚存在种种社会障碍和心理禁锢。从心理学角度来看，老年人"独身"有害无益。老年人再婚是社会文明进步的表现，老年人同年轻人一样拥有勇敢地追求婚姻幸福的权利。儿女在孝敬老年人的同时也要支持他们再婚，让所有的老年人健康快乐是儿女的责任。老年人要想取得再婚成功，获得晚年生活幸福，就必须首先排除社会障碍，解除心理禁锢，做好自身的心理调适。

1. 再婚老年人要解放思想，克服传统婚姻道德观念的束缚

很多老年人在再婚前之所以"犹抱琵琶半遮面"，前怕狼，后怕虎，存在种种羞涩心理和惧怕心理，归根到底是传统的婚姻道德观念在作怪。老年人要获得再婚后的幸福生活，就必须解除这种思想和心理禁锢。要知道，老年人同中青年人一样，也存在强烈的求偶愿望，而且再婚也是老年人生活幸福的需要。老年人享有与中青年人同等的婚姻权利和自由，任何人都无权干涉。所以，老年人应当在进一步熟悉、增强自信的基础上，切实解除羞涩、惧怕、孤独等不良心理障碍，把再婚视为光明正大的事、理所当然的事，理直气壮地去争取，心安理得地去享受。正所谓："走自己的路，让别人去说吧！"

2. 再婚老年人更应注意克服怀旧心理

对很多再婚老年人来说，虽然双方已经有了充分了解，但由于相处的时间短，两人之间一定会有诸多不习惯和不适应的地方，这时从心理上往往产生对已故老伴的思念，并往往将对方的缺陷和初婚伴侣的优点相比较，从而产生心理不平衡，进而出现裂缝。有关专家指出，老年人再婚后怀旧心理的出现是正常的，但这种怀旧心理不能长期存在，需要双方经过努力共同消除。为此，再婚老年人一要尽量做到胸怀大度，尽量容纳对方的"毛病"，求大同存小异，从点滴小事去培养感情；二是双方都应丢弃"结发夫妻好"的偏见，不要将前配偶的优点与现在配偶的缺点相比较，而应尽力发现

配偶的优点，找寻双方的共同点，使再婚生活和谐完美幸福。

3. 适应对方的心理特征，做到心理相容

在多年的生活中，每个人都形成了独特的性格、兴趣和爱好等心理特征。但进入更年期后，人的生理及心理特征都有不同的变化。老人再婚后应尽快了解对方的心理特点，正确对待对方的性格和习惯，注意互相尊重和谅解。婚后幸福与否的关键是能否心理相融。相容的最根本前提是全面了解对方，也让对方全面了解自己，在此基础上达到相互理解和谅解。不仅要了解对方的地位、身份、收入、居住条件等物质因素，还应了解对方的性格、兴趣、爱好、能力、生活习惯、子女情况、亲友关系等。一些老年人再婚后生活不和谐、不幸福的主要原因就是缺乏心理相容，婚前不了解对方，婚后不肯改变自己来适应对方。原配夫妻尚且需要不断地调整关系，相互适应，更何况是再婚夫妻呢？再婚老年人双方应积极努力改变自己，要耐心安慰、体谅、理解和容忍对方，避免感情上的冲突，顺利度过磨合期。

4. 尊重配偶的亲友关系

在以往的生活中，每个人都形成了自己的人际关系，这是人生的宝贵财富。尊重对方的人际关系，包括对方已故配偶的亲友，让配偶能在过去的人际关系中延续今后的美好生活。这既是对对方的尊重和爱护，也是自身修养的体现。

5. 同等对待双方子女，恰当地处理好与对方子女的关系

在中国传统"夫—妻—子"家庭观念下，独身老年人的再婚意愿深受血缘基础的代际责任与情感认同的影响，这亦成为其再婚后婚姻满意度的关键因素。通常，再婚者难以将对方的子女视如己出。因此，再婚夫妇需克服"排他"心理，积极与新配偶及子女构建新关系，将双方的子女视为共同的责任，于日常生活细节中一视同仁，尽展父母之爱。唯有如此，才能促进亲子关系的和谐发展，维护家庭和睦。正确对待并融合双方家庭，是再婚幸福的重要基石，也是老年人晚年生活美满的关键所在。

6. 进行婚前财产公证，免除老年人再婚的后顾之忧

老年人再婚，因双方一般都有儿女，又各自有一部分财产，因财产分割、遗产继承等引起的家庭不和现象大量存在，几乎成了老年人再婚的后遗症和并发症，这也是很多老年人不想再婚的一个重要原因。比如，有一位老太太再婚后，老两口感情一直很好，相处得很融洽、和谐完美，日子过得有滋有味，但后来双方子女却因财产分割问题产生了矛盾，在双方子女的"催逼"下不得不分手。

温馨提示

一、老人再婚要注意什么

（1）要有正确的再婚动机，如果单纯考虑经济、住房、家务等问题，就失之偏颇，本末倒置了。个别老人为解决子女的结婚用房问题，不惜牺牲自己的晚年幸福，草率地与他人结合，更不可取。

（2）应考虑与对方在个性、情趣、生活习惯、饮食、爱好等方面是否相投相合，两个事业心都很强的人组织了家庭，双方人品都不错，但就是家庭生活不融洽，原因往往就在于情趣爱好，以及处理日常生活小事的冲突上。

（3）应充分考虑对方的经济条件。婚姻是一种法律关系，缔结这种关系是十分严肃的，双方都应考虑组织家庭的条件是否具备，性格是否和谐，经济能否独立，爱好是否排斥等。注意了这几点，日后夫妻生活的和谐融洽就有了先天的健康基因，婚后的调适也更容易了。

二、老人再婚财产纠纷怎么处理

（1）"双方婚前财产所有权不变。"即再婚前财产属于谁的，再婚后仍然属于谁的。对对方的房产和室内家具等生活资料，夫妻之间有使用权、管理权、维护权，没有所有权和处分权。这就需要双方在婚前进行财产公证。

（2）"双方婚前财产继承权不变。"谁的婚前财产由谁的子女继承，这是第二个不变的核心内容。

（3）"双方亲子关系不变。"老年人再婚后，子女只为自己的父母养老送终，妥善处理后事；继承关系不变。男方子女只继承男方婚前的财产，女方子女只继承女方婚前的财产。对于再婚夫妻婚后所形成的财产，夫妻之间有相互继承的权利，而双方子女没有法定继承权，只有遗嘱继承权利。

任务四　针对老年人婚外恋现象，学会掌握老年人婚外恋心理及其应对方法

对老年人婚外恋心理与行为的了解就是为了帮助老年人有效地掌握应对方法，上述老年人婚姻心理与行为情境中，要完成情境任务，需要思考以下问题，并在问题的引导下更好地完成各项任务。

问题四：老年人心理成熟，处理问题更加稳重，为什么还会禁不住诱惑出现婚外恋？婚外恋对老年人的身心健康及家庭关系有什么危害？如何采取正确的方法应对老年人的婚外恋？

情境九中的潘老太为什么会控诉丈夫周先生？情境十中的陈大爷为什么被打？要回答这些问题，就需要了解老年人婚外恋的原因及心理特征。

学一学

老年人的婚外恋

（一）老年人婚外恋产生的原因

老年人婚外恋发生的原因，既有客观原因，也有主观原因。老年问题专家曾做过比较细致的研究。

首先，原来感情基础薄弱的老年夫妻最容易受婚外恋的困扰。由于时代及观念的局限，许多老年夫妻当初的结婚并非自愿，多数是包办的，婚后几十年也没有建立真

正的爱情。只是考虑到儿女的养育、个人或家庭的声誉以及工作方面的原因，一直勉强维持着这段没有爱情的婚姻。进入中老年期之后，儿女已经长大，客观的压力大大减轻，老年人开始萌生追求新生活的愿望，婚外恋的发生正是这种愿望的体现。

其次，缺乏沟通的老年夫妻抵不住婚外恋的诱惑。步入老年期后，生活日渐平淡乏味，如果夫妻间缺乏感情与思想的交流，彼此间的吸引力就会随着年龄的增大而递减，家庭就仅仅成为维持形式婚姻的外壳。共同的生活也只是一种习惯，有些性格活泼、喜欢参加活动的老人，退休后空闲时间增多，有可能频繁地出入舞厅、公园等休闲场所，这也为老年人提供了婚外世界的机会，很容易产生移情别恋。

再次，有些老人对异性的要求较高，尽管与现在的老伴感情不错，但现在的老伴却并非他们心目中最理想的异性。一旦生活中出现了理想中的异性，并有了继续交往的可能性，老年人很容易产生返老还童的感觉。像年轻时一样，疯狂地去追求心目中理想的异性。

最后，也不能排除有一些老年人存在着生活作风不正和玩弄异性的行为。现在有一些不良的风气，如拜金主义、享乐主义及极端自私自利等越来越猛烈地侵蚀着传统美德。少数老年人禁不住不良社会风气的诱惑，自恃经济富裕，就置道德与义务于不顾，自感生活寂寞，就另寻刺激；自觉感情不和，就寻求补偿。也有些老年人因得到异性的帮助而知恩图报、以身相许。

(二)老年人婚外恋的危害

1.对家庭的影响

婚外情直接导致家庭解体，也就是说婚外情与家庭的解体之间存在着直接的因果关系。大多婚外恋的当事人有主观上的过错，如性生活放荡、与人通奸、姘居，喜新厌旧，故意打骂、虐待原配、儿女等。由于婚外情者搞婚外情，其合法配偶因无法忍受其不忠行为，往往要提出离婚；也有因婚外情者喜新厌旧、感情不专一，提出与配偶离婚的。无论是配偶要求离婚，还是婚外恋者要求离婚，其原因都是婚外情。因此，婚外情者必须承担导致家庭和婚姻瓦解、破裂的责任。它除了使无数家庭分裂离异外，在特殊情况下，婚外恋还会带来重大灾祸，或触犯刑律，或毁掉别人的家庭。

2.对子女的影响

婚外情造成夫妻不和、家庭破裂、家庭热战冷战不断，父母的婚外情不但直接危及子女，而且对子女的情感塑造和日后的婚姻生活也会带来不良的影响。

3.对社会的影响

在我国，有婚外情行为的人总归是少数，但这也会给社会带来不小的影响。它不仅影响社会的道德风尚，给一些家庭带来灾难，严重的还会导致恶性案件的发生，影响社会安定团结。从调查情况的统计来看，婚外情行为易导致发生凶杀等恶性案件，影响社会治安和社会秩序，影响社会的安定。

4.对自身的影响

婚外情行为一旦暴露，就会给当事者带来许多麻烦。婚外情行为一旦公之于世，就会受到多方面的干预和谴责，而来自社会的干预则是对当事者的致命打击。它会使当事者自损形象、自贬人格，并且受到家人、朋友和社会等各个方面的谴责和批判，然后对自身造成很大的心理困惑，留下心理阴影，严重影响他们以后的生活。

5. 对配偶的影响

在婚外情事件中，受害最大的莫过于婚外情者的配偶了，他（她）们是这场感情悲剧中最无辜的牺牲品。大多时候他（她）们往往毫无过错，却被自己的配偶出卖和严重伤害。婚外情对配偶带来的伤害，还远远不止停留在被背叛之上，相比婚外情的发生，爱人对自己的隐瞒和欺骗，更让配偶们愤怒和难过。

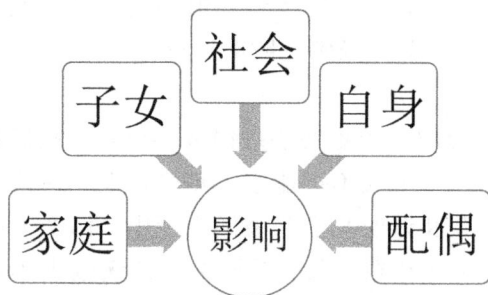

图 4-1-4

（三）老年人婚外恋的应对

1. 互相尊重

夫妻之间，不论职位高低和能力大小，夫妻双方在家庭生活中均享受平等的权利和履行平等的义务。家事要共同商量，别以为自己是家庭的主宰，大小事一人说了算，还强迫配偶去做他不愿意做的事情，使夫妻关系沦为主仆关系。在大庭广众之下，不应让配偶下不了台。夫妻间要相互尊重，就要大事讲原则，小事装糊涂。夫妻之间也没有必要强求统一，同中有异、异中有同是正常的现象。

2. 培养生活中的默契感

要善于观察配偶的情绪变化，并主动设法去适应，才能使两人之间的关系更融洽。老年夫妻之间最好能做到息息相通、心心相印。即使对方没有说什么，也能知道对方何时累、何时烦、何时高兴、何时愁。

3. 要善于沟通

妻子烦了，丈夫要关心妻子，说一些安慰的话，帮她做一些事情；丈夫伏案工作，妻子应避免干扰。要善于交流与沟通，有了矛盾能开诚布公、及时化解。不要有事闷在心里，也不要借题发挥，应学会让步。夫妻之间有争论是常事，不必处处苛求对方。当矛盾开始尖锐化时，一方要作出适当的让步，不可趁对方气愤之时针锋相对。理智的办法是暂时回避，等冷静下来以后再慢慢交流思想。

4. 要互相尊重对方的隐私

每一个人都有自己的隐私，即使是夫妻之间也一样。一方不应该去乱翻另一方的抽屉和提包，也不要擅自看对方的短信和来电，对于对方的过错不要不分场合地揭短，对方不愿意说的，也不要刨根问底。各自的兴趣爱好，不必强求一致。

5. 抗拒性诱惑

从众多的婚外恋来看，第三者大都比原配偶更有诱惑力，也因此给不少老年人家庭带来灾难。这种情况多半发生在老年男性身上。男性不论年龄多大，都会被年轻女子的性魅力所吸引。当然，妻子也有可能寻找婚外性关系，但因其魅力已经下降，比丈夫所面临的困难要大得多。同时，社会对女性不贞行为的批判比男性严厉得多，因此妻子通常较少付诸实际行动。如此看来，男性老年人更需要抗拒性诱惑。一方面要提高自己的识别能力；另一方面，更重要的是在意志上战胜诱惑。对于婚外恋，当事者恐怕没有人会不知道不应该，而且清楚地知道一旦陷进去就不能自拔，一步步走向可怕的深渊。因此，应对自己警钟长鸣，防微杜渐。

6. 克服喜新厌旧心理

喜新厌旧是导致婚外恋的一个重要心理因素。但是，我们也应看到，人情还有更深邃的一面——恋故怀旧。一个人不可能永远年轻，人生最值得珍惜的应该是那种至死不渝的伴侣之情。在持久和谐的几十年婚姻生活中，两个人的生命里早已是你中有我、我中有你，血肉相连般生长在一起。共同拥有的无数细小珍贵的回忆，犹如无价之宝，一份仅属于夫妻二人而无法转让他人、也无法传给子孙的奇特财产。夫妻双方只要共同珍惜这份财产，就会共有今生今世的幸福人生。

7. 异性交往把握原则，丰富业余生活

如果老年人把和异性交往保持在正常的友谊范围内，关系就会相对简单一些。同时，老年人应注意丰富自己的业余生活，把生活过得多姿多彩，多培养自己的业余爱好，如绘画、下棋、书法等，一旦真心投入，就会降低自己发生婚外恋的概率。

8. 正确处理婚外恋

首先，本着"和为贵"的原则，尽量设法在夫妻之间解决问题，不要在一开始将事情闹大。如果寄希望于亲属及儿女子孙的压力，迫使对方回心转意，或者在道德上谴责对方，效果往往是适得其反的。其次，冷静地评价婚姻状况，分析影响夫妻感情的症结。

作为婚外恋者，也应该对自己的行为有所思考。首先，要作道德上的思考，应该懂得爱情的专一性，不该抛弃几十年的夫妻感情而在外寻花问柳。若置道德于不顾，那么其他的一切说教都只是徒劳。其次，也需要作理智的思考。想想自己的婚外恋是否是一时冲动；与老伴之间的矛盾是否已到了不可调和的地步；离婚是否是解决问题的最好办法。如果发现自己错了，就要敢于承认，求得老伴的谅解与宽容。即使现在

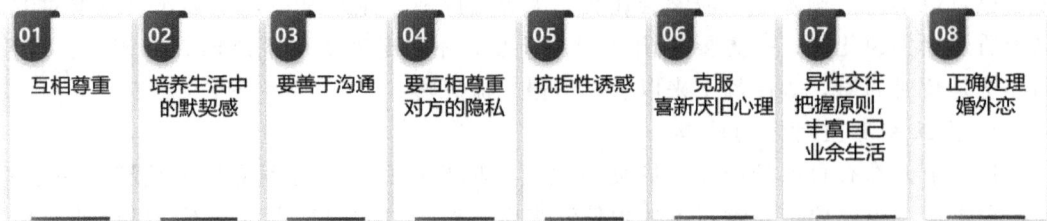

01	02	03	04	05	06	07	08
互相尊重	培养生活中的默契感	要善于沟通	要互相尊重对方的隐私	抗拒性诱惑	克服喜新厌旧心理	异性交往把握原则，丰富自己业余生活	正确处理婚外恋

图 4-1-5

的婚姻实在维持不下去，也要平心静气地解决问题，和气分手。因为两人之间还有儿女和第三代共同的亲情，理解及友好地对待各方都是十分必要的。

实施步骤

（1）分发情境材料，提出问题，确定讨论交流的主题。

（2）组成活动小组，根据项目情境分成几个小组，选出小组长，负责领导团队完成项目任务。创设情境，引导学生发现问题、解决问题。

（3）各组制订汇报交流方案以及准备必要的工具和条件。（方案包括的内容主要有：汇报的主题或课题、汇报的内容、汇报的具体目的和任务、方法、汇报的具体过程、任务分工、保证条件等）。

（4）总结交流的内容要全面：如活动的过程与方法、结论、收获、经验等。成果的表达方式应多样：口头材料、实物、图片、音像制品、简单的书面材料。交流的方式应多样化：如辩论、研讨、展览、墙报、网页、小报等。

（5）首先小组汇报，然后小组之间针对发现的问题提出看法、互评。

（6）提出一些课后需进一步思索探索或需要延伸训练的问题，以激发学生探索和求知的欲望，引导活动向纵深发展。

能力检测

【情境】老年人离婚案件是指一方或者双方当事人年龄在60周岁以上的离婚案件。根据第七次全国人口普查结果（2020年11月1日零时数据），我国60岁及以上老年人口数量约为2.64亿人，占总人口的18.70%。我国已逐步步入老龄化社会。与此同步的是，老年人离婚案件的比例近年来也在不断上升。由于社会风尚、子女观念、财产分割等方面的原因，诱发老年人离婚的因素很多。解决好老年人离婚问题已成为构建和谐社会和维护社会安定团结的一项重要工作。

任务1：根据资料，分析老年人离婚的原因。

任务2：提出解决老年人离婚问题的对策。

子项目二
老年人的性心理与行为

项目情境

【情境一】王大爷为"性"铤而走险

北京昌平一个王姓的家人，一大早就急急忙忙地跑到派出所报案——他的老父亲走失，身上带了1000多元钱，一天一夜没回来。民警马上进行笔录。可是写着写着，民警说："这个名字我怎么那么熟悉啊？对了，你父亲昨晚在一家发廊嫖娼被我们逮着了，现在正关着呢。"他的儿子说："不可能。我们家老爷子一辈子知书达理、正正派派，怎么会干那种事？不过我妈走得早，他一个人鳏居多年了。"民警说，"这就对了，这叫老年人的性饥渴，或者叫性压抑。"

其实那个犯了错误的王大爷的行为是可以理解的。虽然表面看来他是出于一时糊涂，但实际上，他犯错的背后潜藏着长期未得到满足的性需求，这正是导致王大爷铤而走险的根本原因。

【情境二】何大爷的苦恼

何大爷今年65岁，身体还挺硬朗。

记者从退休生活切入到性话题，何大爷短时间内便将自己全盘托出，"老年人到了60岁以后说没有的，那他说的是假话。现在生活好了，而且很强烈的，我不骗你。"

但2004年，何大爷的妻子确诊为乳腺癌，切掉了双乳，几年后又查出了心脏病。妻子的身体每况愈下，何大爷感受到了抵触，"时间长了，从厌烦，变成了厌倦，最后是厌恶。"何大爷得出结论，"她可能已经丧失了性功能。"医院的心脏病确诊报告出来之后，何大爷也不敢再轻举妄动，他必须抑制自己多余的念头。有时夜半，欲望像潮水涌来，何大爷一口接一口地白凉水灌下去，他担心发生意外。

【情境三】不好意思提性，分居现象严重

84岁的林大爷身体硬朗，但是耳背。老伴小他9岁，4个儿女都单过，老伴身前身后地照顾他。冬天了，出门前，老伴儿把围巾、帽子、手套都准备好，帮林大爷戴上。可走进二老两居室的家中，却让人产生特别的感觉，二老一人一室，一人一台电视，个人用品各自独立，互不侵犯。老太太嫌弃林大爷睡觉时声音太大，还说两个人一张床太挤了。"年轻的时候怎么不嫌呢？"林大爷咕哝道。

张大爷60岁，老伴儿小他两岁，张大爷喜欢睡软床，老伴儿喜欢睡硬床，这样，他们分房了。张大爷有时想到老伴儿床上"凑热乎"，却被她的"冷脸"吓回去了。

项目目标

能力目标：

> (1)能够针对老年人的心理与行为表现，正确理解老年人的性。
> (2)能够根据老年人的行为表现，掌握老年人性心理的特点。
> (3)能够针对老年人的性心理现象与行为表现进行调适。

知识目标：

> (1)掌握老年人的性心理及行为表现特点。
> (2)了解、理解老年人的性。
> (3)掌握针对老年人性心理问题的应对措施。

情感目标：

> (1)培养学生重视老年人性需求的意识。
> (2)培养学生形成"为老人服务而感到自豪"的责任感和使命感。
> (3)时刻做到同情理解老人，关心爱护老人，尊重服务老人。

项目任务

【任务导入】

面对情境一至情境三，你需要完成以下任务。

任务一：了解老年人性需要，科学理解老年人的性意识。

任务二：能够根据老年人性心理与行为的表现，学会正确掌握老年人性心理与行为。

任务三：结合老年人的性心理与行为，学会掌握老年人性心理的应对方法。

【任务分解】

任务一　了解老年人的性需求，学会科学理解老年人的性意识

对老年人性心理与行为的了解就是为了帮助人们科学地理解老年人的性，摆脱老年人性问题带来的烦恼。要完成要求完成的任务，需要思考以下问题，并在问题的引导下更好地完成各项任务。

问题一：你认为应该如何看待情境中的王爷爷、李大爷、林大爷的这种性需求现象？要回答这些问题就需要了解老年人的性心理及需求。

学一学

如何看待老年人的性需求

（一）性生活是人类生活的必需

在中国漫长的古代社会里，性往往被渲染成淫秽的行径，近乎道德沦丧，因而筑起种种藩篱，腐朽陈旧的性观念经社会伦理、宗教及封建家长制等多条途径的反复强化，成了一种巨大的约束力，性生活和性欲望受到限制和压抑，在老年人的性问题上更是得不到起码的重视。其实，食欲、性欲都属于动物本能，也是人类的两大基本需求。这两种欲望是与生俱来的，是两股强大的内驱力，有了这两种本能，人类和其他动物才能保存自己、延续种族。所以，这两种欲望不应被抑制。就是在当代社会，连一般认为思想比较开放、激进的年轻人，同样对老年人的性问题带有偏见，他们根本不相信父母还会"干这种事"，甚至无情地把老父老母拆散，常年去给自己看孩子。现代性医学证实，无论是生理能力还是心理要求，进入老年后都没有丧失，而老年人的性活动事实上也并没有停止。所以，不管是老年人自己，还是整个社会，都应当抛弃那些仍然流行的错误观点，关心老年人的性问题，在必要的时候给他们提供及时的帮助。

（二）老人应有适度的性生活

传统观念认为，"理想的晚年"不外乎吃得饱、穿得暖、老有养、病有医，再加上举家和睦、子女孝顺等。但尽管离退休老人在以上诸方面都较满足，却依旧乐不起来。对于老年人的性生活，有"老年人已经精枯力竭不能再过性生活"的说法，觉得老年人不应该再有性欲并对性感到厌倦，否则就是"老不正经"。事实上，国外不同国家的调查表明，对性有兴趣的老年男性约为90%，老年女性约为50%。即使86～90岁的老人仍有50%对性有兴趣。[①] 如韩国电影《人生七十好年华》打破了人们长久以来对老年人性爱的沉默，引起了很多老年观众的热烈反响。在老人的精神生活中，爱情是不可缺少的内容，在解决老有所养、老有所学、老有所乐、老有所为的问题同时，还应该加上"老有所伴"的问题。适度的性要求得到满足，在生理上可促进老年人的新陈代谢，在心理上可使老年人情绪振作，不仅无害反而有益。

（三）空巢生活对老年人伤害最大

有些有多个子女的家庭，两口子被不同的孩子接去替他们看孙子，生活起居也照顾得很好，但老夫妻就是不能生活在一起。在老年人的生活中，常见到相依为命的一对老人，一个病逝了，另一个不久也去世了。尤其是丧偶的男性老人，这种情况更为

---

① 高云鹏等. 老年心理学. 北京：北京大学出版社，2013.

多见。再者就是老人丧偶后更加孤单，更需要爱情的滋润。专家建议，老人不应在空巢中生活，子女要把感情还给老人，不该将老年夫妻拆散，让老人独居。常言说："老伴，老伴，越老越要有伴。"这不是笑话，而是生理学、心理学及社会心理学对人类情感的真实总结。因此，应该让老年夫妻生活在一起，对丧偶老人，子女应该积极帮助他们再婚，寻找到生活的另一半。

任务二　能够根据老年人性心理与行为的表现，正确理解老年人性心理与行为

对老年人性心理与行为的正确认识就是为了帮助老年人摆脱性烦恼。要完成情境任务，需要思考以下问题，并在问题的引导下，更好地完成各项任务。

问题二：试分析王大爷为"性"铤而走险现象，你能找出什么心理上的原因？

情境中的王大爷为什么因"性"被送入派出所？老年人有哪些性心理？

学一学

老年人的性心理

(一)老年人性心理的基本特点

老年夫妻由于性生理衰退，常常会造成一定的性矛盾。比如大部分男性老人在心理上仍有较强的性需要，而女方却相反，这使两性在生理上不协调。其实，老年人的性生活不仅表现在性交行为上，而且更广泛地表现在感情上的彼此依恋和心理上的需要。

1. 老年人需要伴侣，也需要爱情

许多世俗观念反对老年男性及女性仍然存在性情感、性要求和性关系。但年轻人不应该把性享受作为自己的专利，应该充分理解老年人的性要求，积极支持丧偶的老年人再婚，帮助其过好晚年生活。

2. 老年人更需要陪伴和安慰

人类是有丰富思维活动的，人老了，儿女都在忙自己的事情，老人就会加倍地感到孤独。尤其是如果出现老夫妻中某一方先离开人世，这种孤独的生活比经济上的贫困对老人的影响更大。

3. 老年人的性苦恼

老年人往往把性交和性活动等同起来，认为只有性交才能证明自己的性功能正常，这是老年人共有的想法，其实大可不必。老年期由于体质出现阶段性的衰退，因此，性活动如同体力活动一样，不需要像年轻人那样有爆发力，这是正常的。但由于缺乏性知识，很多老年人不了解自己的生理以及如何协调性生活，以至于对自己性能力产生担心、忧虑和苦恼，导致老年夫妻性生活的不和谐，甚至产生性压抑。

（二）独身老年人性心理特征

目前，我国 60 岁以上老年人约 2.6 亿人，其中有不少老年人丧偶、未婚、离婚而独身。独身老年人的性心理表现主要有以下特点。

1. 性兴趣转移

由于独身，性生活缺乏，性兴趣已不仅仅是与异性亲身的体验，而是通过电视、电影中的性爱镜头，满足精神上的性体验，性兴趣似乎更广泛了。

2. 性回忆增多

独身老年人与同龄老年夫妻相比，性回忆增多。他们与配偶在几十年生活中建立的性爱和情爱关系已深深占据他们的心里，他们常常回忆与配偶共同生活的时光，在回忆中得到性的满足。

3. 性情感复杂

由于受传统的观念影响，家庭、子女和社会对独身老年人的性要求不理解，因此他们常常感到烦恼和压抑。既想得到新的伴侣，又怕因此造成家庭不和。因而，性格变异，在生活中也常表现为无缘无故发脾气等。

4. 性自慰行为增加

独身老年人尤其是独身老年妇女，常通过手淫得到性满足。调查结果表明，独身老年妇女性自慰行为通常比普通老年妇女更多。

需要注意的是，独身老人性心理特征表现程度因人而异，有的老年人表现明显，有的不明显。它受许多因素的影响，比如传统观念、社会环境、个人文化背景、家庭和睦程度、配偶在世时的性生活和谐程度、个人身体状况等。

性兴趣转移

性回忆增多

性情感复杂

性自慰行为增加

独身老年人性心理特征

图 4-1-6

任务三　结合老年人的性心理与行为，学会掌握老年人性心理的应对方法

对老年人性心理与行为的了解就是为了帮助老年人有效地应对，摆脱老年人性问题带来的烦恼。要完成情境任务，需要思考以下问题，并在问题的引导下更好地完成各项任务。

问题三：针对老年人性心理与行为，如何采取正确措施应对？

情境中的老年人为什么会为性而苦恼？要回答这些问题，就需要掌握老年人性心理与行为的应对措施。

学一学

如何帮助老年人做好性心理的应对方法

（一）老人自己应正确认识性心理的需要

性的心理需求，绝不仅仅是性交的行为，实际上推心置腹的交谈、深情的握手、拥抱、接吻、欣赏异性裸体、手淫、互相爱抚等行为都可以满足人的心理需要。事实上，老人需要性伴侣，也绝不仅仅是性生活的生理需要，更重要的是需要一个伴随自己走完人生最后历程的伴侣。据有人在老人院的观察，把有病的老年男女放在同一间病房里接受治疗，结果发现异性之间的交谈比同性一室的人之间的交谈大为增加，他们似乎更讲究整洁、礼貌，牢骚和不满减少了，食欲增加了，并且都希望能早日康复。尤其是如果老人心中有了心上人，就显得更加精神抖擞，睡眠好了，食量大了，疾病少了，大有返老还童之势。一位正在热恋的老人说："想不到我这个 60 多岁的人，还有这么激动人心的时刻，我好像又回到了年轻时代！"

（二）老人要正确认识自己的性的能力

人的性能力在一生中是会有所变化的，但这种能力不能仅仅狭义地理解为性交的能力，从某种意义上说，人的性心理需要和性能力可以一直持续到终生。老人需要爱抚，也可以爱抚对方，这是毫无疑问的。老年人中常常出现的性功能障碍，许多是由于错误的性观念或缺乏性知识所引起的，如对性生理的反应规律缺乏认识，男尊女卑的世俗偏见，性羞涩感和罪恶感等。其实，随着年龄的增加，老年人对性刺激的生理反应也会相应有所下降。如年轻人的性兴奋也许只需要几秒钟，而老年人则可能需要几分钟，男性阴茎勃起硬度减弱，射精量减少，女性则生殖器开始萎缩，阴道黏膜皱襞变少，阴道松弛，阴阜、阴唇脂肪减少，阴蒂、阴道对性刺激的敏感性减弱，阴道干涩等，这些都是正常的性生理变化，但这并不意味着老人不能进行丰富多样的性生活。老人不仅可以通过使用专用润滑剂增加性交的愉悦程度，也可以通过食疗等方法提高性能力。值得提醒的是，使用雌激素虽然可以增加女性的魅力，延缓衰老，但使用不当会导致诸如胆结石、高血压和宫颈癌等副作用。因此，老年女性在考虑服用雌激素时应听取医生的意见。许多人认为，老年妇女绝经后，性生活也就自然停止了，事实上更多的人自述绝经后反而更喜欢性生活了，因为她们不再为月经而烦恼，也不必担心会怀孕，性生活因而更加美好。当然，老年人的性生活还可表现为生殖器或非生殖器的抚摸、温柔的情话、尽情的接吻和彼此紧紧的拥抱等等，实际上，非性交的亲密行为可能比年轻时的性行为更为令人感受到爱情、亲情的深度和广度，不论是身体强壮与否，有疾病与否，它都可令老年情侣共同分享愉悦。

(三)再婚老年人应注意克服性心理障碍

不好意思讨论性的问题是常见的心理障碍之一。一位62岁的妇女，身体一直良好，但她对再婚丈夫的性要求感到厌倦，甚至骂他"老不正经"，"原来再婚就是为了这个"，而男方遭到指责，对再婚感到失望，无奈只好像单身那样以自慰来缓解性紧张，这不能不令人感到遗憾。其实，性生活、性爱不是年轻人的专利，性生活也是老年人正常的生理和心理需要。此外，再婚的老年人也会碰到性生活方式不适应的问题。老年人与原配共同生活了几十年，形成了一定的生活方式，其中包括相互理解的性生活方式，对方的喜好，对方一个小小的动作、一个眼神，都能心领神会，而再婚后，一切都是陌生的，每人都有自己原有固定的性生活方式，于是，这就有一个相互磨合与协调的过程，需要双方在性观念和行为习惯等方面互相沟通、互相交流、相互了解，共同营造一个双方都能接受的新的性生活方式。然而，有一些老人在再婚后，可能有一种"新人不如故人"的怀旧心理，在行为、语言和态度上对新配偶有所流露，这是应该尽量避免的，这种不和谐的情绪很可能带来感情上的不和谐，甚至造成性功能障碍，因此，只有相互沟通和谅解，才是老年再婚夫妇寻求真正幸福的唯一正确的途径。

(四)调整心态，更新观念

进入老年期以后，老年人应该正确认识性器官、性功能随年龄增加而衰退所产生的正常生理变化，并熟悉老年人的性功能、性表达方式以及性反应能力的特点，学会从中年到老年的性心理过渡，克服不切合实际的要求和期盼。

(五)加强身心方面的修炼

老年人一旦身体不好，任何美好的生活都是空虚的。身体健康是生活的根本，和谐、满意的性生活也必须以此为基础。因此，加强锻炼大有裨益。老年人应该设法参加一些适合自己特点的体育活动，强健自己的身体，预防疾病。应该注意加强心理修养，调节好情绪，消除忧虑烦恼，保持良好的精神状态。另外，合理的饮食、充足的营养也是获得和保持和谐性生活必不可少的物质基础。老年人还应该摒弃一切不良的生活嗜好，如戒烟、戒酒等。

(六)加强性心理行为的修养

由于种种原因，老年夫妻在性生活方面有不同的要求和反应，存在一定的差异，这时，双方应该尊重和体谅对方，细心探索，找出一种适合双方特点的性生活模式。此外，保持规律的性生活也是很必要的。老年人可以适当地加强性功能锻炼，以防止性功能衰退，提高性生活的质量。老年人性生活频度应该以男性的身体承受力为准。一般来讲，60~65岁的老年人，2~3周过一次性生活为宜；65~70岁的老年人以一个月或两个月为佳；70岁以上，以三五个月或者半年为妥。当然，每个老年人以自己的身体情况进行调节，以上仅仅是一个参考。

(七)情比欲更重要

老年人性行为的表现有其特殊性。老年夫妻的感情如同陈年老窖，越久越珍贵。

如今人老了，身体状况虽不如从前了，但性趣依然存在。此时，目标性性行为已经不是性生活中的主要行为，过程性性行为及边缘性性行为在性生活中占据了主导地位。

老年夫妻要想获得满意的性生活，要追求性愉悦，必须着意于夫妻情感的培养。如果把性生活当作例行公事，或者勉强对方来满足自己的要求，这样都不可能达到心神愉悦的境地。所以，老年夫妻之间情意绵绵、温馨浪漫、细致体贴，把性生活视作爱的融合，做爱时不断交流情感，双方互帮互爱、互相适应，自然水到渠成，终得男欢女爱。

(八)"无性"的美好

老年人的性当然不单纯指性欲的满足，从另一方面看，它是男女双方与生俱来的一种感情，使双方相互得到鼓励，分享快乐，进而在精神上有所寄托。它可消除老年人心理上的孤独感，增强其自信心。

实施步骤

第一阶段：活动准备阶段

这一阶段的基本任务是：

(1)分发情境材料，提出问题，确定讨论交流的主题。

(2)组成活动小组；根据项目情境分为几个小组，选出小组长，负责领导团队完成项目任务。创设情境引导学生发现问题、解决问题。

(3)各组制订汇报交流方案以及准备必要的工具和条件。(方案包括的内容主要有汇报的主题或课题、汇报的内容、汇报的具体目的和任务、方法、具体过程、任务分工、保证条件等)。

这一阶段需要注意以下两点。

(1)主题的选择：主题的选择不宜过大，要小、近、实，具有可操作性。

(2)方案的制定：充分发挥教师的指导作用，指导学生制定方案。

第二阶段：活动实施阶段

这一阶段的基本任务：按照制定好的汇报方案，运用一定的方法(调查、考察、收集资料、讨论)，收集老年人性方面的相关资料，进行具体的讨论交流，这是整个课程实施中最核心、最活跃，同时也是最艰难的阶段。

第三阶段：总结交流阶段

这一阶段的基本任务：整理活动过程中获得的资料，形成对问题的基本看法、问题解决的基本经验，发展实践能力以及良好的职业情感、态度与价值观。

这一阶段要注意的问题有：

(1)总结交流的内容要全面：如活动的过程与方法、结论、收获、经验等。

(2)成果的表达方式应多样：口头材料、实物、图片、音像制品、简单的书面材料。

(3)交流的方式应多样化：如辩论、研讨、展览、墙报、网页、小报等。

第四阶段：拓展提升阶段

提出一些课后进一步思索或需要延伸训练的问题，以激发学生探索和求知欲，引导活动向纵深发展。

能力检测

1. 性观念测试

下面是一个有趣的测试老年人性观念的题，请选择。

深夜时分，你见到一辆摩托车在街上飞驰，驾车的是两名头戴黑色安全帽、穿黑色皮衣的人，你认为这两个人是男是女呢？

测试报告：

(1)如果你是一位老年男性，请看下面的测试报告：

A. 两个都是男性。

你对异性已经有些麻木了，觉得与异性交往是一件十分麻烦的事，相反，你非常珍惜与同性之间的友情。

B. 前座是男性，后座是女性。

你可算是一个思想传统的男人，不但不能接受同性恋的想法，在生理上亦无法认同。

C. 前座是女性，后座是男性。

你虽没有对异性失去兴趣，但却有点"怕老婆"的情结。你喜欢体格强健的异性，认为即使这世界是女权主导也没半点问题。

D. 两个都是女性。

你喜欢追求新鲜刺激的事物，对于性，你并不觉得有任何道德问题。

(2)如果你是一位老年女性，请看下面的测试报告：

A. 两个都是男性。

你是个百分百正常的女人，你喜欢的异性亦属男人中的男人，甚具男子气概。值得你完全信赖的男性是你理想中的另一半。

B. 前座是男性，后座是女性。

你虽然没有厌恶男人的倾向，但你对同性间的友情更为重视，对异性交往并没有憧憬，只希望在老年有个伴侣。

C. 前座是女性，后座是男性。

你现在虽没有憎恶男人的倾向，但对目前的婚姻极为不满。你不认为男性必须保护女性，一个看起来不太可靠的男性反而是你的理想对象。

D. 两个都是女性。

你虽看似满足于与伴侣的生活模式，但内心始终怀着一份憧憬，希望儿女祝福自己的爱情美满。

2. 你是讨老伴儿喜欢的丈夫吗?

"老伴儿"虽然是老来相伴,但是,老年夫妻退休在家后,各自都很清闲,这个时候就不存在谁该多做些家务的问题了,而是应该主动承担起家务的责任。这尤其是对男性老年人提出的要求。现在,那些两耳不闻家事、一心只侍弄花鸟与下棋的大丈夫已越来越不讨好了。男性老年人更应该学会照顾自己、照顾老伴儿。

(1)你了解自己的西服、领带、袜子和内衣的放置处吗?
　　　是　　否

(2)你经常拖地吗?
　　　是　　否

(3)你知道米面的价格吗?
　　　是　　否

(4)你会自己做饭吗?
　　　是　　否

(5)你会做三个以上的菜吗?
　　　是　　否

(6)你饭后洗碗、整理餐桌吗?
　　　是　　否

(7)你使用过洗衣机吗?
　　　是　　否

(8)你倒垃圾吗?
　　　是　　否

(9)你打扫、洗刷过浴室吗?
　　　是　　否

(10)你知道户口簿(以及各种票证)和印章放在何处吗?
　　　是　　否

(11)你每周与家人共进晚餐三次以上吗?
　　　是　　否

(12)你知道三个以上的孩子朋友的名字吗?
　　　是　　否

(13)你会看报纸、电视上的家庭生活栏目吗?
　　　是　　否

(14)你有业余爱好并坚持下去吗?
　　　是　　否

(15)你同爱人每日谈话超过两个小时,或者同爱人至少每天亲热30分钟吗?
　　　是　　否

评分规则:

题号(1~15)是,各题1分,共15分。否则为0分。

测试报告：

分数为 10～15：你是个比较自立的丈夫，且能照顾好老伴儿，让老伴儿感到幸福；分数为 6～9：你是自立度一般的"自我服务"型丈夫，还有很大的进步空间；分数为 1～5：这样低的分数只能说明你的自立程度很差，连自己都照顾不好，更别提照顾老伴儿了，需要改进。

在做完自我鉴定以后，为避免自己向更差的方面发展，不妨从以下五个方面做起：做助人为乐的人；经常下厨房；自己安排盥洗；善于家计；时常整理居室。这样坚持下来，不仅会成为老伴儿的"香饽饽"，更会成为邻里和子女的好榜样。

知识梳理

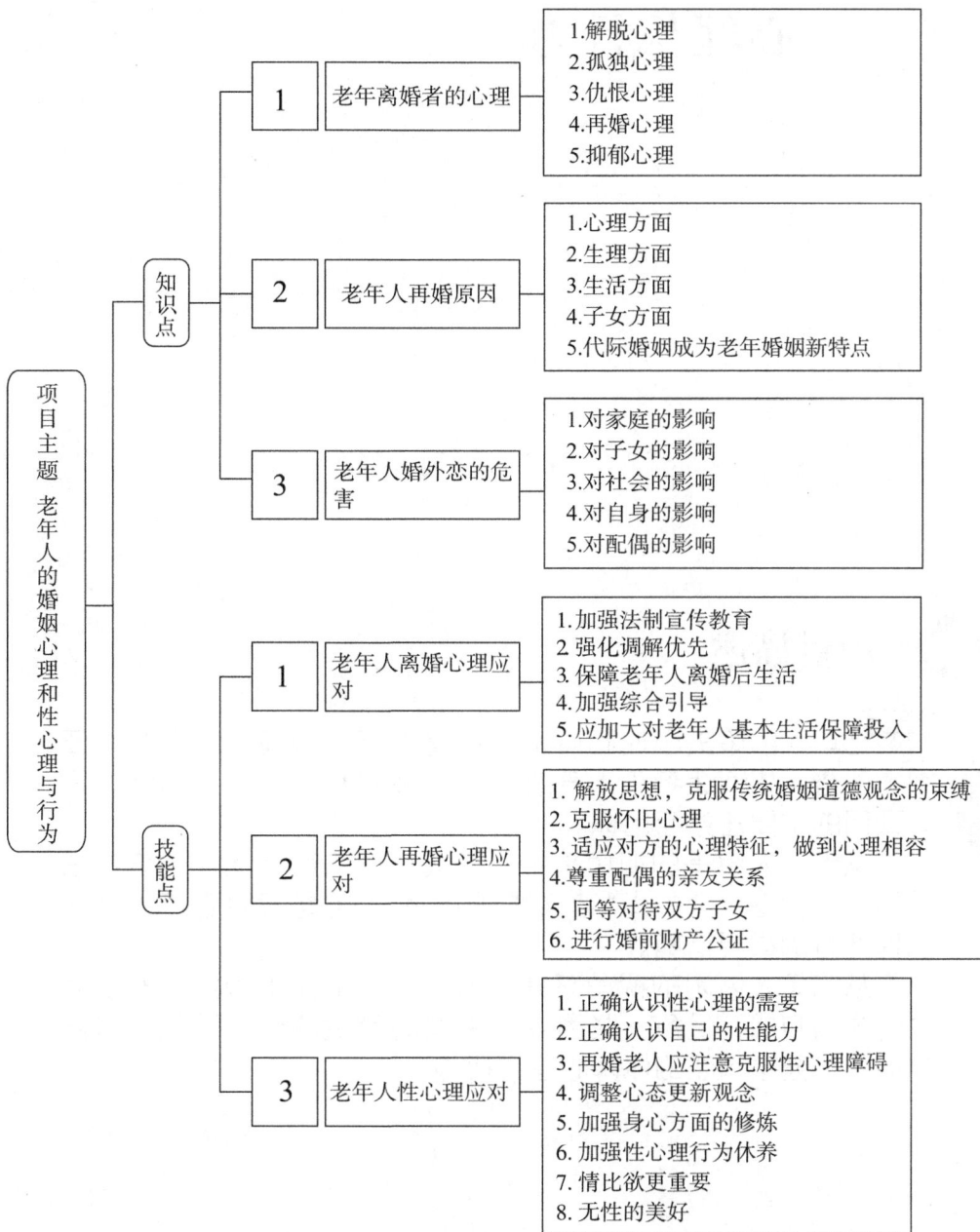

项目主题　老年人的婚姻心理和性心理与行为

知识点

1 老年离婚者的心理
1.解脱心理
2.孤独心理
3.仇恨心理
4.再婚心理
5.抑郁心理

2 老年人再婚原因
1.心理方面
2.生理方面
3.生活方面
4.子女方面
5.代际婚姻成为老年婚姻新特点

3 老年人婚外恋的危害
1.对家庭的影响
2.对子女的影响
3.对社会的影响
4.对自身的影响
5.对配偶的影响

技能点

1 老年人离婚心理应对
1.加强法制宣传教育
2.强化调解优先
3.保障老年人离婚后生活
4.加强综合引导
5.应加大对老年人基本生活保障投入

2 老年人再婚心理应对
1.解放思想，克服传统婚姻道德观念的束缚
2.克服怀旧心理
3.适应对方的心理特征，做到心理相容
4.尊重配偶的亲友关系
5.同等对待双方子女
6.进行婚前财产公证

3 老年人性心理应对
1.正确认识性心理的需要
2.正确认识自己的性能力
3.再婚老人应注意克服性心理障碍
4.调整心态更新观念
5.加强身心方面的修炼
6.加强性心理行为休养
7.情比欲更重要
8.无性的美好

项目五　老年人休闲和审美心理与行为

项目描述

老年人的审美心理和休闲心理是老年人心理与行为的重要组成部分，如何让老年人养成健康的审美和休闲心理与行为是本项目的主要任务与目标。

从老年人审美的视角来看，形成正确的审美理念，培养乐观情绪、营造一个崇尚"老来俏"的社会氛围是应对老年人审美心理障碍的重要措施。

从老年人休闲的视角来看，树立正确的休闲理念，养成健康的休闲方式，避免一些因素的影响而产生的休闲误区，这样才能形成健康科学的休闲心理与行为。

子项目一
老年人休闲心理与行为

项目情境

【情境一】留守老人养兔休闲又致富

"200 只兔子卖了 6000 元，春节前，我还要陆续卖 200 多只兔子。"近日，泸州市纳溪区丰乐镇保安村 58 岁的村民陈先生，脸上常常挂满了笑："往年，儿女这时还没寄钱回家，我就心焦，今年不靠儿女也能过热闹年啰！"

"这段时间，每天在丰乐镇都要收四五百斤灰麻兔。"泸州商贩邓先生说："丰乐镇集中养殖灰麻兔，正好赶上国内灰麻兔皮市场缺口，价格一路攀高，一张皮毛收价 11 元，比肯脱毛、白毛兔皮整整高出了 8 块多！"

让留守老人养兔

在该镇五里村村委会老年活动室，屋内聚集了一百多位老人。村支书王先生指着黑板上写的养兔技术和灰麻兔、白毛兔销售价信息告诉记者，全村 246 名留守老人，有农技员来讲课时，老人们全都会赶来听课，平时就在家里按农技员讲课时传授的农村养殖技术来喂兔。

陈先生养灰麻"齐卡"兔赚钱后，拆了柴房建养兔场，兔场保持 200 多只兔。他与老伴君子协定：一个在家管半天兔，到老年活动中心玩半天，挣钱、娱乐两不误。

【情境二】休闲娱乐，增添情趣

一场大雨过后，军都山愈加青翠。山脚下的翠湖岸边，几十位老人手持长竿，怡然自得地垂钓。湖边的绿地上，老人们悠闲地打着太极拳。还有三三两两地面对平静的湖面促膝交谈。更有许多老人在一起引吭高歌。这是在北京市昌平区爱地老人颐养中心见到的情景。

夏天，北京郊区掀起了一股"银色夏令营"热。各大旅行社、郊区度假村纷纷提供面向老年人的服务项目："银色之旅"郊区行、老年消暑一个月、老年之旅燕山行、夕阳红老年游、京郊缅怀之旅平西行……在媒体上经常可以看到类似的宣传或广告。据一家郊区旅行社的工作人员反映："没想到，夏天老年人在郊区度假火爆极了。就我们这个小旅行社，一个月就接待了 18 批 900 多人。"

伴随着人民生活水平的提高，越来越多的城里老人愿意到郊区度假。住在爱地老人颐养中心的 100 多名老年人分别是首钢、中国科学院、北京大学、铁道部、全国总工会、国家市场监管总局等单位的离退休干部和知识分子。铁道部离休干部伊老先生高兴地说："这儿的环境多好啊！青山绿水，空气清新。我今年 80 多岁了，子女都各有各的事。他们忙他们的，我给自个儿找乐。伏天了，我到这里住一个月，避避暑，天凉快了再回去。人家管我们这样的叫'候鸟式'老人。"据了解,老年人到这儿度假一个月收费一千多元,管吃、管住、管娱乐、管日常医疗保健,很受老年人欢迎,价格也能承受。一位老人坦言,他是在京郊的9家度假村中经过对比挑选出一家的。比较起来,公办的度假村服务显得单调死板,而民办的服务显得体贴周到。据了解,有的度假村还开设了"门对门"班车,直接到老人家接送,老人还可以随车带些家具到郊区。

中国科学院地理研究所退休教授王老先生说:"我在这儿度一个月伏天,早晨出去遛遛弯儿,打打太极拳、舞舞剑,回头到屋里整理科普文章。你看,我把电脑都带来了。"来自某国家机关的局级退休干部赵老先生说:"你看,我现在正给在国外的儿女写信呢。让他们放心,我在度假村生活得很好,不但衣食不愁,还有玩有乐。我还准备写写回忆录,把我这点儿经验留给后代。"据了解,目前老年人下乡度伏天的旅游度假在郊区方兴未艾。各旅行社、度假村正在厉兵秣马地准备"银色之旅金秋游"。

【情境三】李大爷的日记生涯

年过古稀、性格内向的李大爷,退休后在家,每天读书看报,坚持写日记。多年写日记,使他感受很深。部队退休归来17载寒暑,30多本日记,是他晚年生活的真实记录。那一页页泛黄的日记,记载着他的起落沉浮、得志和失意;那一行行的喜怒哀乐、嬉笑悔恨,都是心灵的对话,也是感情的真实流露,同时也延缓了衰老,使他富有朝气。

李大爷说,写日记是读初中时的一位语文老师教的。老师说,写日记有益身心健康,是宣泄感情的窗口,又是平衡心理、祛病延年的良方,使人好心情常在,幸福常在;写日记助长记忆,增强记事功能,打开思路,提高写作能力,有百利而无一害。李大爷记住老师的话,30年戎马生涯从未间断过写日记。

李大爷的日记生涯,使他每当翻阅早年泛黄的日记,一页页地细读,便油然而生一种骄傲、一种满足、一份充实感,给晚年生活增添无穷的乐趣。

【情境四】放松心态,告别病魔

老王退休后被诊断出患了肺癌,老王不想在家等死,受病痛的折磨,准备选择一个山清水秀的地方结束生命。于是他去和一位最好的朋友告别,这位朋友生性开朗又乐于助人,就给老王出主意,反正都是一死,干脆我陪你到风景秀丽的地方旅游一圈,这样才不白活。老王想想也是,于是买了很多户外旅行的设备,有摄像机、望远镜、指南针等。老哥俩天南海北地转,去过海南、苏杭,登过华山、泰山、嵩山,凡是风景美的地方都游历过。一路上欢歌笑语,老王完全忘了自己是个病人。回家后,老王去医院检查身体,癌细胞竟然不见了。虽然这只是极个别的例子,但保持乐观心态,积极参与社交,可以令老年人心境豁然开朗,促进老年人的身体健康。

【情境五】肖阿姨的兴趣爱好

肖阿姨今年60岁,她刚退休时,生活似乎一下子成了死水,不能接受退休的事实。3个月后,在老伴儿的鼓励下,肖阿姨在其社区组建了老年时装模特队,一直坚持到今天,参加了省、市乃至全国的舞台文艺演出,为丰富及活跃老年朋友的生活找到了一条宽广的道路。

174

肖阿姨的另一大爱好是网上冲浪。由她策划，并由懂技术的老伴儿制作的个人网站——"金色时光老年网"，成为推广自身及其老年模特队的平台。在这个网站上，文字、音乐和图片等多媒体形式并用，她们把自己的活动向全国老年朋友们介绍，受到老年朋友们的赞赏。而且她们还建立了交流版，把自己对美的理解、对生活的感悟、对老年生活的信心与老年朋友进行交流，互相倾诉。有网友这样评论："用心去热爱生活、装扮生活的人，永远快乐，永远年轻!"还有的网友说："享受退休生活，创新审美品位，理解休闲娱乐，这才是真正的老年生活新起点。"也有年轻的网友留言："看阿姨们的风姿，让我感到一种积极向上的、多姿多彩的生活态度和一种别样的审美观和审美情趣。这与现在的许多年轻人颓废的生活态度有多大的反差啊。感谢您，也让我们的姐妹们大饱了一把网上风光。"

以上情境表明，老年人的休闲心理与行为方式是有差异的，只有掌握老年人的休闲心理与行为特征，才能帮助引导老年人有目的地、科学地、积极主动地让老年人的身心都活动起来，才能真正拥有健康、快乐的生活，才能更好地做好老年人的服务。

项目目标

能力目标:

> (1)能根据老年人休闲心理的特点和原则，识别老年人对休闲心理的需求。
> (2)能根据老年人休闲心理的原则和意义，对老年人的休闲心理与行为进行分析、判断和评估。
> (3)能够运用老年人休闲心理的相关知识，策划相关方案，满足老年人的休闲心理需求。

知识目标:

> (1)掌握老年人的休闲心理特征及意义。
> (2)了解老年人休闲的一般原则及行为表现。
> (3)掌握老年人休闲心理的应对措施。

情感目标:

> (1)通过对老年人休闲心理知识的学习，培养学生重视老年人休闲心理和行为的良好情感。
> (2)通过对老年人休闲心理项目的具体策划与实施，培养学生乐于参与老年人活动，关心老年人休闲心理的情怀。
> (3)培养学生牢固树立"以老人为本，服务老人"的职业思想与职业兴趣。

项目任务

【任务导入】

面对情境一至情境五，你需要完成以下任务。

任务一：了解老年人休闲的心理需要，找出老年人休闲的动机。

任务二：分析老年人休闲的心理方式、原则和意义，帮助老年人选择合适的休闲方式。

任务三：掌握老年人休闲心理的影响因素，帮助老年人化解休闲心理疑惑。

【任务分解】

任务一　了解老年人休闲的需要，找出老年人休闲的动机

对老年人休闲心理与行为的了解，是为了发现老年人的休闲心理需要，满足老年人的休闲动机，帮助老年人进行有效的休闲活动，摆脱老年人孤单无聊的心理烦恼。针对上述情境中老年人的休闲行为与心理需求，要完成本任务，需要认真思考以下问题，并在问题的引导下完成任务。

问题一：老年人为什么想休闲？他们休闲的动机有哪些？

情境中的陈先生、铁道部离退休老干部伊老先生、李大爷、老王、肖阿姨等老年人是如何打发退休后的闲暇时间的？老年人退休后与退休前有什么不同？休闲对身体和心理健康有好处吗？老王是如何摆脱癌症折磨的呢？要回答这些问题，就需要了解老年人休闲的内涵、动机和特点。

> **关键概念**
>
> 休闲：休闲包括两方面含义：一是解除体力上的疲劳，获得生理上的和谐；二是赢得精神上的自由，营造心灵上的空间。
>
> 老年人休闲就是指老年人体悟人生和领略自我的精神体验和自我娱乐、自我消遣的活动或安排。

学一学

老年人休闲

休闲是一种心灵的体验，也是一种付诸实践的行动(Kelly，1990)。休闲活动分为身体活动、社会活动和生产活动等。家务、朋友交往、户外活动、园艺种植、阅读书报、饲养活动、打麻将(牌)、看电视、刷视频、听广播等休闲活动是我国绝大多数 65 岁以上退休老年人的主要生活内容和生活方式。

老年人休闲应遵循的基本原则

(一)老年人为什么喜欢休闲

随着生活水平的提高，假日休闲不再是年轻人释放繁重工作压力的"专利"，一些老年人，特别是平时围着儿孙转的老年人也开始享受假日里的那一份闲情。经过多个

黄金周，假日休闲概念正在被越来越多的老年人接受。然而，与年轻人花样繁多的休闲方式和火爆的休闲市场相比，适合老年人的休闲方式显得单调和冷清了许多，绝大多数老年人因找不到合适的休闲方式而无奈待在家里与电视为伴。随着我国老龄化程度的加剧，老年人休闲已经成为亟待关注的社会问题。

从我国目前的休假制度来看，由于国庆节、春节长假的实行，加上端午节、清明节、五一节、中秋节等，再加上双休日制度，中国每年有法定休息日接近 120 天，这意味着人们三分之一的时间是在闲暇中度过的。显然，休闲正逐渐成为生活中一件重要的事情，特别是随着中国老龄化社会的来临，"老年休闲"已成为一个越来越引起全社会关注的问题。拥有充足闲暇时间的老年人的休闲问题更是中国社会老龄化进程中亟需解决的问题之一。当前，很多老年人已经认识到老年阶段是人类所必经的生命阶段，树立积极的休闲观念，充实晚年生活的重要性，而且他们有较好的经济条件和更多用于休闲的时间，他(她)们完全有能力、有条件参与更积极的休闲活动。因此，对老年人日常休闲心理和行为的研究对老年人本身，对家庭，对社会都有着非常重要的意义。

1. 老年人休闲的内涵

何为休闲？仁者见仁，智者见智。瑞典著名哲学家皮普尔说，休闲是一种精神态度；是一种为了使自己沉浸在"整个创造过程中的机会和能力"中的状态。美国学者凯利则说：休闲应被理解为一种"成为人"的过程，是一个完成个人与社会发展任务的主要存在空间，是人的一生中一个持久重要的发展舞台。休闲是以"存在"与"成为"为目标的自由——为了自我，也为了社会。杰弗瑞·戈比说，休闲是从文化环境和物质环境的外在压力下解脱出来的一种相对自由的生活状态，它使个体能够以自己喜爱的、本能地感到有价值的方式，在内心热爱的驱动下行动，为信仰提供一个基础。古希腊哲学家亚里士多德这样谈论"休闲"：摆脱必然性是终生的事情，它不是远离工作或任何必需性事务的短暂间歇。马克思眼中的休闲则来自另一个角度，他认为"休闲"一是指"用于娱乐和休息的余暇时间"；二是指"发展智力，在精神上掌握自由的时间"。亚里士多德曾说："休闲可以使我们获得更多的幸福感，可以保持内心的安宁。"

在现代，一般意义上的休闲是指两个方面：一是解除体力上的疲劳，获得生理上的和谐；二是赢得精神上的自由，营造心灵的空间。休闲的价值不在于实用，而在于文化，它使人的精神在自由中经历审美的、道德的、创造的、超越的生活方式，呈现自律性与他律性、功利性与超功利性、合规律性与合目的性的高度统一，是人的一种自由活动和生命状态、一种从容自得的境界，是人的自在生命的自由体验。总之，随着社会生产力的提高和生产方式的进步，人们拥有的闲暇时间越来越多，休闲作为人的一种自由生活，其真正内涵是挖掘自身潜能、实现自身价值的一种生活方式。而老年人休闲就是指老年人体悟人生和领略自我的精神体验和自我娱乐、自我消遣的活动或安排。

2. 老年人休闲的动机

休闲动机是推动休闲行为发生的原动力，而休闲动机是在休闲需要的基础上产生的，休闲需要是引发休闲行为的最基本的心理因素。马斯洛的需要层次理论经常被用在休闲需要的研究中。不同性别和年龄的老年人的休闲动机是有差异的。男性与女性老年人的休闲动机存在一定的差异。在中国文化中,女性更加注重家庭情感,承担着更多的家庭责任。女性和男性在"生活需要"这项休闲动机上有较为明显的差异,中国女性比男性倾注更多的精力在家庭上,男性在社会中拼搏更多,因此在"为得到社会承认与社会地位"这项休闲动机上,男性也更加认同。不同年龄的老年人的休闲动机存在着一定的差异。相关调查发现,60～70周岁的老年人由于刚刚从岗位上退休,还希望通过休闲活动与社会相接触,以期得到社会的承认与社会地位,但70～80周岁以及80周岁以上的老年人由于身体等方面的原因,对此休闲动机的认同度相对较低。随着年龄的增长,感情上的需要越来越强烈,80周岁以上老年人对"增强感情、加强交流"的休闲动机认同度最高。① 以上这些差异说明,虽然女性老年人在社会中的经济地位在逐渐提高,而且她们的社会地位也逐步提高,但从总体上来说,女性老年人的休闲依然与家庭联系得较多,而男性老年人则更多地出于想要和社会接触等原因去参加休闲活动。

一般来讲,老年人休闲的目的主要是学习、娱乐放松、锻炼身体和结交朋友四个方面。这四个方面也体现了老年人生活的愿望,即"老有所学,老有所乐,老有所为,健康长寿"。"老有所学","活到老,学到老"。老年人的求知欲望是很强烈的。这点常常被社会公众忽略,以为老年人年纪大了,再学东西没什么用。其实,老年人也希望通过学习来充实自己,及时更新知识、观念以跟上时代发展的步伐。

(二)老年人的休闲特点有哪些呢②

1. 休闲时间相对比较充裕。

调查发现,老年人平均每人每天的休闲总时间约为545.26分钟,占一天时间的37.9%。各年龄段老年人的休闲总时间为:60～64岁,509.42分钟;65～69岁,515.60分钟;70～74岁,576.10分钟;75～79岁,601.40分钟;80岁以上600.80分钟。同时可以发现,休闲时间在60～80岁之间呈现出明显增加的趋势,这主要是因为工作和家务劳动的逐渐减少使得这个年龄段的老年人休闲时间增加。80岁以上的老年人,由于就医看病时间增多,休闲时间并没有明显增加。总体来说,各个年龄段的老年人都有着比较充裕的休闲时间,因此,老年人也表现出对休闲生活极高的满意度,对自己的休闲生活的表示基本满意和很满意的比例达到了84.8%。

2. **休闲方式呈现多样化的趋势**

在调查的除"无事休息"外的11项休闲活动(读书报、看电视、听广播、体育锻炼、社交活动、棋牌、兴趣爱好、社团活动、社会工作、上老年大学、其他休闲活动)中,老年人平均的活动项数为4.69项,说明老年人的休闲活动呈现出多样化的趋势,其中,看电视、体育锻炼(包括室外散步)、读书报是最受老年人喜爱的三项活动。在各种活动中,看电视是参与人数最多和平均每天投入时间最多的活动。在调查样本中,

---

① 齐莉莉. 经济研究导刊[J],城市老年人休闲动机研究——以芜湖市为例,2011年08期
② 付敏红. 广西社会科学[J],影响城市老年人休闲生活的因素与对策——以南宁市老年人为例,2005年第12期

有98.9%的老年人每天都看电视，老年人平均每天看电视的时间为173.45分钟，占了一天休闲时间的1/3；而每位老年人平均每天上老年大学或老年学校的时间仅为2.82分钟，平均每天读书报的时间为56.69分钟。因此，从休闲内容上看，老年人用于娱乐消遣型活动的时间过多，而用于提高发展型活动的时间过少。此外，老年人的休闲活动在结构上呈现出不协调性：从休闲方式上看，老年人的休闲活动主要是"被动受传型"活动，如看电视、读书报、听广播等，而"主动创造型"的活动过少，这样就难以发挥老年人的主观能动性，阻碍了他们从休闲活动中体验到自身价值的实现和创造的乐趣。

3. 休闲消费上，偏好花钱较少的活动

从每月的休闲消费来看，被调查的大多数老年人表示花费很少，有部分老年人认为不需要什么花费，这是因为老年人从事的主要是无须花费钱财和对休闲技能要求不高的活动，如看电视、体育锻炼（包括室外散步）、读书报、听广播等，而从事需要一定支出的活动（如到体育场馆、娱乐场所等）则很少。从花费较大的一些外出游玩来看，有22%的人表示近两年来没有外出游玩过，有27.7%的人只到过市郊风景区，有42.4%的人认为是经济原因限制了他们外出游玩。这也说明家庭经济状况会影响到老年人的休闲消费。此外，当前的城市老年群体成长于艰难困苦的生活环境中，长期以来形成了勤俭节约的观念，这种消费观仍然影响着他们在休闲消费中的支出，使他们难以认同较高的休闲消费。

4. 休闲场所主要是近距离的活动

身体健康状况、时间、经济成本以及休闲的便利程度等都是城市老年人选择休闲活动场所时考虑的主要因素。从调查样本来看，老年人经常活动的休闲场所主要是公园、广场、社区活动中心以及社区内的其他活动场所，经常在这些场所活动的老年人占调查样本总数的90.4%。最经常活动的场所离家的距离在2公里以内的老年人占调查总数的82.3%。这说明城市老年人主要是在近距离范围内活动。①

任务二　分析老年人休闲的方式、原则和意义，帮助老年人选择合适的休闲方式

对老年人休闲方式、原则和意义的分析，有助于帮助老年人设计科学的休闲方式，摆脱老年人闲暇时间多而又无所事事的烦恼。完成本任务，需要思考以下问题，并在问题的引导下，更好地帮助老年人休闲。

问题二：老年人休闲的常见方式有哪些？要遵循哪些基本原则？

情境中的老年人都是选择怎样的休闲方式的？为什么选择这些不同的休闲方式？一般遵循什么原则？各种休闲方式对

> **关键概念**
> 老年人休闲方式：是指老年人为了达到愉悦身心的目的，在不同场所，采取的不同活动的内容。

① 付敏红. 影响城市老年人休闲生活的因素及对策——以南宁市老年人为例[J]. 广西社会科学，2005，第12期.

老年人有哪些作用？要回答这些问题，首先需要了解老年人的常见休闲方式及遵循的原则。

学一学

老年人的休闲

（一）常见的老年人休闲方式

老年人休闲方式是指老年人为了愉悦身心的目的，在不同场所采取的不同活动的方式方法。老年人的休闲活动方式常见种类有：种花、打太极拳、钓鱼、看书、户外健身、听广播、上网、看电视、喝茶、旅游、聊天、玩扑克牌、打麻将等等。调查发现，看电视、体育锻炼(包括室外散步)、读书看报是最受老年人喜爱的三项活动。在各种活动中，看电视是参与人数最多和平均每天投入时间最多的一项活动。老年人如果能够将自己的休闲活动与承担社会功能相结合，多参与社会公益性活动，身心可以得到极大的满足，为晚年生活增添更加绚丽的色彩。

（二）老年人休闲应遵循的基本原则

适当的休闲娱乐是老年人身心健康的必要保障，这种观点已经成为常识。但老年人应该如何进行休闲娱乐，老年人的休闲娱乐和中青年人的休闲娱乐有何不同，则还没有引起人们的足够重视。老年人进行休闲娱乐活动应该遵循以下几条原则：

(1)动态休闲与静态休闲相结合。老人的休闲以静养为主，种种花，看看书，写写书法，练练气功，打打太极拳，对老年人的养生确实大有裨益。但动态的休闲，如打球、跳舞、唱歌、爬山等对老人也同样重要。二者紧密地结合起来，即达到动静互补的目的。没有静，动会伤其精气；而没有动，静也不可能长久。只是相对年轻人而言，老年人应以静态休闲为主，以适应其各种生理功能下降的现实。

(2)个体休闲与群体休闲相结合。由于老年人生理功能的下降(如听力的下降、行动的不便等)，其心理功能也会受到一定的影响。老年人在社会交往方面会慢慢出现一些困难和障碍，老年人之间的沟通能力会下降。在此种情况下，如果群体性的休闲过多，有时会由于嫉妒或猜疑而发生一些无谓的摩擦，造成不愉快的局面。但如果没有群体性的休闲，老年人的社会化欲望得不到满足又会影响其心理的和谐，甚至在特定的情况下会发生着老年抑郁症。和年轻人所不同的是：老年人的群体休闲只需要形式而不需要多少实际的沟通。只要老人感觉到自己被融入群体就已达到目的。

(3)休闲的多样性与稳定性的统一。休闲的多样性要求老年人敢于尝试新的休闲娱乐方式(如没上过网的学上网，没画过画的学画画)，让大脑能够接受一些新的刺激。这样，不仅可以得到意想不到的满足和收获，而且可以延缓衰老。而休闲方式的稳定性则会让老年人感到从容和舒适。

另外，老年人如果能够将自己的休闲活动尽可能地与社会功能相结合，则可以得到极大的满足，为老年人的"夕阳红"增添绚丽的色彩。如某市一位中学校长，退休之前就爱好研究当地的风土人情。退休之后，他在市电视台做起了介绍当地人文风景的义务导游。经常看见他戴着白手套，领着一帮学生，神采奕奕地出现在电视屏幕上。在人们的印象中，他从来就是那么年轻，从来就没有老过。

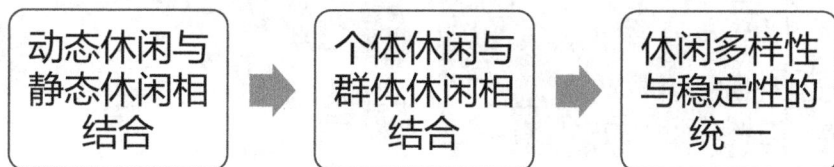

动态休闲与静态休闲相结合	→	个体休闲与群体休闲相结合	→	休闲多样性与稳定性的统一

图 5-1-1

🌐 小知识

老年人适合参加哪些休闲娱乐活动

养老机构中的休闲养老活动有很多，概括起来主要分为以下几种。

1. 体育性休闲养老活动。对于老年人来说，体育性休闲活动一般包括散步、体操、太极拳、八段锦、慢跑、毛巾操、球类等活动。参加身体力行的体育活动，是改善老年人生活质量，达到老年幸福的重要途径。

2. 知识性休闲娱乐活动。包括阅读、朗读、写作、收藏等。知识性休闲娱乐活动可以使老年人在学习知识、技能的同时，获得快乐，增加情趣，满足其精神文化生活需要。

3. 娱乐休闲活动。它包括棋艺、摄影、钓鱼、旅游等。娱乐性休闲活动是集休闲、健身、娱乐于一体的综合性活动，可以使老年人增强体质，增广见闻，陶冶情操，提高对外界环境的适应能力，促进自我实现。

4. 艺术性休闲活动。包括音乐、舞蹈、戏剧、书法、绘画、插花及烹饪等。艺术性休闲活动有利于老年人身心放松，促进手指康复，满足其创作需求，提高审美能力，增添生活情趣。现在随着生活水平的提高，老年人不仅仅满足于物质生活需要，更多的老人会去追求高质量的精神生活需要，所以，组织丰富的适合老年人的休闲活动是非常重要的。

体育性休闲——太极剑　　　　　　知识性休闲——朗读

娱乐性休闲——桥牌　　　　　　　　　　艺术性休闲——书法

图 5-1-2

任务三　掌握影响老年人休闲心理的因素，帮助老年人化解休闲心理疑惑

了解影响老年人休闲心理的因素是为了帮助老年人拥有健康、科学的休闲心理。

问题三：影响老年人休闲心理因素有哪些？怎样帮助老年人拥有健康的休闲心理？

情境中的诸多老人采取不同的休闲方式，那么是什么因素会影响老年人休闲方式的选择呢？怎样帮助老年人拥有健康科学的休闲心理？要回答这些问题，就需要先了解影响老年人休闲心理的因素。

> **关键概念**
>
> 　　老年人休闲心理因素是指老年人选择不同休闲方式的个体或者家庭、社会的影响条件或制约要素。

学一学

（一）影响老年人休闲心理的因素有哪些

老年人的休闲心理因素是指老年人选择不同休闲方式的个体或者家庭、社会的影响条件或制约要素。影响老年人休闲的因素很多，主要表现在以下几个方面：

1. 家庭因素

随着家庭规模持续缩小，子女成家立业后离开父母等，空巢老人、独居老人日益增多，老人与儿女、亲属之间见面机会减少、交流减少，给老年人的休闲生活留出一大空缺。由于缺乏沟通和交流，老年人又缺乏必要的健康科学知识，情绪不好时不能得到及时的调理和疏导，因此，孤独、抑郁、暴躁、易怒等不良情绪增多，有的甚至出现心理障碍和精神疾患，给家庭和社会安定造成危害。目前，老年抑郁症、阿尔茨海默病有上升的趋势。再加上精神生活领域中反映老年人生活、符合老年人欣赏习惯的文学作品很少，使得老年人的精神食粮极度匮乏。因而，老年人的休闲动机不强，休闲生活质量较低。

2．社会关注状况

把关注老年人的物质文化生活提高到关注老年人的休闲生活，是社会的一大进步，也是对老龄社会提出的更高要求。目前，我国对老年人生活的关怀还没有提高到休闲生活层次，关于老年人休闲方面的研究还没有起步。因为缺乏关注，所以，为老年人提供的休闲服务理念还不到位，休闲方式也很少；老年休闲文化的开发还很薄弱。目前全国的老年报刊近百家；老年电视、广播栏目不少，但其形式和内容都在一个方面重复和雷同，缺乏多元化和深层次；而适合老年人的图书、影视及其他艺术门类的作品更是少得可怜；老年休闲娱乐设施明显不足；对老年休闲生活指导上缺乏因龄而异等。

3．自身因素

老年人的休闲观念。从休闲的三种限制因素（个人内在心理的限制、人际限制和结构限制）来看，最关键的就在于克服个人内在心理的限制，而这实际上涉及老年人的休闲意识和休闲技能的问题。当前老年休闲中的个人内在心理限制主要是由老年人休闲意识不强、休闲技能缺乏造成的。因此，必须增强老年人的休闲意识，提高他们的休闲技能，鼓励他们积极参与适合自己的休闲活动。实践证明，性格开朗大方的老年人，休闲意识强，休闲方式的选择余地大，而思想守旧、墨守成规者则整天无所事事，没有把休闲作为一种乐趣和追求，更多的是待在家中、精神空虚、身体状况不佳。另外，老年人的文化程度等与其休闲生活质量有着密切的关系。不同文化程度的人会形成不同的需要和满足机制，从而选择不同的休闲活动方式。从一些调查中可以发现，文化程度越低的老年人，"无事休息"的时间就越长；文化程度越高的老年人，从事休闲活动的项数就越多。一般来说，受教育程度较高的老人会在休闲观念上更加积极，而且也会选择更加丰富的休闲活动类型。再有，收入对老年人休闲的影响体现在休闲方式的选择和休闲消费支出上。家庭经济状况对城市老年人的休闲生活质量有着重要的影响。经济状况会影响到老年人休闲时间的长短。一般地，个人月收入越高，其家务劳动时间越呈现出减少的趋势；而休闲时间则呈现出增加的趋势。即个人月收入越低，每天用于家务劳动的时间越长，而用于休闲的时间则相应减少。

（二）怎样帮助老年人拥有健康科学的休闲心理

众所周知，随着年龄的增加，老年人渐渐从生产领域退出，其闲暇时间相应地越来越多。

随着老龄化社会的到来，老年休闲问题对社会介入的需求在不断加大。如何引导老年人健康、科学、积极地开展休闲活动，又如何以塑造正确的舆论、高尚的情操、精美的文化来引导老年人的休闲生活，不仅是一个越来越引起全社会关注的问题，更是中国社会发展进程中亟待解决的问题。

1．从个人层面看，提倡健康的休闲理念

健康休闲作为一种健康的生活方式，是人们休闲需求、休闲价值观以及休闲方式等的综合体现。其主要内容包括休闲体育、休闲旅游、休闲文化等方面。其中，体育

的健身功能、娱乐价值，旅游的体验与享受、文化的熏陶都是促进人们身心健康的最积极、最有益的活动。目前国外还流行着一些公益性的健康休闲方式，如参加社区活动、投身志愿者队伍、助人为乐以及践行简单生活等。老年阶段是人类生命历程的必经阶段，正确对待老年生活、树立积极向上的休闲观，对于老年人来说是非常必要的。老年人应调整心态，积极适应退休生活，树立健康休闲的理念，才能幸福安度晚年。

老年人还应该寓休闲于审美。休闲的根本内涵是生存境界的审美化。休闲不仅是人与自然的和谐，更是人自身肉体和灵魂的和谐。在理想的休闲审美境界中，生存不为贫所累，不为利所缚，思如流水，欲如行云，只有这样，老年人才能体会到奋斗后的愉悦，能尽情享受大自然赐给人间的一切美好的东西。这是人对自然、真实生命的用心体验，是悟出生活真谛后的一种生存境界，是一种超道德的审美境界。处于这样一种境界的老年人，将不再体会生活的无聊、寂寞、孤独、郁闷等消极情感，而会感到生活充满无穷的乐趣和意义。

2. 从社区层面来看，倡导多元化休闲方式

目前，老年人的休闲服务还处于初期发展阶段，政府搭台提供公共性休闲服务设施的作用举足轻重，因此，政府应针对老年人在休闲娱乐方面的活动范围较小、活动地域比较固定等实际需要，建设相关休闲场所，组建社区休闲活动团体，丰富老年人的休闲生活。社区是城市老年人活动、交往、生活的主要场所，大部分老年人的休闲生活主要是在社区范围内进行的。要想把社区建设成老年人休闲的乐园，必须加大对相关休闲活动场所的建设。社区工作人员应充分挖掘和培训本社区的文化娱乐活动骨干，根据不同年龄段以及不同的兴趣爱好，组建各种老年休闲活动团体，进行有组织的休闲活动培训，带动社区中广大老年人参与丰富多彩的休闲活动中去。同时，还应加大对社区老年活动中心等公共休闲服务设施的建设力度，充分利用老年协会、老年大学、老年活动中心、公园等场所，开展适合老年人特点的群众性娱乐活动。

3. 从家庭层面看，建立无条件的支持系统

应尽可能减少老年人的家务劳动时间，从物质上和情感上支持老年人的休闲活动，帮助他们增强休闲意识和提高休闲技能。与其他群体相比较，城市老年人的休闲时间还是比较充足的，但仍有一部分老年人的家务劳动时间过长，挤占了他们的休闲时间，限制了他们休闲活动的开展。因此，要提高老年人的休闲生活质量，就必须减少他们的家务劳动时间，增加他们的休闲时间。此外，经济状况也会影响到老年人对休闲活动的选择，低收入状态使他们倾向于参加一些不需要花费的活动。因而，作为家庭中的年轻人，应给予老年人在经济上力所能及的帮助。还可以利用节假日带老人外出旅游，或鼓励他们参加"夕阳红"之类的旅游团体，一方面可以增进与老人之间的感情；另一方面也给老年人提供了与他人交流的平台，认识更多的朋友，丰富老年人的精神生活。老年人能不能真正拥有轻松惬意的休闲娱乐生活，子女的支持是关键因素之一。因此，做子女的要体贴老年人，关爱老年人，把自己的生活处理好，不让老人操心；同时，要鼓励老人积极回归社会，做他们自己喜欢做的事情，并为他们创造良好的大环境。

4. 从政府和社会层面来看，加大政策支持力度

面对日益增长的老年人口，如何使他们度过一个轻松、愉快、高质量的晚年，已经引起了社会各界的关注，各级政府和有关部门都出台了一些有关老年人休闲的优待政策和措施。如对老年人在乘坐公共汽车、参观和游览方面给予优待和照顾，一些行业和服务机构给老年人提供优先和优惠服务等。但这些还远远不能满足老年人的需求，有关部门应继续制定有利于老年人休闲的相关政策和措施，鼓励和支持社会力量为老年人的休闲活动提供服务，大力发展老年休闲消费市场，采取有效措施，鼓励发展适合老年人消费的产品和服务，满足不同层次、不同类型老年人的休闲消费需求。

另外，政府还应积极鼓励和支持老年休闲产业的发展，同时服务行业也应该积极挖掘老年休闲产业的商机，针对老年人的消费需求和消费特点，加快开发受老年人欢迎的休闲娱乐产品。譬如，当前越来越多的老年人开始有了出游的愿望，旅行社应针对老年人的旅游需求，加快开发适合老年人特点的新的旅游线路和旅游服务项目等。

此外，还要引导老年人转变消费观念，帮助他们理解休闲活动给老年人人生最后阶段增添的生命乐趣，体验休闲活动带来的自我满足和快乐，倡导老年人合理进行休闲消费，促进老年人休闲生活质量的提高。

总之，从关注老年人的物质文化生活到关注老年人的休闲生活是时代的要求，也是社会的一个重大进步，更是对老龄社会提出的更高要求。了解老年人的休闲需求，关注老年人的休闲生活品质，开发及繁荣老年人的休闲产品市场，帮助老年人学会、拥有积极健康的休闲生活，是一个非常重要的系统工程，对老年人及整个社会都具有重要意义。因此，全社会都应该关注老年人的休闲生活，参与发展老年休闲经济，开展老年休闲教育，促进老年人健康休闲。

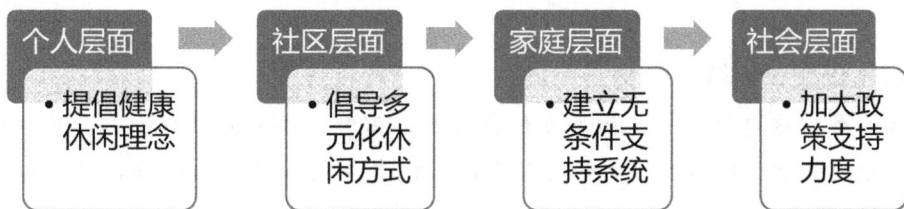

图 5-1-3

小知识

旅行对老年人的意义

大自然不仅慷慨地赐予人类所必需的空气、阳光和水，而且还以其美丽的千姿百态吸引、愉悦着人们，帮助人们祛病延年、健康长寿。因此，在大自然中畅游是一项非常有意义的活动。旅游对于老年人来说，其兴味不亚于青年人。

(一)开阔视野，增进知识

旅游可以帮助老年人了解各地各民族的历史、风土人情、文化艺术、饮食习惯等特点，还可欣赏古今建筑艺术、名家碑碣等。老年人闲情游乐，到处看看外面的世界，对于开阔视野，增进知识是非常有好处的。正如荀子所说："不登高山，不知天之高也；不临深溪，不知地之厚也。"

(二)陶冶情操，享受人生

由于旅游胜地大多山清水秀、风景优美、鸟语花香，不仅可以让老年人一览大好河山的壮丽景色，而且能借以舒展情怀，是一种有益于身心的调养活动。

(三)锻炼体魄，促进健康

置身于名山胜水，能使人呼吸到空气中大量的负离子，调节其神经系统和增加血蛋白，加速其肌肉内代谢产物的输送，消除疲劳。同时，还能增强呼吸系统的功能，改善机体对氧气的吸入量和二氧化碳的排出量，促进机体新陈代谢。此外，行走既是一种活动方式和交通方式，同时也是一种使人健康长寿的手段。因为行走实际是足底穴位按摩，也加强了骨骼与肌肉的力量，改善了关节的灵活性和柔软性，提高了身体的抗病能力和对外界环境的适应能力。游览之时，精神振奋，烦恼、郁闷烟消云散，休息之时肌肉由紧张转为松弛，睡眠好，吃饭香，对身体健康有很好的促进作用。身体肥胖者，旅游还可减轻体重。在游览过程中，还能受到阳光的沐浴，从而增强体质，健康长寿。

(四)调剂生活，增乐添趣

各地的美味佳肴、风味小吃，既可调剂老年人的口味，又可增加老年人的营养。我国各地还有很多精美的工艺美术品和著名特产，旅游者可在旅游地选购满意的饰物、服装、工艺美术品、纪念品等，既可装饰美化家庭环境，又可留作纪念，让人回味无穷。

(五)增进交往，结识朋友

老年人外出旅游往往与亲朋好友结伴而行，同时，在旅游过程中，又可结识许多新朋友。老友新朋，共同度过美好的时光，可使老年人心情更加舒畅，对消除老年人的孤独感颇有好处。

旅游，不仅是年轻人的专利，也是老年人所喜爱的活动。谁不热爱如画的风景、大自然的清新？何况人到晚年，心境悠然，更钟情于返璞归真。此外，旅游也是一项很好的健身运动，漫步于山间小径，置身于翠绿之中，既赏心悦目，又能活动筋骨、延年益寿，但是老人外出旅游要因人而异，不能过度劳累，否则适得其反。

实施步骤

步骤一：准备工作

(1)环境准备。要求教室清洁卫生，宽敞明亮，配有活动桌椅，设备能正常使用。

(2)材料准备。一是各项目情境资料，二是学生预习准备的相关资料，三是白纸、彩笔、胶带、剪刀等。

（3）人员准备。根据项目情境，将全班学生分为几个小组，选出小组长，负责领导团队完成项目任务。

步骤二：分配项目情境，布置项目任务

将各项目情境分别发给每一个小组，并提出每个项目情境的任务及要求。具体要求：熟悉项目情境—完成情境任务—写出实施提纲—代表汇报—全体评价。

步骤三：实施过程

各小组成员根据项目情境中的任务要求，进行任务分解，并参考教材及相关资料进行思考、提出问题、讨论交流、解决问题。并以提纲的形式，写出问题解决的方案或措施。其间学生也可以上网查询相关资料。

步骤四：成果展示

以小组为单位，对任务完成的过程进行分析汇报。其他小组提出问题或意见、建议，进行讨论交流。随后，各小组修改、完善，并提交作业（汇报材料或视频材料等）。

步骤五：实施效果评价

先以小组为单位，由各小组派代表对该项目实施的优点与不足进行评价，最后由教师进行总结性评价。

总体思路安排：老年人休闲或审美案例引入、讨论—知识点聚焦—知识运用—方法或方案的策划与实施—解决问题—新问题产生—知识点再聚焦—……—解决问题。

能力检测

【情境一】雾霾消散，哈尔滨室外健身升温，广场舞"重现江湖"

华灯初上，在哈尔滨市繁华的鸿翔路广场，曾在雾霾天气下消失数日的广场舞又"重现江湖"，轻快活泼的音乐伴随整齐划一的舞步，引得不少市民驻足观看。而在另一侧，一支由退休工人组成的老年秧歌队在精气神儿上也毫不逊色，舞动的彩扇在灯光的映照下更显夺目。

"大雾那几天，空气质量那么差，就只能'猫'在家里，现在终于能出来活动下筋骨，感觉精神又回来了！"63岁的赵大娘告诉记者，这场罕见的雾霾让自己坚持许久的"快乐舞步"不得不中断，也让她切身感受到城市的空气质量对市民健身活动的影响。

……

【情境二】陕西：广场舞大妈与老汉起争执，遭泼脏水

某日，在陕西省西安市安康城区汉江边一处观景台上，几名跳广场舞的大妈与附近会所的一名值班人员起冲突。值班人员气急后用桶泼污水，广场舞大妈6人纷纷"中招"。目前双方已达成和解。

【情境三】广场舞已成为部分老人婚姻生活的是非之地

据《当代生活报》，2014年上半年，仅南宁市江南区法院受理的，因广场舞惹出的离婚纠纷就有10多起，且多是老人。七旬的老张，4年前丧偶后结识了小自己16岁的广场舞教练阿琴，热恋后结婚。可之后老张与另一舞伴暧昧，阿琴为报复也与别的老人暧昧，于是他们离婚了……

针对上述情境，完成下列任务。

任务一：分析广场舞等休闲娱乐方式对老年人身心健康的作用。

任务二：分析老年广场舞这种休闲娱乐方式的优点与不足。

任务三：指出老年广场舞给人们的启示，并找出解决广场舞扰民问题的良好方法。

子项目二
老年人审美心理与行为

项目情境

【情境一】"会玩的"许老伯用爱美之心树典范

街坊的许老伯年逾七旬，却很爱玩，下棋是他的最爱。晚饭后，常常看见他和街坊邻居的一些中老年人在楼下下棋。下完棋，有时还要扭扭秧歌，唱唱京剧。时不时地在镜湖公园和一些票友组成一个"京剧之夜"，边唱京戏，边拉京胡。前几天，小刚到附近的游泳池玩水，不想，在游泳池里又碰到了许老伯。小刚便上前和他打招呼。许老伯问小刚："你是第一次来这里吧？"小刚点点头，问许老伯是怎么知道的。许老伯说："我天天都来……"原来他买的是月票。小刚听后心想，这真是一个爱玩儿的老人。可是，许老伯好像知道他在想什么一样，就慢慢道来。其实，做一个会玩儿的老人，不只是为了娱乐，更是为了提高自我审美意识和审美情趣。过去人们总是认为人老了，就没有什么想法了。因此，对于老年人的关心少之又少，对于老年人的生活情趣和审美意识等方面的活动和研究更是少之又少。而年轻人不是看什么歌剧、话剧，就是去KTV、保龄球，更不要提花样繁多的美容、服饰，等等。所以，老年人只能自得其乐，不断拓展自身的生活乐趣和审美心理。

回家后，小刚以许老伯为例，说服老爸老妈向许老伯学习，不要只是待在家里看书，并又抱怨现在的各种活动总是忽略老人。在他的劝说下，一向以家为根据地的老爸，现在也开始走出家门了，早上去晨练，白天在老干部活动室玩。而一向以厨房为根据地的妈妈，也开始出门买新衣，在家做美容。有时，老两口还去德云社听相声，去《夕阳红》节目录制现场听听其他老人的心声。短短几个月，老爸老妈有了自己的爱好和品位，再也不人云亦云、烦恼厌世，看上去比过去年轻多了。

【情境二】张大妈的审美观

大清早，邻居张大妈愁眉苦脸地对邻居说：和家里人简直没法沟通了。老伴过生日，她给买了一条金利来领带，可是过了两年都没见他戴过，于是她就问老伴，在她再三地追问下，老伴酸溜溜地扔下一句诗："草木有本心，何求美人折。"弄得她丈二和尚摸不着头脑。她转身又看见女儿穿着露肚脐的短衫要出门，就骂女儿不知羞耻，不懂什么是美。谁知女儿慢条斯理地说："如果你问一只雄癞蛤蟆，美是什么？它会回答，美就是它的雌癞蛤蟆。"她气得火冒三丈地责问老伴，太溺爱女儿了，竟敢骂娘了！可老伴却辩解说，他和女儿说的都是名人名言。后来她才知道：她老伴说的是唐代张九龄的诗句，女儿说的是法国哲学家伏尔泰的名言。看来，这一家三口无论从穿着打扮到修养品位，都出现了不同的审美观，所以，才产生了不小的误解。

【情境三】赵阿姨的烦恼

赵阿姨是一位退休职工，年轻时就喜欢穿色彩艳丽、设计新潮的时装，到了晚年，这种爱好一点儿也不减。每当她穿上五颜六色、款式新颖的时装，再做一个漂亮的发型时，她就觉得心旷神怡、特别高兴，觉得自己还年轻，还没有步入老年，觉得生活无限美好。不过她的这些行为常常引来子女们的非议，都说周围的大婶大妈们都不这样打扮，唯独她这样"老来俏"，会惹人非议的。赵大妈的老伴很保守，所以也常常讥笑她"老莲花白叶子不收心"。可赵阿姨不接受他们的意见，总会因此与家人争吵，也常常因此而烦恼。

【情境四】张先生拒跳广场舞：和老人家审美取向不同

某日，张先生在谈及当下从国内火到国外的广场舞时，表示自己能理解老人家的这种娱乐形式，但自己就绝对不会去参与，也不能接受，"广场舞有它的审美和艺术取向，没有共同语言就进不去，我绝对不会去。"

项目目标

能力目标：

(1)了解老年人审美心理的活动方式与特点。

(2)能够对老年人的审美心理与行为进行分析、判断和评估。

(3)能够运用老年人审美心理和行为的相关知识，策划相关方案，满足老年人的审美心理需求。

知识目标：

(1)掌握老年人的审美心理内涵和本质。

(2)了解老年人审美活动的方式和特点。

(3)掌握老年人审美心理障碍因素及应对方法。

情感目标：

(1)通过对老年人审美心理知识的学习，培养学生重视老年人审美情趣和帮助老年人审美的职业情感。

(2)通过对老年人审美心理项目的具体策划与实施，培养学生树立牢固的职业思想，热爱为老年人服务的工作。

项目任务

【任务导入】

面对情境一至情境四，你需要完成以下任务。

　　任务一：了解老年人的审美需要，找出老年人的审美动机，掌握老年人审美的内涵和特点。

　　任务二：能够根据老年人审美活动的方式，找出老年人审美差异产生的原因，并把握老年人审美心理与行为活动的本质。

　　任务三：掌握老年人审美心理与行为的影响因素，帮助老年人化解审美心理与行为中的疑惑。

【任务分解】

任务一　了解老年人的审美需要，找出老年人的审美动机，掌握老年人审美的内涵和特点

　　对老年人审美心理与行为的了解是为了帮助老年人有效地、科学地进行审美，满足老年人的审美心理需求。需要认真思考以下问题，并在问题的引导下完成任务。

　　问题一：老年人为什么各自有各自的审美情趣？他们的审美动机是什么？老年人审美的内涵及特点有哪些呢？

　　情境中的许老伯为什么值得别人学习和效仿？张大妈的审美观为什么与孩子和老公不一致？赵阿姨的审美观为什么遭到非议？张先生的审美取向为什么与别人不同？为什么各自有各自的审美情趣和需求？等等，他们审美的目的是什么？老年人审美的内涵是什么？他们的审美有什么独特表现吗？要回答这些问题，就需要了解老年人的审美内涵和特点。

> **关键概念**
>
> 　　审美：审美是指个体对美好事物的心理体验。亦即个体对美好事物的品位和鉴赏。
>
> 　　审美活动：审美活动是指个体对美好事物的欣赏活动、辨别活动和创造活动，是审美主体和客体和谐统一的社会实践活动。
>
> 　　审美心理：审美心理是指审美对象在主体神经系统中形成的特殊联系。

学一学

老年人的审美需求

(一)审美心理

　　审美心理是审美对象在主体神经系统中形成的特殊联系。对于审美主体来说，它表现为一种爱好、趣味；对于审美对象来说，它表现为一种标准、尺度。从心理角度讲，它是一种心理状态；从生理角度讲，它是一种神经生理结构形式。[①]

　　美是什么？这个问题争论了两三千年没有定论，但有两点已达成共识，即：

　　(1)美是客观存在的。

----

　　①　赵惠霞. 论审美心理的内在结构及变化规律，人文杂志，2000，第 1 期，109.

（2）美是主观意识的。

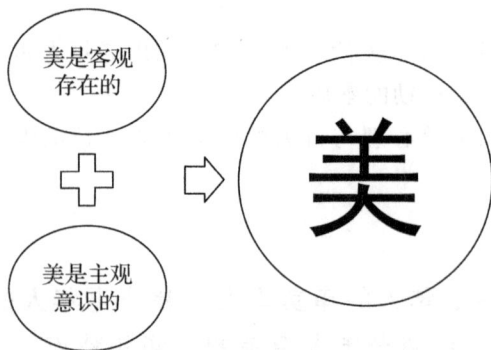

图 5-1-5

美的事物要具有形状、线条或色泽、气味等视觉现象，它可以存在于大自然之中、艺术作品之中，还存在于人类自身之中。美的事物只有人类才能意识到，才能去欣赏。美感是指个体对美好事物的心理体验。当人们的感官接触到优美事物时，发出赞叹，激起情绪共鸣，引起感动，处于赏心悦目的心理状态，这是优美感；当人们的感官接触到巨大壮美的事物时，产生强烈的愉快、兴奋感受，由衷的敬佩之情，激发豪放、振奋的情感，这是壮美感。

审美心理与日常生活心理不同，表现在一系列复杂的心理机制中。康德、叔本华认为审美心理表现为一种"静观"的态度，即审美心理关注的对象，是客体的一种合目的性形式。审美心理不考虑对象处于何时何地和本身有无功利价值，也没有主体感觉和理性上的利害感，而是将全部精神力沉浸在直观中。这意味着审美心理是对日常欲念的切断，是主体与客体的一种融合，我国古代称之为"虚静"。因而审美心理具有主体超越物我而专注于对象知觉表象并与之神游的"静观"性质。

老年人的审美与年轻人有较大的差别，比如去服装店买一件老年人穿的衣服，那些色彩艳丽、款式新奇的年轻人穿的衣服固然吸引我们，但我们的直觉总是有意排斥它们而集中到那些适合老人穿的大方朴素的色泽和式样上去。年轻人追逐时尚、赶时髦，老年人则更突出个性。

2. 老年人审美心理的特点

随着时代发展、传统社会向现代社会的转型等变化，当前的审美观既有传统思维模式的束缚，也有现代观念的冲击。现代人的审美观，最主要的是应该突出个性美、自然美。而老年人的审美有其个性特点，主要表现在职业、文化修养、经济条件等方面。

老年人具有良好的审美心理，反映他们对生活的热爱。老年人的美，离不开健康的体魄，身体好了才能精神焕发、富有情趣。

我们通常说的审美心理不光注重外在美，还要注重内在美。内在美的含义很广泛，比如性格开朗、乐观、豁达，充满自信，能体谅和关心别人，具备积极向上的生活态度，等等。在此基础上，老年人还应注重外在修饰，如美容美发、穿衣打扮等，这样更能体现老年人的美。心灵美与外在美互相依托，共同展示老年人的美，不能顾此失彼。

目前，老年人在服装色彩选择上品位变化较大。俗话讲，"观其服色，而知其人。"也就是说，服装色彩在某种程度上能够反映时代与社会风貌，它已成为表明身份特点的象征性标志。老年消费者作为社会的一员，一般都经历了人生复杂的历程，是一个非常特殊的社会消费群体。其服装色彩的选择，在受到社会道德、文化、风尚制约与影响的同时，又必然会体现他们各自的社会地位及精神追求。这种由于穿着者性别、年龄、经历、地位、修养、文化、民族习惯、爱好等的不同，就形成了对服装色彩各自不同的偏爱和评价。

任务二　能够根据老年人审美活动的方式，找出老年人审美差异产生的原因，并把握老年人审美心理与行为活动的本质

对老年人审美心理活动类型的了解是为了有效地引导老年人参与不同类型的审美活动。发现老年人审美心理的差异及产生原因，让老年人更好地享受审美。针对上述情境中老年人的审美活动情况，要完成本任务，需要认真思考以下问题，并在问题的引导下更好地完成任务。

> **关键概念**
>
> 老年人的审美活动：是指个体对美好事物的欣赏活动、辨别活动和创造活动，是审美主体和审美客体和谐统一的社会实践活动。

问题二：老年人的审美活动有哪些类型？他们为什么会有审美差异？老年人的审美心理活动本质是什么？

情境中的许老伯、张先生、中老年人婚姻家庭的"审美感"与"幸福感"不同，以及老年人普遍反映购买不到称心的衣服等都是由于审美情趣不同而产生的对审美活动的不同看法和理解。老年人审美活动有哪些类型？为什么会有审美差异？老年人审美心理活动本质是什么？要回答这些问题就需要了解老年人的审美心理与行为活动的相关知识。

学一学

老年人审美心理活动的本质和方式

老年人创造社会美和自然美的活动方式主要有：

社会服务型：老年人从事或参与社会工作，以自己的经验、知识等奉献于社会，赢得人们的尊重，实现自我价值，获得一份美感。

家庭服务型：买菜做饭、打扫卫生、收拾房间等家务琐事，如得到情感肯定也是一种审美活动。老年人勤俭、无私的美德、言传身教、潜移默化，有助于形成敬老爱幼的良好风气。

此外，还有养殖制作型、劳动生产型、体育运动型、文艺创作型、社会交往型、旅游活动型等。

老年人的审美心理活动方式实质上就是带有情感肯定性的各种生活方式，每位爱美的老年人都可以实践、尝试，得到收获。同时，老年人本身也有丰富多彩的美感表现形态。老年人信奉"做老实人，办老实事"，诚恳、认真、重信誉、讲实际，朴实无华地展示出质朴美；老年人尊重他人、谦逊、恭敬的文明行为所体现的谦恭美；老年人勤勤恳恳，踏踏实实，遵纪守法，任劳任怨的勤恳美；老年人亲和、善良的慈祥美；老年人或精明干练老当益壮、或温文尔雅庄重深沉、或平衡舒缓从容不迫或朴素整洁诚挚热情等都体现出各具个性的风度美；老年人淡泊名利，无私奉献，重操守、重晚节、识大体、顾大局所展示的境界美；老年人追求个性，穿着得体的服装款式和色彩，符合老年人审美品位的仪表美。所有这些无不让后辈肃然起敬，并具有不可估量的教育价值。

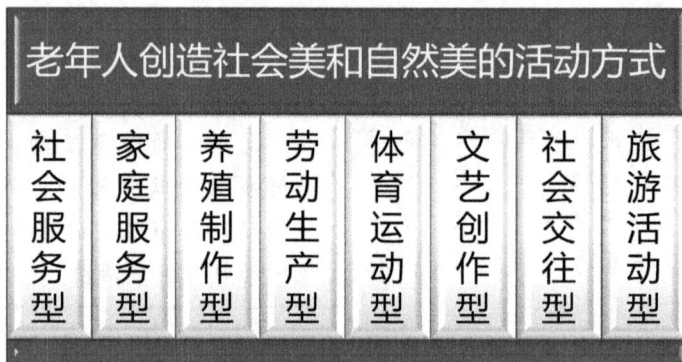

图 5-1-6

(一)老年人审美心理的本质

1. 审美的外在表现——美容

美容主要涉及外在美，关于外在美，众人一般会有基本共识。除去特殊的残障和受伤之外，一般人的外貌都很正常；面部结构符合黄金分割率，鼻子、眼睛和嘴巴都是上天所造，自然美丽，这应该是我们审美的基础。

2. 审美的内在稳定——心理

外在的审美标准处于不断变化之中，今年演艺界流行以丰腴为美，明年大家可能会以苗条为俏；现在大家认为圆下巴好看，几年后可能又都觉得尖下巴漂亮；中国以白皮肤为美，外国可能以古铜色为健康美。面对世界的外在审美标准和价值观挑战，每个人应该把握住自己的审美观，选择正确的审美标准，否则，随着世界外在美的审美标准变化，一个人就有可能陷入持续不断多次整容的危险之中。

一个人健康的心理承受力来自正确的人生观和世界观，来自人们相信每个人生存的权利，来自人们尊重每个人的独特性，来自每个人的自信。马克思说，人类是按照美的规律来改造世界的。可见，人们在改造世界实践活动中，总是把自己的意志、道德和审美理想以及对事物运动规律的认识统一在一起。

(二)老年人的审美心理活动及方式

审美心理是与生俱来的,在每个人的成长过程中,从幼儿园的小朋友到退休在家安度晚年的老年人都存在着自己的审美心理。那么,什么是审美呢?什么是老年人的审美心理?简单地讲,审美就是人们对事物的品位和鉴赏。所谓老年人审美主要是指老年人对事物或他人的美感的产生和体验。形象美是生活中常见的美,也就是人们的言谈、举止、仪表等方面的美。所谓老年人审美心理,是指老年人在审美实践中面对审美对象,以审美态度感知对象,从而在审美体验中获得情感愉悦和精神快活的自由心情和心理活动。审美心理是一种客观的生理存在形式,随着心理学、生理学的发展,人类对其存在形式的描述将会更趋细致、明晰。审美心理处在不断变化过程之中,这种变化具有自身的规律。

老年人的审美活动是指个体对美好事物的欣赏活动、辨别活动和创造活动,是审美主体和审美客体和谐统一的社会实践活动。老年审美的主体是老年人,这就要求他们普遍具有良好的审美心理素质,具备进步、健康的审美观。而老年人审美的客体是美的事物或他人。客观事物美的规律与老年人的审美心理规律保持统一和谐,老年人就能感受到生活的美好;反之,审美客体的美的规律与老年人的审美价值、诉求不和谐,美就被排斥。

3.审美情趣差异的几个原因

(1)对审美对象内容的领悟有差异。因为不同的人对审美对象的关系和态度不同,选择方向、敏感程度和记忆联想都有差别,因而美感反应也各不相同。黑格尔说:"同一句格言,从年轻人的口中说出来,总是没有那种在饱经风霜的成年人的智慧中所具有的意义和广袤性,成年人能够表达出这句格言所包含的内容的全部力量。"

(2)形象感知的差异,通常称为直觉差异。人的各个感觉器官的敏感程度是不一样的,自然会引起形象感知上的差异。美学将这种直觉的差异分为三种人:第一种人是综合型。感知具有概括性和整体性,但分析能力较差。一朵鲜花,在哲学家眼里,看到的是花的社会价值,却疏忽了鲜花对于姑娘意味着什么。第二种人是分析型,对细节感知清晰,但综合能力较差。同样是一朵鲜花,在科学家眼里,看到的是哪类科目,花蕊是否受精,至于鲜花对一个民族有什么含义,对社会有什么贡献,就不是他所要考虑的问题了。第三种人具有上述两种特点,称为分析综合型。还是那朵鲜花,在文学家眼里,看到的是情感的交融,是生活的精神,是民族的图腾,是美丽的象征。这三种人从事的职业不同,产生的直觉差异,正是审美体验受审美主体的性格和情趣影响而发生变化的最佳证据。所以说,审美体验的直觉并非盲从,而是一种扎根于审美主体自身文化修养的高级灵感。

(3)不同的距离产生不同的美感。人们与审美对象之间要保持一定的"距离",才有可能产生美感。比如在一片茫茫的雾海上,一艘轮船在迷茫地航行。当听到对面船紧急的鸣笛,水手们手忙脚乱地走动,乘客们一阵阵喧嚷,人们时时在为自己的安全担忧时,根本无法对雾夜的大海产生和谐而美妙的审美体验。而站在海岸上的人们,观看雾海上的景色所产生的心境,与船上的人们相比,有很大的反差。雾海上的船,是现实中的一个组成部分，轮船和乘客的危机全都联系在一起，使得雾海、轮船与乘客三者形成了零距离的接触，因此乘客根本无法泰然地欣赏夜景。而岸上的人们，与海雾保持了一种距离，于是人们往往不会身临其境，反而会无忧无虑地观赏美景。

（4）审美移情的差异。审美移情就是设身处地地体会审美对象的心情，将自己的情感投射到有生气的事物中，形成一种"触景生情"的美感。"无意苦争春，一任群芳妒"，与其说陆游在讴歌梅花迎风傲雪的英姿，不如说诗人把自己刚直不阿的人格魅力寄托在风雪中的梅花身上，形成一种拟人化的情景交融的佳境。

任务三　掌握影响老年人审美心理与行为的因素，帮助老年人化解审美心理与行为中的疑惑

问题三：影响老年人审美心理的因素有哪些？如何化解？

情境中的老年人各有各的审美取向和审美行为，影响他们审美取向与行为的因素有哪些？如何克服影响审美的不利因素？如何引导老年人化解审美心理障碍？要回答这些问题，就需要了解影响老年人审美的因素。

> **关键概念**
>
> 老年人的审美心理障碍：指老年人因为其年龄、身体和社会角色的转换，其审美心理也受很多方面影响，由此导致其审美出现一些心理障碍。

学一学

老年人的审美心理障碍

（一）老年人的审美心理障碍主要有哪些表现

老年人因为年龄、身体和社会角色的转换，其审美心理也受很多方面影响，由此导致其审美出现一些障碍。这主要表现在以下几个方面。

1. 自老心理

自老心理是指老年人迫于各方面影响不得不认老、服老的心态。老年人因生理、心理功能的衰退，自感不能适应客观环境，恪守"老人就要有老人的样子"的信条，自动采取消极退避行为。

2. 从众心理

从众心理是指老年人不知不觉地受到群体的压力，以周边他人的行为方式支配自己的行为。主要表现在：老年人或因为自身没什么审美主见；或虽有较高的审美能力但怕别人有异议，宁可放弃自己的主张；或怕因标新立异遭到他人的孤立；或迫于群体压力暂时放弃自己的审美主见，都会采取随大流的行为。

3. 虚荣心理

"每个老年人都有自尊的需要，都喜欢听恭维和赞扬的话，这是人的本性。"[1]有些

---

[1]　李心天.医学心理学[M].北京：人民卫生出版社，2001：110.

自尊心或自卑感过强的老年人喜欢在别人面前炫耀自己的辉煌经历和业绩，这就是虚荣心理。这种心理在审美方面就会表现为一种自以为是的姿态，不利于与他人进行审美的调适和融合。

4．习惯心理

习惯心理是指墨守成规的心态。有的老年人虽有较高的艺术鉴赏能力和审美能力，但懒得发挥，始终维持习惯了的生活方式，因循守旧，压抑自己的审美追求。

5．逆反心理

逆反心理是指不分青红皂白对大多数人认同的审美活动予以反对或排斥的不从众倾向。老年人的逆反心理在表现形式上与青年人不同，青年人喜欢标新立异，但有时分辨不清是时尚还是时弊，而老年人则往往因社会对某些审美活动的容忍而表示愤慨，以至于审美评判失之公正。

6．隐匿心理

隐匿心理是指老年人在开展审美活动时顾虑重重，不敢流露审美追求，不敢大胆地表现美的心理状态。

老年人的审美心理障碍是一种比较特殊的心理现象。它会成为束缚老年人开展审美活动的绳索，成为压抑他们审美追求的桎梏，影响老年人的晚年审美情趣和生活质量。而要消除这些审美心理障碍的最根本方法是激励老年人积极参与各项审美活动，去体验审美乐趣，去表达自己的意愿。因此，老年人应该学会从生活中提炼美，用审视美的眼光去看待生活、看待人生，那么就会欣赏到美，体会到美，尽享美的人生。

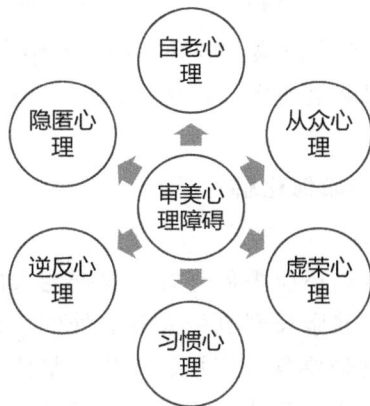

图 5-1-7

(二)影响老年人审美的主要因素

1．自然环境

自然环境影响人的审美。梁启超讨论过地理环境对审美情趣与艺术风格的影响，认为，不同天然景物会影响一个朝代的审美风貌：定都黄河流域者，规模宏大，局势壮阔；定都长江流域者，规模绮丽，局势清隐。不同天然景物影响人们的审美情趣："燕赵多慷慨悲歌之士，吴楚多放诞纤丽之文"，他同时以书法、绘画、音乐为例说明

"北以碑著，南以帖名"等。优雅美丽的自然环境，可以使人身心放松，起到审美休闲同时具备的效果。

2. 社会文化环境

社会文化环境是一个综合概念，包括经济、政治、宗教、哲学、文化传统、风俗习惯等。社会文化环境对审美活动产生决定性的影响，对个人来说，其体现在审美趣味上；对社会来说，其体现在审美风貌上。

老年人的审美趣味是在生活中逐渐形成发展的，受家庭出身、地位、文化教养、职业、人生经历等影响，是文化的产物，体现出个性特征。趣味有雅与俗、高级与低级、健康与病态的区别。审美趣味不同于审美能力，但审美趣味与审美能力有关。

3. 心境状态

生活中充满各种情绪。欣喜若狂、满腔怒火、悲痛欲绝是情绪在短时间内的强烈爆发，这属于情绪状态分类中的激情。激情容易使主体丧失理智，无法很好地控制事件的发展，但是激情持续的时间短促，对事物的破坏影响只是短时间的。舒适愉快、焦虑不安、孤独恐惧属于"心境"情绪状态。心境是一种"持续的、带有渲染性的情绪状态"，具有弥散性，它并不是关于某一事物的特定体验，而是以同样的态度体验对待一切事物，因此"心境"情绪状态对人类活动，尤其是对精神活动、心理活动的影响远远大于激情的影响。审美活动是一种具体的、复杂的、动态的个体心理活动过程，审美感受是初始阶段，而"心境"主要是通过在一定程度上影响或左右人们的审美感受来对审美活动起反衬或烘托作用的。当主体处在某种心境中时，他的情绪状态容易感染所要关注的对象。在进行审美活动的过程中，人的审美感受具有很大的主观能动性，心境的反衬或烘托，往往使审美对象感染上各种不同的感情色彩，因此，在审美过程中，不同时期主体情绪状态的不同就会使主体产生不同的审美感受。老年人的心境对其审美活动的影响也不外乎此。

(二)老年人审美心理障碍如何化解？

1. 通过示范引导

老年人不但应提倡讲究穿，还应提倡穿好。根据老人的特点选择合适的穿着，更能表现类似晚霞般的美，这对健康长寿也是大有益处的。那么，老年人的穿着有什么具体要求呢？概括起来说，就是要具有实用、舒适、整洁、美观四个特点。实用、舒适、整洁是基本要求，美观是较高要求。老年人的衣着，色彩上要尽力跳出灰、黑、蓝的框框，既要求素雅、深沉，又应该富于时代感。尤其是年老的女性，更应该解放思想，大胆选穿色彩明快、款式新颖的服饰。

2. 培养乐观情绪

老年人的美离不开健康的身体，因此，要鼓励老年人参加适量的体育锻炼，保持健康的体魄和旺盛的精力，克服和消除消极情绪，防止衰老感过早出现。子女和周边的相关人员要细心观察老年人的情绪变化，正确分析老年人的情感状态，对不良情绪给予恰当的疏导，满足老年人的审美需要。特别是老年人对美的积极向上的热爱和追求，更应该得到大力鼓励和支持，使他们获得充分的自信和力量，从而用美的视野去享受生活、安度晚年。

常言道："笑一笑，十年少。"老年人也应该经常笑一笑，赶走沉沉暮气，使自己神采奕奕。

3. 营造一个崇尚"老来俏"的社会氛围

随着老龄化社会的到来，社会为老年人服务的机构比原来多了，除了政府部门、企事业单位设立离退休职能部门外，社区和农村也逐渐设立了老年活动室和老年大学，开设了有关书画、音乐、舞蹈、文学讲座等课程，但很少开办有关老年美容和修饰的课程。正是因为缺少必要的辅导，缺乏技巧，才使得老年朋友在穿衣打扮上出现许多搭配不协调的现象。所以，提高老年人的审美水平需要营造一个健康的社会氛围。为老年人提供更好的服务，不仅是一种商业行为，也是社会文明的体现。

当我们走在大街上，沐浴在阳光雨露里，孩子们如同含苞欲放的花蕾，年轻人如同争奇斗艳的鲜花，老年人如同绚丽多彩的晚霞，我们的社会将是一幅多么和谐美满的画卷。美是一个永久的话题，在人的一生中，审美心理给人们带来的影响也是深远而持久的。尤其是老年朋友，要想有一个积极的人生态度，就更应该注重自己的形象美。仪表大方、精神饱满的老年朋友总能给人一种自信和充满活力的感觉。热爱生活的老年朋友要想欢度自己的晚年就要精心打扮自己。

实施步骤

步骤一：准备工作

(1)环境准备。要求教室清洁卫生，宽敞明亮，配有活动桌椅，设备能正常使用。

(2)材料准备。一是各项目情境资料及学生预习准备的相关资料；二是白纸、彩笔、胶带、剪刀等。

(3)人员准备。根据项目情境，将全班学生分为几个小组，选出小组长，负责领导团队完成项目任务。

步骤二：分配项目情境，布置项目任务

将各项目情境分别发给每一个小组，并提出每个项目情境的任务及要求。具体要求：熟悉项目情境—完成情境任务—写出实施提纲—代表汇报—全体评价。

步骤三：实施过程

各小组成员根据项目情境中的任务要求，进行任务分解，并参考教材及相关资料进行思考、提出问题、讨论交流、解决问题。并以提纲的形式，写出问题解决的方案或措施。其间学生也可以上网查询相关资料。

步骤四：成果展示

以小组为单位，对任务完成的过程进行分析和汇报。其他小组提出问题或意见、建议，进行讨论交流。随后，各小组修改、完善，并提交作业(汇报材料或视频材料等)。

步骤五：实施效果评价

先以小组为单位，由各小组派代表对该项目实施的优点与不足进行评价，最后由教师进行总结性评价。

总体步骤安排：老年人休闲或审美案例引入、讨论—知识点聚焦—知识运用—方法或方案的策划与实施—解决问题—新问题产生—知识点再聚焦——……—解决问题。

能力检测

【情境】审美与银发市场

在物质日益丰富的今天，老年人的审美要求和审美需求越来越高，尤其是经济条件允许的情况下，只要有合适的商品有助于提高生活质量，许多老年人会舍得花钱消费。如果老年人的消费水平有限，他们的儿女也会帮助他们的。所以老年人的总体消费水平在日益上升。现在越来越多的儿女喜欢带着自己的爸爸妈妈去旅游，逢年过节喜欢为自己的爸爸妈妈购买衣物，一个心愿就是希望自己的爸爸妈妈生活得幸福快乐。同时，老年人身体健康，穿衣打扮得漂亮，看上去精神焕发也是对儿女的一种心理安慰和工作支持。所以，老年人照顾好自己就是对家人最大的关爱。

目前，市面上规模上档次的老年服装店少之又少。老年人普遍反映购买不到称心的衣服。"婆婆装""老头衫"一直以来都是老年服装的主流，但是由于款式陈旧，这样的服饰越来越没有市场。如今，老年服饰市场正在期待品牌的出现。现在，很多老年人不愿去裁缝店买布做衣服，而更倾向于到商场买现成的。很多裁缝师傅也表示，自己做的衣服款式相对陈旧，面料花色都比较单一。现在的老年人也跟着潮流求新求变，对吃、穿、用的东西都开始讲究。

然而在商场里几乎没有中老年服装专柜，都是符合年轻人的。年轻人的年轻就是资本，不用打扮就很漂亮。老年朋友则需要一些色彩的装饰，需要一些服饰的点缀。一般来讲，年轻人和儿童用品相对经营空间较大，因为追求时尚是年轻人的秉性，而时尚又能使商品利润最大化。中老年服饰利润相对较低，所以在市场经济时代，追求利润最大化必然是商家的最佳选择。

虽然老年消费的市场存在很大潜力，蕴藏着巨大的商机。但要做大中老年消费市场，必须解决几大问题。一是观念问题。要进一步改变老年人的价值观念、理财观念，使老年人认识到：生活水平的改善，生活质量也应提高，消费需求应由单一化走向多元化。二是价格问题。目前老年人某些用品价格太离谱。除了服饰之外，不少商品的价格让老年人望而却步。尤其是保健品和健身器材之类的商品，动辄上千元，有关厂家千万别用价格吓走老年人。三是政府支持问题。希望政府多加引导扶持厂家、商家来关心、生产和销售老年用品，特别是在税收、贷款等方面予以政策倾斜，降低产品成本，降低商品价格，让老人们买得起、用得起。

我们国家是个有十几亿人口的大国，随着生活水平的提高，老龄人口的队伍越来越壮大，如何为老年人设计出更多的、更得体的服饰，是未来工业设计、工业产品发展的一个主流方向。积极开拓银发市场，也是对社会生产力的一种推动，重视老年人的审美需求，开发出更多的老年用品，是商业发展的一个广阔前景。尊老、敬老、爱老是我们中华民族世代相传的美德，全心全意为老年人服务是我们每个公民义不容辞的责任。

【任务】面对以上情境，你需要完成以下任务。

任务一：能够理解并清楚表述老年人的审美心理障碍及其行为表现。

任务二：分析老年人对外貌、服装、休闲娱乐的审美需求，掌握老年人对这些方面的审美心理及其行为。

任务三：帮助老年人更好地判断美、追求美、享受美，让美充实老年人的晚年生活。

 **知识梳理**

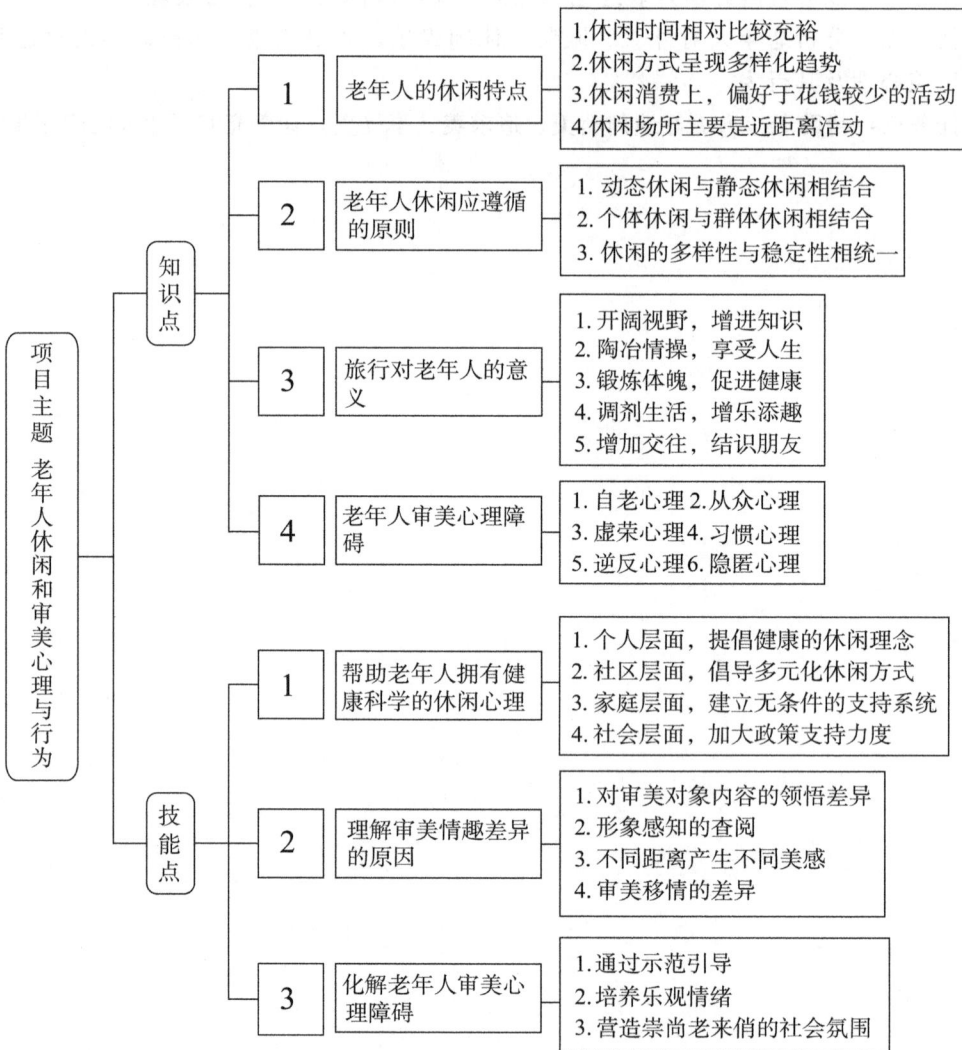

	1 老年人的休闲特点	1.休闲时间相对比较充裕 2.休闲方式呈现多样化趋势 3.休闲消费上，偏好于花钱较少的活动 4.休闲场所主要是近距离活动
知识点	**2** 老年人休闲应遵循的原则	1. 动态休闲与静态休闲相结合 2.个体休闲与群体休闲相结合 3.休闲的多样性与稳定性相统一
	3 旅行对老年人的意义	1.开阔视野，增进知识 2.陶冶情操，享受人生 3.锻炼体魄，促进健康 4.调剂生活，增乐添趣 5.增加交往，结识朋友
	4 老年人审美心理障碍	1.自老心理 2.从众心理 3.虚荣心理 4.习惯心理 5.逆反心理 6.隐匿心理
技能点	**1** 帮助老年人拥有健康科学的休闲心理	1.个人层面，提倡健康的休闲理念 2.社区层面，倡导多元化休闲方式 3.家庭层面，建立无条件的支持系统 4.社会层面，加大政策支持力度
	2 理解审美情趣差异的原因	1.对审美对象内容的领悟差异 2.形象感知的查阅 3.不同距离产生不同美感 4.审美移情的差异
	3 化解老年人审美心理障碍	1.通过示范引导 2.培养乐观情绪 3.营造崇尚老来俏的社会氛围

项目主题 老年人休闲和审美心理与行为

项目六　老年人的临终心理与关怀

项目描述

　　尽管社会不断进步，医学日益发达，人类平均寿命得以持续延长，但死亡作为生命的必然终点，依然无法回避。尤其在当前人口老龄化进程加速的背景下，中国将迎来以老年人为主体的人口死亡高峰。死亡带来的威胁与挑战，往往成为老年人心理障碍的诱因。因此，深入探究老年人对死亡的认知、心理反应，对于引导他们树立科学的生死观，积极面对生命尾声，显得尤为关键。本项目将围绕老年人的生死观念、心理类型、科学生死观，以及临终阶段的心理需求、变化特征和心理护理等方面，全面探讨老年人的临终心理及其关怀策略。

项目情境

【情境一】

北京通往通州的京通快速路上，快速而繁忙的来往车流中很少有人注意到，双桥出口附近，在绿树掩映中有一家叫作松堂的临终关怀医院。

上午 9 点，在医院庭院一角的绿荫下，一位 70 多岁的老人吃了几口饭就闹小脾气不吃了。站在身旁的护士边喂边哄："张爸，再吃两口，咱就不吃了好不好?"老人乖乖地张开了嘴。院子的其他地方，还有许多老人坐着轮椅在看护人员的陪同下活动。

和这座永远向前奔跑的城市不同的是，这个院子里的人们早已甩开了快节奏的生活，安心地等待生命最后一刻的到来。正是这家不起眼的医院，已经为两万多位老人带去了诚挚的关怀和帮助，使他们在临终前依然感受到生命的尊严和安详。

23 年搬迁 7 次

在医院中式的三层小楼里，几乎每间病房都住满了老人。每间病房外都有一张提示单，记录着老人是否可以交谈、是否需要安静等信息。老人大多在安然入睡，或者静静地望着窗外人来人往。

这所创建于 1987 年的松堂医院，是中国第一家临终关怀医院。

从最初的 6 张病床发展到如今能收治近 200 名病人，已经走过了 23 个春秋，住在松堂医院的人有 95％是被各大医院定性为"生命末期"的人，平均年龄 82 岁，年龄最大的是 109 岁，最小的才刚刚出生。

不过，让院长李伟评价这 23 年走过的历程，他却说到松堂医院每一次搬家的情景。从 1992 年到 2003 年，11 年间，他领着百多位病况危急的老人辗转于北京城的东、南、西、北，一共被迫搬家七次。

搬家，对于普通家庭和个人来说，都是一件麻烦又琐碎的事情;对于一个以临终病人为住院群体的医院来说，更是无法想象的。一些病人家属提出建议，为什么不搬到城里、社区里面去呢，那里老人集中。

"搬到城里? 谁不想呢? 但现实是很多人不理解临终关怀是什么，我们只能远离人群。"

有一次，搬去一个社区，"社区的群众不让我们进入，谁也不想接收我们这些八宝山前一站的临终老人，居民们围堵我们的车，坚决不让这些躺在病床上的老人们下车。起码有上百个群众围在医院门口。好些人围在一起，有一个小伙子特别激昂地在给大家讲:'我们一定要团结起来抵制他们，如果他们真的搬进去了就轰不走了，这是一家死人医院，要搬进我们社区里头，天天死人，我们这辈子也发不了财了，多晦气啊。'"

传统的羁绊

"死亡和濒死在中国文化中被视为晦气。"正是这样的观念令松堂医院的临终关怀之路走得格外艰辛。

而这也正是中国临终关怀事业发展的写照，传统的观念让中国的临终关怀事业进展缓慢。

"我们中国人总是在强调优生，又是胎教又是营养的，但却避讳死亡，从来就没有优死的观念。"年近花甲的院长李伟遗憾地告诉记者。

松堂医院副院长朱林回忆，曾经有一位刘姓老师离异后带着年幼的儿子和半身不遂的母亲一起生活在大杂院里。除了上班、照顾儿子，更难的是侍候母亲。邻居们都知道他非常孝顺。

但半年之内，母亲还是被烫伤两次，全身发生了 22 处褥疮，屋里味道难闻至极。居委会动员他将母亲送到松堂医院，刘老师从感情上接受不了：现在是母亲最需要他的时候，怎么能推给医院呢？最后虽然勉强答应送去试试，嘴里还一直解释："我真是没办法才把母亲送到这儿。"两个月后，母亲身上的褥疮慢慢痊愈，精神也好起来。儿子想让她出院回家，她却执意不走。

"养儿防老的观念在中国根深蒂固，如果哪家把老人送到临终关怀医院，不孝的大帽子就来了。"

家属的疑惑

即便是将老人或者绝症患者送到临终关怀医院，很多病人家属也不能马上理解什么是临终关怀。

37 岁的张大诺从 2003 年起就在松堂医院担任志愿者，每周他都会去医院两到四次，坐在床边和病人聊天，进行心理护理。对他来说，病人家属的不理解是他护理工作最大的障碍。

"在我关怀过的一百多个临终病人中，只有两三例是家属主动找我的，其中一例还是再三观察了我与其他病人交流后才对我说：'要不，你和我妈妈也聊一聊？'"

在临终病人治疗过程中，心理护理是最重要的环节。

心理护理，一方面是对患者，需要医护人员向患者解释病情、认识病情、进一步说明治疗是有意义的，以减轻患者的疑虑；另一方面是对家属进行死亡教育，先让家属正视死亡，再让其协助医生对病人进行心理辅导。

"但中国人忌讳谈死，甚至用各种替代说法代替'死亡'。跟病人及其家属谈死亡，是很难接受的，临终关怀也很难摆到桌面上来谈。"

【情境二】周有光：106 岁老人的生死观

2002 年 8 月 14 日，我的夫人张允和因心脏病去世了，享年 93 岁。半年后，2003 年 2 月 16 日，三妹张兆和，沈从文先生的夫人，也突然去世了，享年也是 93 岁。姊妹两人，先后去世，都是享年 93 岁。

93 岁，是人生的一个难关吗？

张允和的去世对我是晴天霹雳，我不知所措，终日苦思，什么事情也懒得做。她的身体虽然一直不好，但生命力却很旺盛，那么富有活力，如今走得这么突然，谁也没想到。我们结婚 70 年，从没想过有一天两人之中少了一个。突如其来的打击，使我一时透不过气来。我在纸上写："昔日戏言身后事，今朝都到眼前来。"那是唐朝诗人元稹的诗，现在真的都来了。

后来，我走出了这次打击和阴影，是因为想起有一位哲学家说过，个体的死亡是群体发展的必然条件。人如果都不死，人类就不能进化。多么残酷的进化论！但是，我只能服从自然规律！原来，人生就是一朵浪花。2003年4月2日的夜半，我写了篇文章《残酷的自然规律》，那时我年已98岁，明白了生死自有其规律。

所以，我接受了这一切，不管有多残酷。很多事就是这样，你往伤心处想，越想越伤心。我与允和结婚70年，婚前做朋友8年，一共78年。老了在9平方米的小书房里，一个桌子，两把椅子，两个人红茶咖啡，举杯齐眉，大家都说我们是"两老无猜"，多好。现在剩下我一个人，怎么受得了？但是换一个想法，生老病死是人生必然。对人生、对世界，既要从光明处看到黑暗，也要从黑暗处看到光明。事物总有正反两面，同时存在。盛极必衰，否极泰来。道路崎岖，但前面一定有出路。我妈妈常说，船到桥头自然直。孩子的天真，就是告诉我们，未来是光明的，我又何必整日凄凄苦苦呢？

允和火化那天，我听从了晚辈们的话，乖乖地待在家里，没有去送葬。我只是吩咐孩子们，天气太热，不要惊动高龄亲友，简单处理了一切就好了。我想，形式不重要，对张允和最好的纪念，是出版她的遗作《浪花集》和《昆曲日记》。我编辑好了她的书，又用两年的时间，终于感动了上帝，使两本书得以出版，我很欣慰。

对亲人的死如此，对自己的生命我也抱有这样的态度：一切顺应自然。85岁那年，我离开办公室，不再参加社会活动，回到家里，以看书、读报、写杂文为消遣。常听老年人说："我老了，活一天少一天了。"我的想法不同，应该反过来想，我说："老不老我不管，我是活一天多一天。"每天都是赚的。我从81岁开始，作为1岁，从头算起。我92岁的时候，一个小朋友送我贺年片，写道："祝贺12岁的老爷爷新春快乐！"

我生于清朝光绪三十二年（1906年），经过了北洋政府时期、国民政府时期、1949年后的新中国时期，被戏称为"四朝元老"。这一百多年，我遇到许多大风大浪，其中最大的风浪、也是最艰难的时候，是八年抗日战争和十年"文化大革命"，颠沛流离二十年。但不都过去了吗？我年轻的时候，身体不好，健康不佳，生过肺结核，也患过抑郁症。结婚的时候，算命先生说，我们婚姻不到头，我活不过35岁。我不信，结果早就活过两个35岁了。可见对生死不要太在意，每一天好好活着就好。

【情境三】

姜大妈57岁，初中文化程度，退休前是商店营业员。姜大妈患乙肝已经有两年，到处求医，看过西医和中医，吃过各种中西药，甚至还去求过菩萨，但都无济于事，病情始终未见好转。姜大妈开始怀疑自己已经转为肝癌，死亡的威胁日趋严重，整天提心吊胆，惶惶不可终日，总是觉得死神在向自己招手。晚上也经常梦见两年前因病去世的老伴，造成情绪烦躁不安，经常怨天尤人，埋怨自己的命为什么这样不好，而且经常无缘无故地发脾气。近来她开始向菩萨祈求宽容，希望多给她一段时间，让她有幸看到29岁的儿子成婚。

【情境四】

患者李某，男，80岁，患有原发性高血压及多发性脑梗死。面对病情，老人心态平和，积极应对。他常阅读报纸，主动与医护人员交流心得。医护人员也定期探访，细致询问其病情，并指导他练习养生功，以精神疗法辅助治疗。在医护人员的精心关怀下，李某始终保持乐观心态，积极参与治疗。他坚信，通过科学治疗与积极心态的双重努力，能够有效控制病情，享受健康晚年。

【情境五】

董某，女，乳腺癌晚期，患者脾气暴躁，发怒，天天骂其爱人和孩子，甚至乱摔东西，不肯换药，拒绝服药，拒绝治疗等。对这类病人，医护人员应本着救死扶伤的人道主义精神，既要安慰家属，又要对病人进行临终关怀，使病人安全顺利地度过人生的最后阶段。

项目目标

能力目标：

> (1)能够根据情况对临终老年人的心理与行为进行分析、判断和评估。
>
> (2)能够根据临终老年人心理和行为的特征，提供有效的心理护理措施。

知识目标：

> (1)了解老年人的生死观。
>
> (2)掌握老年人对待死亡的心理类型。
>
> (3)掌握老年人的临终心理需求、心理变化及特征。
>
> (4)掌握老年人临终关怀的措施。

情感目标：

> (1)面对服务对象时，能够同情、理解老人，关心、爱护老人。
>
> (2)在临终护理过程中，能够平等对待老人，尊重老人。
>
> (3)养成良好的心理素质，面对临终老人时能有一颗悲悯而坚强的心。

项目任务

【任务导入一】

面对情境一至情境三，你需要完成以下任务。

任务一：能够根据情境内容，判断老年人的生死观。

任务二：能够分析老年人对待死亡的不正确观念，帮助他们树立科学的生死观。

【任务分解】

任务一　根据情境内容，判断老年人的生死观

　　尽管社会的进步和医学的发达常能使人类的平均寿命持续延长，然而，死亡仍然是不可避免的，是人生的最终归宿。面对死亡，有的人从容，有的人安详，但大多数老年人会表现出害怕、恐惧和悲观的情绪反应。而且，死亡的危险与挑战往往是导致老年人心理障碍产生的因素之一，死亡恐惧症就是一种常见的老年人心理障碍。了解老年人面对死亡时的心理活动，对有效缓解老年人的临终心理压力有重要意义。

> **关键概念**
>
> 　　生死观：是指人们对生与死的根本看法和态度。不同的人生观，对生与死有不同的价值判断和评价，从而形成不同的生死观。

　　问题一：老年人如何看待死亡？

　　情境一中，松堂医院为何多次搬迁？小区居民为何阻拦松堂医院入住小区？从中反映出我国居民如何看待临终和死亡的？情境二中的周有光老先生是如何看待死亡的？他经历了哪些心理变化？他对待死亡的态度对我们及其他老人有哪些启发？我们应如何让老年人从对死亡的恐惧中解脱出来？下面，我们一起来回答这些问题。

老年人对待死亡
的心理类型

学一学

老年人的生死观

（一）老年人的生死观是怎么形成的

　　一个人的生死观不仅与其世界观或价值观紧密相连，而且与个性和毕生经历，以及所处的文化和社会条件、家庭关系都有不可分割的联系。

　　不少老人在晚年人老心不老，年高志不衰，他们有一种"莫道夕阳晚，为霞尚满天"的精神，继续寻找新的人生意义。阿洛芬斯·代金说："对人生不抱任何期待的人，也就停止了作为一个真正人的生活。作为真正人的生活是指度过有意义的人生。"一个人度过了有意义的一生，就能坦然地面对死亡，比较容易接受死亡，没有遗憾与内疚。

　　学习既可以延缓衰老，又可以使人生活得有意义。国外有一位72岁的老人，还在忙于获取心理学博士学位，他说："在今后的50年里，我有我能做的更多项目，我没有时间死。"还有一位80岁的老人，仍在很起劲地学习绘画。她上学校一趟要花两个多钟头，真是忙得没有时间去考虑死的问题。有一位老人说："我快90岁了，从头到脚都有病，但是眼睛还看得清，因此我就读书，幸亏我能读书，这使我生活得有意义。"

　　国内有一位老人，他在不到60岁时患了癌症，刚得知病情后，他就想："我绝不

能坐以待毙，我还有许多事没有做完，我不想死，我一定要战胜它！"于是他以坚强的毅力积极配合医生治疗，与扩散的肺癌搏斗了15年，创造出与癌症抗争的奇迹。有一次朋友向他开玩笑说："什么时候送你？"他幽默地回答："我还要重新排队。"

（二）老年人如何看待死亡的必然性

对于"人为什么会死亡"的问题，科学家的解答是：我们的细胞的生命跨距已达极限，人类在遗传上注定要死亡。哲学家告诉我们：没有生就没有死；生殖必然妨碍永生。地球既不能维持再生，又不能维持永生。就像一个热闹的场所，挤满了人，这就需要前客让后客。死亡是每个人都回避不了的人生终点。

辩证唯物主义者把生老病死看成是自然规律，对老年人来说，死亡是必然的结果。如果老年人在日常生活中总是想到死，看到菊花盛开，就想到明天我还能再看到它吗？当他收拾夏天的衣服时，又想到明年我还会穿它吗？这样他的生活就笼罩着一层阴影，在阴影下生活是非常痛苦的。只有正确对待死亡，顺其自然，视死如归，老年人的生活才会有意义。"我们有一天肯定会死"这一唯物主义的认识，会增加老年人对生活的热爱。

（三）老年人如何克服"暴死"的愿望

暴死愿望是指个人生活不能自理或卧床不起时，希望快点结束生命的一种愿望。为什么呢？

日本心理学家井上胜也对老年人"希望暴死"的心理背景做过调查分析。他对到暴死寺参拜的91位老人的参拜动机做了调查，问："你为什么要到这里来参拜？"回答几乎是一致的："不希望自己卧床不起，给别人添麻烦"的达93％。它表现出老年人对护理自己的人的体谅和内疚心情，也可能有负疚感，或是对社会上把卧床不起的人当作负担的现象表示不满，这些复杂的情绪构成希望暴死的动机。井上胜也进一步提问："假如你卧床不起，照顾你的人不认为是负担，希望你延年益寿，你还希望暴死吗？"有82％的老人回答："要是这样的话，太令人高兴了，不过我还是希望死得干脆些。"井上胜也发现，这些老人的暴死愿望并不是真实的，实质上是希望更好地生活。

国内有人对185名老人进行过调查，有41％的老年人主张暴死，有22.16％的人持中立态度，争取好转的有36％。这个比例与日本的调查结果存在差异。这可能由于调查对象不同，日本调查的是到暴死寺参拜的老人，而中国的传统道德是，子女由父母教养，父母年老由子女侍奉，主张养老敬老；也可能是由于我国老龄化的程度不如日本那样严重，社会上普遍还未把卧床不起的老年人作为负担等因素所致。

总之，暴死愿望的产生，有其客观的原因，但是一个人究竟如何死去，不能由自己选择，还是顺其自然，尽可能不要因死亡的威胁而忧虑。

（四）老年人如何摆脱"回归"的愿望

老年人的"回归愿望"是对青春的赞美，不仅希望延缓衰老，而且希望返老还童。井上胜也调查了105名老年人，希望回到青年时期的竟达80％；心理学家纽格登也发现一些年事不高的老年人和高龄老年人都对返老还童有十分强烈的愿望。我们还碰到过一位老人过百岁生日时，命他的晚辈叫他"小小"（比小更小的意思），这也反映了返老还童的愿望。国内有人曾对 185 名老年人做过调查，愿意回归的老人有 32.43％，他们羡慕那些善于保养使自己青春常驻的人；只有 7.57％ 的人认为，人老还受人尊重哩，只要生活充实、愉快，每天过得好就行。大多数人（60％）认为老也好、年轻也好，只要生活有意义就行，还是顺其自然。

当然，回归的愿望是永远无法实现的，已逝的时光不会再来，愿望与现实之间的差距，会使心理上产生不安。这时只有两种选择，要么修正自己的愿望，要么对现实进行歪曲的认知。只有承认现实，修正自己的愿望，达到认识上的协调，才能使心理平衡。老年人要从种种沉重的心情中解脱出来，过好每个今天，或忙忙碌碌，或舒舒服服。

（五）老年人如何从恐惧死亡的情绪中解脱出来

井上胜也等人研究了老年人的生死观后，提出一个平凡的结论——"为今天而生"，认为这就是老年人幸福生活的准则。因为暴死愿望不真实，回归愿望也不现实，老年人最好对过去与未来不要存在任何幻想。这样既没有对未来的不安，也没有因过去而造成重负。如果你对过去懊恼、对未来担忧，就不可能过得轻松愉快，因为对过去的懊恼和对未来的担忧，都会成为今天的负担。

有些老年人每天有计划、有目的地从事力所能及的工作，牢牢把握住今天。正如孔子所说："发愤忘食，乐以忘忧，不知老之将至。"有些老年人就是这样每天都过得很称心、很舒适，感到很幸福。一个人如果充实地生活过了，并注意到整个社会的前进，自己又不愧于社会所给予的一切，他对死亡就无所畏惧，才能愉快地度过晚年。

任务二　分析老年人对死亡的不正确的看法，帮助他们树立科学的生死观

情境二中的周有光先生是如何看待死亡的？他有哪些想法可以被其他老年人借鉴？周有光先生的生死观会对他的临终心理产生哪些影响？什么是科学的生死观？如何帮助老年人树立科学的生死观？要回答这些问题，就需要了解老年人的科学生死观。

学一学

老年人的科学生死观

死亡是每个老年人必须面对的问题。能否正视并正确对待死亡，将影响到整个老年期的生活。老年人不仅要正视死亡，而且应该把死亡与自己的生命融合起来，珍惜时间、丰富生活、爱惜生命。人在晚年保持、完善自己的人生观，保持自己的人格完整，保持自己的尊严和体面，完满走完自己生命的最后历程，这样才体现出生命的全部意义。

古罗马哲学家西塞罗在《论老年》中说："人生的每一个阶段都有特定的终点，而老年却没有。只要你能尽应尽的职责，蔑视死亡，老年是可以很好度过的。"

死亡观是人格的集中体现。人都要死，但许多人又想逃避死。在古代中国人就忌讳"死"字，在不同场合谈论不同方式的死，居然有上百个带有美化性质的死亡别称。可见，人们有对死亡的恐惧、顾虑，而将与死亡相关的许多事都视为个人的隐私，用禁忌、回避和死亡后丧礼的张扬，将死亡的神秘感压抑在心灵深处。对死亡的清醒意识会让人恐惧。那么，由于能够预知死亡，能使人有意识地迎接死亡对人生的挑战，就又是人类区别于其他动物的根本差异之一。这是人类的一大幸事。莱狄斯劳思·鲍洛斯在《最终决断的假设》中，把死形容为人生中最高也是最有个性的行为，把人完成死的行为看成比他一生中所得到的最大成就更具有重要价值的行为。在死的过程中，人对自己最终命运的决断表现了他一生的人格。他认为，人是受到活着时的意志力、认识能力或者是爱的力量的制约。与这种制约相反，人在死亡的瞬间开始获得了对自身的完全支配能力，完全实现了自己的意志力、认识能力及爱的力量。通过这种"最终决断"，人决定了自身的永恒命运。由这个解释，死的意义包括了作为人最初的全部人格的行为、意识，自己与神的会合，为实现自我决定的最高场所。

人到老年，不考虑死亡问题是不可能的，但如何正确认识这个问题，科学地对待这个问题，是非常重要的。老年人只有在科学的生死观指导下生活，才能摆脱对死亡的恐惧。

（一）死亡是自然规律

对死亡具有理智的思考，是人区别于其他动物的根本点之一。正视死亡、准备接受死亡、不回避死亡的老年人的心情一定是精神奕奕的。人在出生之后的逐渐社会化过程中，接受了应对各种生活事件的教育，同样，不应忽略死亡教育。法国哲学家卢梭说得好："教他如何生活，不要教他如何躲避死亡。"这就是人生对待生与死应有的哲学态度。"人生自古谁无死，留取丹心照汗青""或重于泰山，或轻于鸿毛""生得伟大，死得光荣"，等等，这都可以说是一种面对死亡的态度的教育。

当一个人感到死对自己是个十分遥远而抽象的词时，去探讨死亡观不免让人感到其中的矫揉造作；可是，面对死亡的临近，人对死亡的看法，则会决定他最后的生活是充满希望的、乐观的、富于创造力的，还是沮丧的、绝望的、黑暗的。这一段人生的生活质量将取决于他的生死观和一生的人格特性。

辩证唯物主义者把生老病死看成是自然规律。对老年人来说，死亡是必然的结果。哲学家告诉我们：没有生就没有死；生殖必然妨碍永生。地球既不能维持再生，又不能维持永生。就像一个热闹的场所，挤满了人，这就需要前客让后客，死亡是每个人都回避不了的人生终点。至于"人为什么一定会死亡"，科学家的解答是：我们的细胞的生命跨距已达极限，人类在遗传上注定要死亡。

既然无论从哪个方面来说，死亡都不可避免，是自然规律，那么如何正确对待死亡，就是摆在我们老年人面前的一个严肃的问题。

(二)惧怕死亡是种本能，但不畏惧死亡

从人类的进化来说，对于未知的事物保持恐惧，这并不是缺点，而是一种保护自己的手段。例如，动物不了解火的特性，因此本能地惧怕火。而这种对火的恐惧有助于它们逃离森林火灾。同样，当一个从来没见过相机的人面对闪光灯的时候，本能的反应就是退缩。尽管闪光灯是无害的，但这种千百万年保留下来的本能还是在起作用。人死了，感知觉活动自然也就停止了，因此，没有人知道死亡以后是怎么样的。对死亡的未知，也是人们会对死亡产生恐惧的原因之一。对老年人来说，死亡比年轻人要近得多，因此，对于一无所知的"另一个世界"的恐惧，自然也比年轻人要多一些。

从社会心理学的角度来说，人到老年，身边亲人朋友死亡的概率开始上升。也许自己还算健康，但每当同学聚会、去公司参加庆典、与周围同伴聊天时，发现自己当年的同学、同事、老伙伴相继过世，难免产生心虚的感觉。人也许可以不怕死，但是对于孤独和寂寞，没有人会喜欢。同样，从自己的角度来说，死亡意味着和伴侣、子女的诀别。如果家庭关系和睦，彼此恋恋不舍，自然会产生害怕死亡将他们分隔的感觉。所以，对于老年人来说，死亡带来的孤寂感也是让他们害怕死亡的原因之一。

此外，人是有想象力的动物，当人们从电影、电视剧、新闻报道等节目中看到那些濒死者的挣扎、呻吟、亲属的哀嚎时……往往会想到"自己死的时候会不会也是那样？"这种对痛苦的害怕，也会转移到对死亡的"本身"恐惧上。

尽管恐惧死亡是人的本性，但人们不应畏惧死亡。只有不畏惧死亡，才能更好地生活。心理学家认为，对生命的有限性有积极认识的人，能适应生活变化，清醒面对人生的人，自觉地承认死亡是不可避免的人，在晚年生活中才能找到新的人生意义。而恐惧死亡，偏执地贪恋生命，对充满朝气的生活抱有嫉妒心态的老年人，就无法投入到新的生活中去。他们对一切都持消极态度，这恰恰加速了自己生命周期的结束。索甲仁波切在《西藏生死书》里说："学会怎么死亡的人，就学会怎么不做奴隶。"

宋代大诗人苏东坡一生豁达、豪放。他说过："物之有成必有坏，譬如人之有生必有死。"(《墨妙亭记》)；在生活里也能"老夫聊发少年狂，左牵黄(黄犬)，右擎苍(苍鹰)"；十分潇洒，乐天知命，不拘小节。就是这样一个豁达豪放之人，在《除夜野宿常州城外》一诗中却写道："老去怕看新历日，退归拟学旧桃符。"因感到老之将至，而不肯在除夕夜之前翻看新历书。其实，这也不奇怪。人一方面感到"天道"(自然规律)之不可违，另一方面又因时光的消逝而感到惆怅、无奈，这也是人之常情。但他仍不失为豁达之人，虽在仕途上屡遭挫折，但仍活了66岁，在当时也是长寿了。可见，一时的惆怅并不意味着失去了追求和度过有意义的人生。如果真的失去了生活的意义，虽然人还活着，但事实上部分死亡已经开始发生。

对死亡的看法与晚年的生活质量密切相关。美国一位长寿问题专家讲，当一个人初次来到你的办公室，样子看上去比他所说的实际年龄年轻10～15岁，假如这个人又表现出诙谐、快活的样子，那你可据此猜测他是位长寿者。如果此人光明磊落、机警灵活、心境乐观、喜欢助人，这些都是长寿者的标志。此人若对时事很关心，常感兴

趣，这亦可作为长寿的依据。最后，你可以向这位长寿者提个问题："你对于死亡有什么想法吗？"如果他恳切地答道："我生活美满、快活，对过去的一切没什么可抱怨的，对未来死的问题毫无顾忌。"那么，这就是一位幸福长寿者的典型性格。

蔡尚思先生是当代著名的中国思想史、文化史专家，活到103岁。蔡老90多岁的时候，仍然笔耕不辍。他82岁到江西三清山健步登顶，一群小青年有的好奇地猜他60岁，有的猜65岁，有的猜70岁。问他年龄几何。此事引发他的感慨，写下一首《我是忘年人》的通俗诗："忘年人、忘年人，耄耋如青春，晚上如早晨。生活过难关，常令人感叹，不怕饥寒，不怕艰难。思想求日新，只知路向前。"有人问他什么时候才休息，他幽默地说："死后休。"他说："人的生存就要有所作为，不能闲得无聊，无所事事，成为行尸走肉。老年人绝不等于废物。""心思集中到学术事业上，以从事学术事业为至乐为大幸。"当有人请教他的长寿秘诀时，他引用明代一学人"祈年莫如爱日，爱日可使一日为两日，百年为千载"的话，意味深长地说："这就是我的长寿秘诀。"的确，珍惜时间就是延长生命。66岁、73岁、84岁被很多中国人认为是人生的"坎儿"。许多人为了躲避死亡，绕过这个"坎儿"，或说岁数小，或说大，或不答，体现出对死亡的强烈忧虑。有的老年人原本身体健康，可顾虑到"坎儿"而变得忧心忡忡、疑神疑鬼，自己找了一身病。与其说是因病去世，不如说恰恰是由于这种暗示而导致死亡。

(三)建立"生死互渗"的理念

一般而言，人在40岁以前很少考虑死亡的问题的；40岁至50岁之间，会偶尔想到死的问题；六七十岁则经常想到死；八九十岁则天天会想到死亡问题。那么，通过哪些方法和途径来帮助老年人提升生死品质，获得真正的生死坦然呢？

一是需要学会"生死互渗"的原理。什么是"生死互渗"？从表面上看，人之"生"与"死"的确完全不同，但深入思考，则会发现，"死"并非出现于人生命的终点，处于人生过程的最末尾，而是渗透于人生过程之中的。也就是说，"生"包含着"死"，"死"蕴含着"新生"，即所谓的"生死互渗"。

具体而言，因为人在出生之后就在走向死亡，死是蕴含在生命之内的。大凡有生命者，都会经历孕育、出生、成长、衰老、死亡。生与死虽然判若有别，但"生"的瞬间就蕴含着死的因素，两者是互渗而浑然一体的。

人的细胞、肌肉、头发等机体时时刻刻都在新陈代谢，这是生中有"死"的表现之一；人每活一年一天一小时，过去的便永远地过去了，不可再现了，亦相当于"死去"了一年一天一小时；而人们在某个时候拥有了死亡意识之后，将伴之终生，且随着年龄的增加，死亡意识将日趋强烈，这是精神意识中包含"死"的因素。既然如此，"死"就不是"生"的异质性存在，对每时每刻都相伴我们一生的"死"，又有什么可怕的呢？

二是要学会正确看待生死。人们应该立足于宇宙发展和大自然的角度来看待生死，意识到有生必有死是宇宙发展的不变法则，是一种自然的过程，所以，死亡也是一种必然的结果。人们虽然都期盼高寿，希望活得越长越好，但是必须意识到自我生命的有限性，无论寿命的长短，人终有一天要面对死神。死亡的降临不会因为你的心不安和不甘而隐去或退去。既然如此，我们就应该尽量把不安心转变为安心，把不甘心转变为坦然。这就叫对生死的达观。

三是要学会面对死亡。避免强烈的死亡悲伤，需要从生物衰老的科学中寻找解决的方法。从生物学来讲，任一生命的机体都犹如一架不停运转的机器一样，时时刻刻在磨损。人的器官从形成之日起便处于运动之中，它们当然要被损耗。一旦经历长时间的运转，人的器官便走向不可复原的衰竭之中，人们就不可避免地步入死亡。虽然这时人们的外在表现是患了这样那样的疾病，可本质上却是因为人的机体在不断地老化。此时，从外在的方面来说，人们当然还是应该积极地求助于医学科技，尽量去医治自身的疾病；可从内心来说，则应该明白自己的身体正在走"下坡路"，而且这是一条不归路，它一直要把人们带往死亡的领域。

意识到这一点非常重要，只有在思想上有如此的观念准备，人们才能拥有一种正常的死亡意识。在面临死亡时，能接受死亡降临的事实，而不把死亡归为非正常现象而极度恐惧、不安等。

(四)优逝：从容地面对死亡

人们从古到今始终避讳讨论死亡，特别是老年人。但当老年人意识到死亡是生命不可抗拒的自然规律时，他们便会以平和的心态面对，心中不再存有丝毫的恐惧。

随着人口老龄化趋势的加速及医疗卫生条件的显著提升，老年人愈发重视优活与优逝。优逝是指临终者意识到死亡即将到来并坦然接受，能够妥善处理身体、情感和物质上的诸多事情。它不仅仅指生命的延长，还包括没有疼痛、舒适、平静、有尊严地离世。

一个人的优逝观不仅与其世界观或价值观紧密相连，而且深受其生活环境、文化差异、个体感知和个人信仰等因素的影响。不过，只要一个人自认为度过了有意义的一生，就比较容易坦然面对死亡。英国哲学家罗素(享年98岁)在《怎样度过晚年》一文中指出：老年人恐惧死亡是缺乏气度的。他还形象地描述了勇于承受死亡的心理，之后结合自身情况说：虽然眼下我还能干些事，我却也并不讨厌长眠，因为我知道，他人将会接过我不能干下去的事情，而且我对已经完成的工作也感到心满意足。罗素就是这样看待人生，对死亡勇于承受，无所畏惧，我们每个老年人也都应该这样做。

平静地面对死亡，是一种痛苦的、悲伤的、无可奈何的接受，但这不是一种放弃，而是一种积极、勇敢的表现。那么，怎样才能使自己从容地走向死亡呢？

(1)树立正确的人生观。老年人应正视死亡，但并不是消极地等待死亡，可以通过生活、学习、工作和娱乐等活动，与死亡作斗争，使人生更加美丽。

(2)从心理上对死亡做好充分准备。老年人一般都能预感到自己生存的时间不多了。此时，应该有计划地安排好自己剩余的时间，使生活过得充实而富有意义，从容不迫地面对死神。

(3)克服懦弱思想。生比死更有意义，任何人都没有任何理由轻生。轻生是懦弱的表现，虽然有生就有死，死是不可避免的，但是不应该轻易地去死。而应该紧张地生活下去，这可以使自己平静地对待死亡。

（4）正确对待疾病。积极的心理活动有利于提高人体的生理活动，加强人的免疫力和防御能力，帮助治愈和缓解疾病。因此，积极配合医生治疗，正确对待疾病，是强者的表现。当然，今天越来越多的人认为，"安乐死"也未尝不可。

老年人正确地对待死亡，战胜死亡，还需要有成熟的个性、良好的适应能力、坚强的意志力和稳定的情绪等心理品质，它们对于一个人的整个生命过程都是至关重要的。

（五）愉快地活好每一天

既然死亡谁也无法回避，那么就应该珍惜有限之日，愉快地活好每一天。如何才能活好？不少专家教授提出了许多高明之见，即心理、运动、饮食三个方面。

首先，心理因素非常重要。一个人要想健康长寿，必须调节情绪，保持愉快心情，做到开朗、诚实，否则，无论社会或家庭提供多好的养老环境，也不可能达到健康长寿的目的。情绪是人对客观事物态度的体验，如喜、怒、哀、乐等。愉快、兴奋使人进取，对人对事充满热情，有利于健康；消极情绪则降低人的活动能力，悲伤、忧郁使人消沉，对人对事漠不关心，使人精神不振，不利于健康。所谓开朗，就是不封闭自己，坦率，能打开自己心灵的门户，正确评价自己，做到自知、自信；所谓诚实，就是实事求是，尊重客观规律，科学地看待一切，能知足，顺应自然。国内外学者经研究后提出心理健康的标准应是：有合理的认识与明确的生活目标；有愉快的情绪和幸福感；有良好的个性和自我控制能力；有良好的适应能力，善于与人相处。在现实生活中我们看到，长寿老人都是心情愉快，想得开，放得下，胸襟博大、乐观开朗，无忧虑，无怨气，善于调节情绪，以顽强的毅力和乐观的精神闯过一个又一个难关，知足、满足、愉快地度过晚年。

其次，生命在于运动，运动对健康长寿的重要性是毋须赘言的。保持脑力和体力协调的适量运动，是健康长寿的一项有效措施。关于老年人运动，有三个方面需要注意：一是要根据自身条件和兴趣爱好来选择运动项目，现在运动项目很多，步行、慢跑、打球、打太极拳、做健身操、练气功、跳舞、舞剑……完全可以凭着自身条件和兴趣爱好来选择，一经选定，就要持之以恒，不要强求强度，也不应随大流；二是运动不要过量，千万不要幻想一运动就能百病消除，健康长寿，要循序渐进，别操之过急，不管选择什么运动项目，都要以使自己感到轻松舒适、不觉疲劳为原则；三是别忽视脑力劳动，老年人不宜沉溺于电视机和牌桌旁，要做些有益于动脑的活动，常言道："人怕不动，脑怕不用。"勤用脑，可使人保持头脑清醒，思维敏捷，减少阿尔茨海默病的发生。

再次，合理膳食，是保障人体健康的基础，现在我国解决了千百年来的温饱问题，吃富含营养的东西多了，于是过去只有富贵人家患的那些诸如肥胖、肿瘤、心脑血管病、糖尿病等病症的人也多了，引起了不少专家学者大声疾呼要"科学养生，合理膳食"，并开出了不少在膳食方面要粗细搭配，戒烟限酒，多吃蔬菜水果，注意各种营养平衡的好处方。

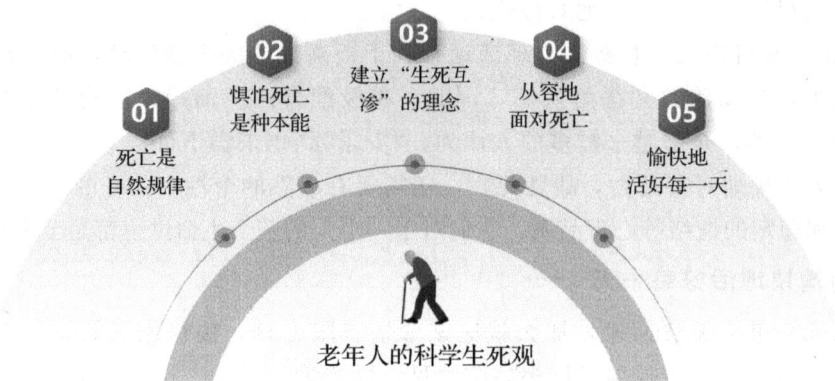

图 6-1-1

【任务导入二】

面对情境四至情境六，你需要完成以下任务。

任务一：分析临终老年人的心理类型和需求，掌握临终老年人心理需求的特点。

任务二：分析老年人的心理变化，分析其心理变化的特征。

任务三：根据临终老年人的心理特征，找出其心理护理的措施。

【任务分解】

任务一 分析临终老年人的心理类型及心理需求，掌握临终老年人心理需求的特点

老年人对待死亡的态度直接影响到临终老人的生活质量，对临终老人心理类型及心理需求的了解，目的是缓解老人的心理压力。掌握老年人的临终心理，满足其心理需求，需要思考以下问题，并在问题的引导下更好地完成各项任务。

问题一：老年人面对疾病或死亡时的心理与行为，显现出了他们什么样的心理类型？他们有哪些心理需求？

> **关键概念**
>
> 死亡心理：指个体对自身生命完结的认识过程及内心体验。死亡心理是老年心理学和死亡学的一项重要内容。广义的死亡心理指的是一定年龄阶段的个体对自身以及他人死亡的认识与感受。

情境三中的姜大妈得知自己的疾病情况时，是什么样的反应？经过一段时间的调整之后，她的心理发生了哪些变化？这个过程反映了姜大妈什么样的心路历程？情境四、情境五中的老人，面对死亡时，一个焦虑不安，惶惶不可终日，一个泰然处之。为什么面对死亡会有如此不同的反应？情境中两位老人的不同反应，是两种截然不同的临终心理的表现。情境中老人为什么能积极地对待自己的病情？而情境五中的老人为什么会抗拒自己的病情？这些行为反映了他们什么样的心理需求？如何缓解临终老人面对死亡时的恐惧？要回答这些问题就需要了解老年人的临终心理需求。

学一学

老年人的死亡心理

(一)老年人对待死亡有哪些心理类型

老年人对待死亡的态度受到诸多因素的影响，如文化程度、社会地位、宗教信仰、心理成熟程度、年龄、性格、身体状况、经济情况和身边重要人物的态度等。老年人对待死亡的心理表现分为以下几种类型。

1. 理智型

老年人当意识到死亡即将来临时，能从容地面对死亡，并在临终前安排好自己的工作、家庭事务及后事。这类老年人一般文化程度比较高，心理成熟度也比较高。他们能比较镇定地对待死亡，能意识到死亡对配偶、孩子和朋友来说是最大的生活事件，因而，总尽量避免自己的死亡给亲友带来太多的痛苦和影响。往往在精神还好时，就已经认真写好了遗嘱，交代自己死后的财产分配、遗体的处理或器官(如角膜)等捐赠事宜。

2. 积极应对型

老年人有强烈的生存意识，他们能从人的自然属性来认识，死亡首先取决于生物学因素，但也能意识到意志对死亡的作用。因此，他们能用顽强的意志与病魔作斗争。如忍受着病痛的折磨和诊治带来的痛苦，寻找各种治疗方法以赢得生机。这类老年人大多属低龄老人，还有很强的斗志和毅力。

3. 接受型

这类老年人分为两种表现，一种是无可奈何地接受死亡的事实。如有些农村老人，一到60岁，子女就开始为其准备后事，做寿衣、做棺木、修坟墓等。对此，老人们常私下议论说："儿女们已开始准备送我们离世了。"但也只能沉默，无可奈何地接受。另一种老年人把此事看得很正常，多数属于信仰某种宗教的，认为死亡是到天国去，是到另一个世界去。因此，自己要亲自过问后事准备，甚至做棺木的寿材都要亲自看着买，坟地也要亲自看着修，担心别人办不好。

4. 恐惧型

老年人极端害怕死亡，十分留恋人生。这类老年人一般都有较好的社会地位、经济条件和良好的家庭关系。他们指望着能在老年享受天伦之乐，看到儿女成家立业、兴旺发达。表现为往往会不惜代价，冥思苦想，寻找起死回生的药方，全神贯注于自己机体的功能上，如喜服用一些滋补、保健药品。

5. 解脱型

此类老年人大多有着极大的生理、心理问题。可能是家境穷困、饥寒交迫、衣食无着，或者受尽子女虐待，或者身患绝症、病魔缠身极度痛苦。他们对生活已毫无兴趣，觉得活着是一种痛苦，因而希望早些了结人生。

6. 无所谓型

有的老年人不理会死亡，对死亡持无所谓的态度。

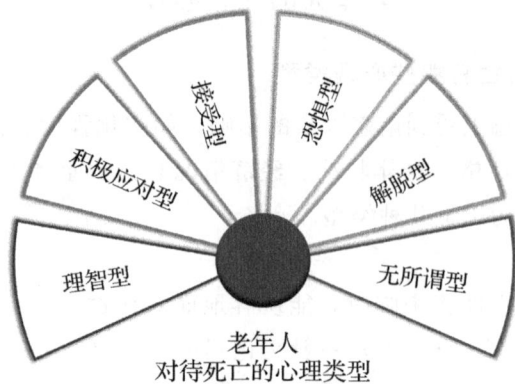

图 6-1-2

(二)临终老年人有哪些心理需求

与年轻人相比，老年人的心理需要是多种多样的，而临终老年人又有其更加明显的心理特征。

(1)躯体需求，是指生理和病理的需求。如对空气、休息与睡眠、饮食与水、排泄、活动、安全等的需求。

(2)临终老年人情感需求强烈，身体衰弱与环境变化使他们更加渴望亲情。亲人探视与深情关怀，能极大缓解他们的孤独与恐惧。同时，医护人员的理解、同情与专业照料，也是他们心灵的慰藉。在这个特殊时期，满足老年人的情感需求，既是对生命的尊重，也是对他们内心世界的温柔以待，让他们在爱与关怀中安然度过余生。

(3)受尊重的需求。即使是临终老人，也希望得到他人的尊重和重视。他们对别人的尊重与否很敏感，而且很容易受其影响，并产生强烈的心理反应。

(4)被接纳与社交的需求。临终老人仍然有与人交往的愿望以及被接纳的需求，因此，医护人员及家属都要尽可能创造条件使他们参加适当的活动及其他精神文化生活，创造良好的人际交流环境，满足他们的心理需求，消除陌生感。

(5)精神需求。有过事业心的临终老年人，仍希望继续发挥个人才能、实现事业层面的价值。即便面对生命终点，我们也应为他们创造机会，让其在人生最后时刻能发一分光、献一分热。

(6)信息获取需求。临终老年人同样有了解自身疾病相关知识的需求，包括疾病诊断、治疗方法、手术效果、主管医护人员水平及预后情况等；医护人员与家属应在合适的情况下，尽量满足这一需求。

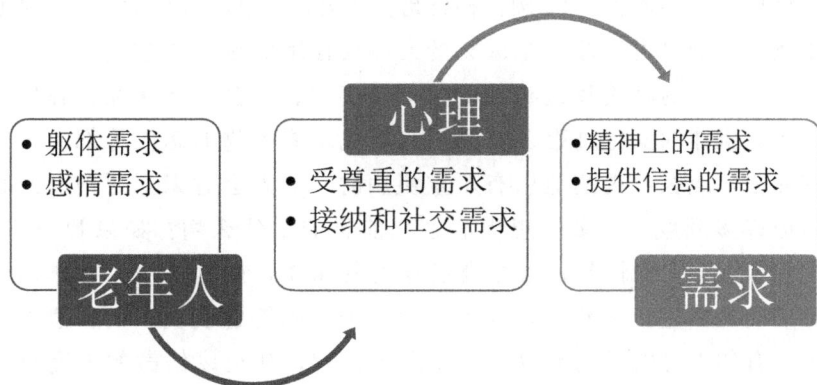

图 6-1-3

(三)临终老年人心理需求的特点

(1)社会角色退化。患病后，老年人原有的生活环境和人际关系发生了变化，病人角色占主导地位，甚至取代了其他所有的社会角色。

(2)自控能力下降。老年人认同了病人角色的社会要求，出现软弱、依赖、情绪多变、意志力降低和适应能力、控制能力下降的状况。

(3)求助愿望增强。为了减轻病痛的折磨和尽快痊愈，老年人会积极主动请求帮助，积极寻医问药或请人帮助就医。

(4)合作愿望增强。进入病人角色后，老年人往往渴望尽快康复，于是，他们会配合医护人员积极接受诊断、治疗和护理。

任务二　分析老年人的心理变化，找出其心理变化的特征

问题二：临终老年人有哪些心理变化？

情境三中的姜大妈在得知自己病情和经过一段时间的沉淀之后，心理有哪些方面的变化？她的这些心理变化说明了老年人在面对死亡时会有什么样的心理活动？产生这些心理活动的原因是什么？老年人这些异于平时的行为表现说明了老年人什么样的心理活动？要回答这些问题，就需要了解老年人的临终心理变化。

学一学

临终老年人的心理

(一)临终老年人的心理变化

死亡对于每个人都是不可避免的，尤其是老年人，距离死亡的日子越来越近。那么老年人临终前的心理如何呢？国外曾报道过 500 例临终者的观察记录，其中除 90 例

肉体上承受疼痛或某种痛苦，11 例精神忧虑，2 例有明显的恐怖症状，1 例心理欣快表现，以及 1 例有强烈自责感外，近 90％的人都没有什么特别的迹象。

有人指出，老人的临终反应与他的信仰、年龄、社会经济状况、心理成熟度、应对困境的本领、机体的变化过程以及医生和其他重要人物的态度等都有关系。当年龄相近的亲友死去，或医生提醒他患有严重疾病时，老人会意识到死神已经临近。临终病人可能考虑许多问题：比如，想弄清楚死前患的是什么病？如果智力不迟钝的话，会考虑将要和亲人分离的情景；根据自己原有的希望，回顾一生，并作出评价；关心他所不熟悉的向死亡过渡的状态，等等。而一个人临终的表现，又和他以往处理问题的方式有关。有的人可能对死怕得很，以致否认它，甚至以倨傲的态度对待它；一个成熟的人，则可能回顾一生，整理他的社会生活和精神生活，带着满意的心情离开人间。

近年来，美国的一些医生也调查了濒死者的心理体验，即在重危病人抢救过程中发生的一种所谓死后生活的现象，也有人把它称为"生命尽头的生活"。这是病人在心脏停止搏动后的一刹那间，处于濒死状态下的种种感觉。病人或是诉说他离开了自己的躯体，与已死的亲友相见；或是感到自己滑入一条黑暗的地道，前面出现一道耀眼的金光；或是走到了一个高高的门槛，徘徊不前，终于又退了回来。因为这些病人感到，他们还有某种责任未尽。这些感觉虽然变幻不一，但共同的感觉是，病人在这时都有一种巨大的"安适感"和"幸福感"，以致他们流连忘返；但与此同时，一种更积极的强烈感情，又使他们苏醒，把他们拉回人间，如此等等。然而，这些心理体验仅仅是一些现象学的描述，且与他们生前的信仰有着直接关系，故至今尚未得到科学上的论证，还有待进一步探讨。

但总的来说，老年人对死亡的心理反应通常要经历以下几个阶段：

1. 否认期。接受面临死亡的事实是困难的，老年人通常无法接受面临死亡的事实，亦否认死亡的存在，有时老年人已认识到，而家属们处在否认阶段，这将阻碍老人表达其感觉和想法，但对知情者则会哭诉真情，以减轻内心痛苦，期待奇迹出现。

2. 愤怒期。当病情趋于危重，对自己疾病有所了解时，则表现为烦躁不安、暴躁易怒、事事不合心思、不讲道理，甚至不接受治疗，擅自拔掉输液管和监护仪，将愤怒发泄在家属及医务人员身上。

3. 协议期。老年人处于死亡边缘，试图与生命协商阶段，祈盼治疗能延长生命。

4. 忧郁期。此时期老年人不得不面对现实。随着病情日益恶化，身体各器官逐渐衰竭、精神疲惫以及亲友们伤心、忧愁的表情，故老年人忧郁、悲伤、痛苦，甚至产生绝望，不愿家人离开，忍受不了疾病痛苦，但仍依恋生活。

5. 接受期。老年人对自己即将死亡有所准备，极度疲劳衰弱、感情减退，表现平静，而有时间独自思考后事问题，如遗体处理、配偶生活、财产分配等问题。

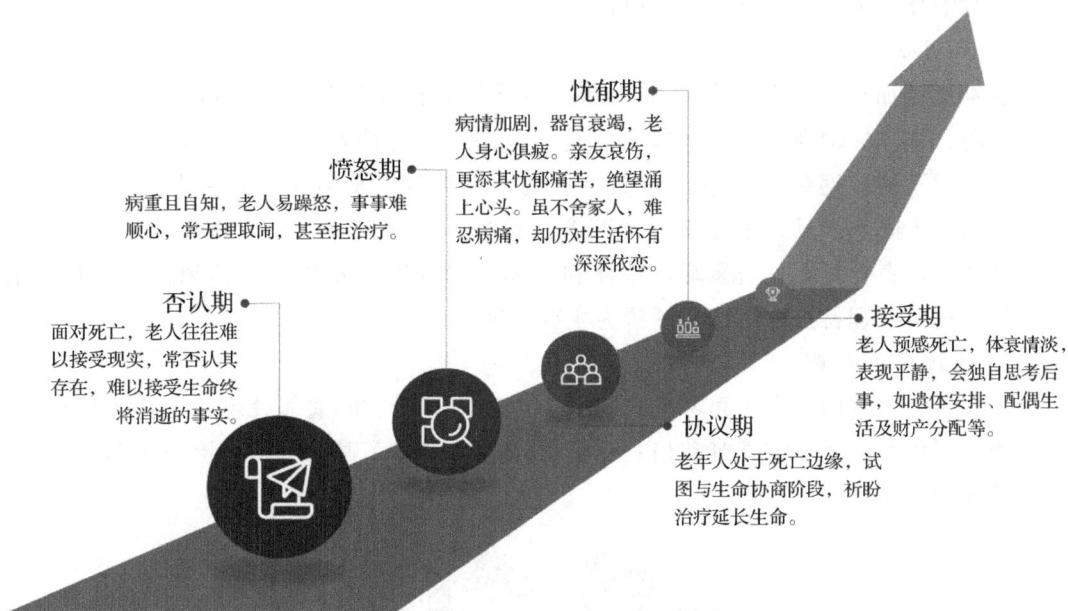

忧郁期
病情加剧，器官衰竭，老人身心俱疲。亲友哀伤，更添其忧郁痛苦，绝望涌上心头。虽不舍家人，难忍病痛，却仍对生活怀有深深依恋。

愤怒期
病重且自知，老人易躁怒，事事难顺心，常无理取闹，甚至拒治疗。

否认期
面对死亡，老人往往难以接受现实，常否认其存在，难以接受生命终将消逝的事实。

协议期
老年人处于死亡边缘，试图与生命协商阶段，祈盼治疗延长生命。

接受期
老人预感死亡，体衰情淡，表现平静，会独自思考后事，如遗体安排、配偶生活及财产分配等。

图 6-1-5

(二)临终老年人的心理特征

临终老人大多要经历否认、愤怒、协议、忧郁、接受等复杂的心理变化和体验过程。因此，面对死亡会产生一些共同的心理现象和特征。

1. 求生心理

大多数临终老年人都具有求生的心理，由于他们的家庭相当稳定，都希望能安享晚年，有些病情较重的病人，惊恐不安，时常发出呻吟和呼救，他们把希望寄托在医护人员的同情和支持上，期望得到应有的急救和治疗。当看到医护人员以实际行动向病人可期望的方向努力时，便增加了向疾病作斗争的信心和勇气。对这类患者要做好心理疏导工作，尊重他们的人格，理解同情他们的求生欲，态度要和蔼，经常与他们谈心、交流，结合生活上的关怀，鼓起他们坚强生活的勇气。同时，指导他们修身养性，学会控制和调节自身情绪，以达到最佳身心状态。

2. 无奈转而积极对待

有些患者性格外向、开朗，认识事物比较客观，对自己的病情有一定的认识，在无可奈何的情况下，积极投身于其他事情，从而转移因面对疾病而产生的不良情绪。

3. 绝望心理

绝望心理的患者比较少见，但他们却给医护人员带来不少麻烦。这些患者自我意识非常强，但对自己的危重病情又接受不了，特别是在治疗一段时间仍不见好转后，便会产生绝望和轻生的念头。经历着生存的病痛，可能使他们最终产生威胁感，而变成一种攻击行为，向周围人，尤其是亲人毫无理智地发泄。有的人在愤怒后转为抑郁，表现为对治疗和护理的不合作，进而转化为攻击自身的行为。

4. 障碍心理

随着病情加重，一些老年人的情绪、性格等会出现障碍。如暴躁、孤僻、抑郁、意志薄弱、依赖性增强、自我调节和控制能力差等。心情好时愿意和人交谈，心情不好时则沉默不语。遇到一些不顺心的小事就大发脾气，事后又后悔莫及，再三道歉。甚至有的老人固执己见，不能很好地配合治疗护理，擅自拔掉输液管和监护仪。当进入临终期时，患者身心日益衰竭，精神和肉体上忍受着双重折磨。感到求生不得，求死不能，这时心理特点以忧郁、绝望为主要特征。

5. 忧虑后事心理

大多数老人倾向于个人思考死亡问题，比较关心死后的遗体处理：土葬还是火葬，是否用于尸体解剖和器官捐献移植；还会考虑家庭安排，财产分配；担心配偶的生活，子女儿孙的工作、学业等。

图 6-1-4

任务三　根据老年人的临终心理特征，对其采取适当的心理护理措施

问题三：应该怎样对老年人进行临终护理呢?

根据情境三、情境四、情境五，情境中的老年人都有哪些心理变化？他们的这些行为反映了他们面对死亡时的心理是什么？针对情境中不同的心理和行为，我们应该如何对他们进行心理疏导？对不同心理状态的老年人，护理措施有哪些个性化差异？要回答这些问题，就需要了解老年人的心理护理措施。

关键概念

临终关怀是指对生存时间有限的患者进行适当的医院或家庭的医疗及护理，以减轻其疾病的症状、延缓疾病发展的医疗护理。是近代医学领域中新兴的一门边缘性交叉学科，是社会的需求和人类文明发展的标志。

学一学

临终老年人的心理护理技巧

对临终老年人的心理护理，首先，使其意识到世界上万事万物都有兴衰的历程，人生亦不例外。因衰老而死亡是一种"善终"，是最自然的方式，也是人生完整的最后一环。其次，死亡之后，感知觉自然就会中止，疾病所带来的痛苦也不再会延续，更不存在所谓的"死亡世界"，不必为"死后是什么样的"而恐惧。最后，死亡虽然会把我们和至亲分开，会让他们悲伤，但是对于我们来说，越是能够做到安详和坦然地面对死亡，越能减少他们的担心，减轻他们的痛苦。

心理护理是临终老年人护理的重点。要使临终老人处于舒适、安宁的状态，必须充分理解老人并表达对老人的关爱。给老人提供心理支持和精神慰藉可采取以下措施：

(一)触摸护理

触摸护理是大部分临终病人都愿意接受的一种方法。护理人员在护理过程中，针对不同情况，可以轻轻抚摸临终老人的手、胳膊、额头、胸腹、背部等，抚摸时动作要轻柔，手部的温度要适宜。通过对老人的触摸能获得他们的信赖，减轻其孤独感和恐惧感，使他们产生安全感和亲切温暖感。

(二)耐心倾听和诚恳交谈

临终老人在生命的最后时刻往往希望得到别人，尤其是亲人的理解和支持。他们需要倾诉内心的愿望和嘱托，需要与人沟通和交流，因此，要认真、仔细地倾听老人诉说，使他们体验到大家的理解和支持。对虚弱而无力的老人，除了诚恳地与他们进行语言交流，及时了解老年人真实的想法和临终前的心愿外，还要通过表情、眼神、手势等方式表达友好和爱意，同时付诸熟练的护理操作技术。通过诚恳的交谈，还能够及时了解老年人真实的想法和临终前的心愿。但值得注意的是，在与老年人交谈时，要尽量照顾老人的自尊心，尊重他们的权利，满足他们的各种需求；尽可能减轻他们的焦虑、抑郁和恐惧情绪，使他们没有遗憾地离开人世。

(三)允许家属陪护老人，参与临终照护

家属是老人的亲人，也是老人的精神支柱。临终老人最难割舍的是与家人的亲情，最难忍受的是离开亲人的孤独。老人也容易接受、依赖亲人的照顾。因此，在老年人的临终阶段，应允许家属陪护，家人参与临终照护。参与临终照护是老人和家属的共同需要，也是一种有效的心理支持和感情交流方式。它可以使老人获得心理慰藉，减轻孤独感，增强安全感，有利于稳定情绪，有利于老人安详地度过生命的最后一段历程。同时，也让家人获得心理安慰，在老人临终时自己能够守在老人身边也算尽孝了。

(四)帮助老人保持社会联系

临终老人容易产生被孤立、被遗弃感，因此，应鼓励老人的亲朋好友、单位同事

等社会成员多探视老人，尽可能与老人接触；不要嫌弃他们，将他们与社会、家庭隔离开来，更不能漠视他们的生存价值；要鼓励老人关心他人、关心社会，积极与社会联系，从而体现人生最后的价值。

(五)适时有度地宣传优死意义

尊重老人的民族习惯和宗教信仰，根据老人不同的职业特点、心理反应、性格特征、社会文化背景等，在适当时机，谨言慎语地与老人、家属共同探讨生与死的意义，有针对性地进行精神安慰和心理疏导，帮助老年人正确认识、对待生命和疾病，并从对死亡的恐惧与不安中解脱出来，以平静的心态面对即将到来的死亡。

(六)重视临终老人的个性化护理

临终老人的心理护理应重视与弥留之际老人的心灵沟通。美国学者卡顿堡顿对临终老人精神生活的研究结果表明，接近死亡的人，其精神和智力状态并不都是混乱的，49％的老人直到死亡前一直是很清醒的，22％的老人有一定意识，20％的老人处于清醒与混乱之间，仅3％的人一直处于混乱状态。因此，护理人员不断对临终或昏迷的老人讲话是很重要且有意义的。与弥留之际老人的心灵沟通，直到他们安详地离去，表达了护理人员对老人真诚、热情、温馨的关怀和尊重，并为老人的离去送行。

总之，临终老人的心理变化各个阶段无明显界限，但其中都包含了"求生"的希望。他们真正需要的是脱离痛苦和恐惧，以及精神上的舒适和放松。因此，及时了解临终老人的心理状态，满足老人的身心需要，使其在安静舒适的环境中以平静的心情告别人生，这是临终心理护理的关键。

实施步骤

步骤一：课前准备

(1)根据项目情境分组，分组时注意将学生合理搭配，积极活泼的同学带动沉默寡言的同学。以同学推举或教师任命的方法选出小组组长，负责领导团队完成项目任务。

(2)各小组组长在课前将项目情境资料及工作任务分发给各小组，各小组利用课余时间搜集完成任务所需的参考资料。

步骤二：完成工作任务

(1)学生利用课堂时间，在教师的引导下，按照要求进行任务分解。

(2)针对各个任务提出解决方案。

(3)分析在任务实施过程中可能出现的其他情况，并提出解决方案。

(4)以提纲的形式，写出解决问题的方案或措施。

步骤三：汇报讨论

以小组为单位，对任务完成的过程进行分析汇报。其他各小组进行评估，教师总结。

步骤四：反馈修改

各小组按照反馈意见进行修改完善，并提交作业(汇报材料或视频材料等)。

能力检测

临终关怀：生命旅程的最后，我们能做什么

"每个人都逃不过命运的法轮，总有要面对死亡的一天。当一个人需要直面死亡的时候，他想的是什么，他需要的是什么？当一个城市有更多的人面临死亡的时候，我们又可以做什么？"——《爱与尊严最后的旅行》

这是南大医学院 5 位学生在 2010 年做的暑期实践报告，他们的实践课题是"临终关怀"。

如今社会，人们对于高品质的"优生"观念与时俱进。但面对生命的终结，人们给予的关怀还远远不够。在南京，有这样一支志愿者团队，他们服务的地点不是儿童福利院、敬老院，而是医院的肿瘤病房。家人多半不知道他们从事着怎样的义工服务，他们与生命倒计时的病患相对，他们给生命最后的尊重和关怀，他们正在做的是"临终关怀"。

"做项目前，我们心里也没什么底。"吴骁是南京大学临床医学专业大学四年级学生，也是当时暑期实践的负责人。他说，在大四的《医学心理学》中，有一节内容是关于"临终关怀"的，但与其他篇目相比几乎是草草带过。"大家都觉得这个重要，但关注点更多还是落在治疗而非心理关怀上。"当时在走访几家养老机构时，他们也发现里面不少临终病人都是由护工照料。"那些护工都是农民出身，没什么文化，就更别说去给病人做临终关怀了。"也是在这次实践中，他们找到了南京设有"临终关怀"项目的养老机构及南京最早做临终关怀的志愿者团队之一。

"在因病死亡的人群中，近 1/3 死于各类癌症，而江苏又是癌症的高发区。"某三甲医院肿瘤科主任说，在他接触的患者中，绝大部分都对死亡具有强烈的恐惧心理。据他所知，在国外，对于癌症晚期的病人除了医学治疗外，还设有心理关怀等疏导治疗，但这一块内容在国内还不成熟。他认为，人们在关注"优生"的同时，还应当做好"优逝"的准备。

"与港台和国外相比，内地的'临终关怀'确实差了一大截。专门从事这项工作的社工和志愿者太少，我们这里只能让医护人员担当'医疗社工'的角色。"在南京金康老年康复护理中心，记者采访到了潘惠蓉副院长。据潘院长介绍，他们除了校门口总部外，还在石头城、汤山设有分部，总共床位在 500 张左右，但就是这样的大规模，往往还是"一床难求"。

老龄化趋势加剧，各大医院床位紧张，年轻人工作、孩子两头挑，在这样尴尬的情况下，越来越多的人选择将老人送到这样的养老机构。"以后独生子女越来越多，'421'的家庭结构就更难照料病重的老人了。"在采访过程中潘院长一再强调，他们这里主要提供的还是以康复、护理为主的服务，"临终关怀"只是项目之一。但客观事实是：由于这里收治的是失能、高龄老人，平均年龄都在 78 岁，所以每年从这里"走"的老人

约有 300 位。"临终关怀"成了不可回避的问题。

"我们住院区的病人 130 多个是阿尔茨海默病患者，100 多个是带管的（氧气管、鼻饲管等），还有 10 多个是晚期肿瘤，但我们不希望大家把这里当成生命的'终结站'。"潘院长说，中心除了 80 多名医护人员外，还有 130 多名生活护理工人。因为文化、年龄层次的不同，护工只能提供生活上的护理，"临终关怀"只能依靠医护人员。他们通过"医养结合"方式给予病人更多精神和心理上的关怀，让病重的老人在临终时能"无憾面对"。

记者在采访中了解到，虽然病重、高龄的群体相当庞大，对于临终关怀的需求量也很大，但南京目前像金康这样的养老机构不足 15 家。

"我没告诉我爸妈自己做的是临终关怀志愿者，说了怕他们反对。"本善医务志愿者联盟是南京最早做临终关怀项目的团队之一。团队负责人韩睿、高洁是在汶川地震志愿者活动中相识的，2010 年 4 月起致力于临终关怀。"以前也做过其他的志愿者和义工，但做这个，对家里人都得瞒着。"1987 年出生的高洁从事医药销售工作，2007 年开始参加各类志愿者活动，家人一直比较支持和理解，但从去年做"临终关怀"后，家人"总觉得有些忌讳"，现在基本是半瞒半骗。"中国人嘛，观念还是比较传统的。特别是我们上一辈的人，觉得和临死的人打交道总有些不吉利。"

由于没有资金支持，高洁去各地参加学术会议的费用都得自付，出差学习也以工作为由瞒过父母。"相对而言，我觉得韩睿付出的多得多，毕竟他是男生，还面临着结婚买房的问题。"高洁私下告诉记者，今年快 30 岁的韩睿找女友的第一标准就是"必须理解和支持我现在所做的志愿者工作"。从事技术员工作的韩睿，受朝九晚五的固定时间限制，不能像高洁一样去各地上课、听讲座，所以他主要负责周末的志愿者活动。周末去医院做一天"临终关怀"，结束后带志愿者登山缓解心情；另一天则是在一家脊椎康复医院做义工。休息的时间基本上全都搭进去了，而他同样也是瞒着家人做着这项隐形服务。

"对一个绝症病人来说，20 天太漫长了，不是吗？""今天大叔的状态恶化了，我们在的一个半小时里他一直在呻吟，额头上也一直在冒汗……其实大叔一直话不多，可能身体的疼痛也没有说话的力气了吧。所以我们多数都是陪陪阿姨说说话。我觉得阿姨心里也不比大叔轻松多少，甚至比大叔还难过。哎，希望叔叔阿姨能过得好一些。但愿，下个周六还能见到叔叔阿姨。"

这些是"临终关怀"志愿者的日志节选。每周六下午，做完近一个小时的病人关怀后，他们会在某三甲医院病房尽头的一间房间梳理情绪。门上挂着"癌友交流中心"牌子的小房间不足十平方米，中间一张长桌占了大半空间，上面还搁着病友们的饭盒、水杯等日常用品。就是在这张桌子旁，每组志愿者写完当日服务的感受，然后交流总结心得。

9 病区，40 张床位，半数以上是晚期癌症病患。无助、疲惫、静默是这里多数人的表情。周六下午，记者来到该院住院部 7 楼。虽然是午休时间，但从走廊看去，不少病房的门都是开着的，咳喘、沉重的呼吸声传达着痛苦。志愿者负责人韩睿领记者到了"癌友交流中心"的小房间。两点半左右，学生志愿者陆陆续续来了，他们把这里称为"会议室"，关怀开始前和关怀结束后他们都会在这里集合，统筹当日的任务及写关怀日志。

这些"90后"孩子主要是中国药科大学及南京大学的学生，他们多数是背着书包直接从学校而来。快六级考试了，期末复习进入到什么阶段，学校社团最近又有哪些新活动……每周见面的话题总是不一样，而当天大家的焦点则是一个女生志愿者带来的魔方，服务开始前的放松时间就在你一言我一语的氛围中度过，小房间向阳窗口里打进来的阳光，暖洋洋地晒在孩子们的脸上。

由于临近期末，当日下午总共来了9位志愿者。三点，关怀活动正式开始，志愿者朝9病区走去。"打扰一下，我们是大学生志愿者，请问有什么可以帮助您的吗？""没有什么需要帮助的，我们陪您说说话、聊聊天也成。"分为三组的志愿者开始进病房沟通，除了一组找到了上周的"案主"（临终关怀的对象），其余两组都需进行新的沟通。一连两个病房的"不需要"和摆手，志愿者退出房间继续尝试。他们告诉记者"吃闭门羹"是常有的事，不过他们也理解这些病患的情绪和心理，所以失败之后要快速调整心情继续敲门尝试。

"在9病区做服务很少能连续跟一个'案主'。这次来沟通的，下次再来（案主）可能就不一定在了……"王蔚晴是这群学生中经验较足的一位，她和记者分享了让她印象最深的一个案例。"那个老爷爷身体状况一直不好，唯一一个儿子还不怎么孝顺，一直是他老伴在医院陪着他。我们每次来的时候心里都悬着，每周六下午到病区，看到他老伴还坐在那儿，心才能放下。"王蔚晴说，一开始"案主"对于志愿者的接受度都不高，本能的戒备心理普遍存在。

她还记得第一次去与这个"案主"沟通是从剪指甲开始的。"当时爷爷行动能力已经很差，老伴又眼花，当我们问可以做些什么的时候，老伴提出能不能帮爷爷剪手指甲。"剪完手指甲后，他们还想再做些什么帮助老人，"爷爷的老伴当时犹豫了半天，很不好意思地问我们能不能再帮爷爷剪下脚指甲。可能就是这件事让他们觉得我们'挺亲的'。"王蔚晴说，她做了一年多的"临终关怀"，有时候也会反思这样的聊天，甚至是不说话的陪伴究竟能起多大作用。但对于一些没有家属探望和陪伴的临终老人，王蔚晴觉得，志愿者的到来至少可以让患者有个"盼头"。她说："能成为他们的'倾听者'其实就是一种信赖和寄托。"

在两周的采访过程中，志愿者高洁中途去福州参加了"中国医务社工年会"及"姑息医学大会"。回来后，她将一些香港有关"临终关怀"的研讨与记者分享。其中一个案例很打动人。临终患者生前是名赌徒，与家人的关系一直很疏离，在临终前他找到社工，希望能在离开前完成自己的忏悔心愿。于是，在社工的指导下，他用玻璃珠串了两串手链给两个女儿。小女儿在赌徒离世前这样说："我会在结婚的时候把它戴在手上，这就是我的嫁妆。"

2007年的一部美国电影《遗愿清单》，讲述的也是两个末期癌症患者如何面对即将到来的"死刑"，认真计划并度过余下日子的故事。

遗憾的是，对于传统的中国人而言，死亡的恐惧如湖底的礁石，无人敢触碰。病患和家属面对临终遗愿更是讳莫如深。多数陪伴临终病人的家属在丧亲后已经身心俱疲，亲人离去后更是很难理智面对。

【任务】面对以上情境，你需要完成以下任务。

任务1：找出案例中的几种生死观。

任务2：找出情境中的临终老人有哪些心理需求。

任务3：找出情境中的志愿者的心理护理措施。

【问题】为完成上述任务，你需要思考的问题有：

问题1：中国人为什么对死亡讳莫如深？

问题2：如何让家属正确地认识临终老人的心理需求？

问题3：怎样才能让老人有尊严地离开？

相关链接

生存状态测试

此套测试是用来测量你对自己生存状态的感觉。以下各题叙述中，如果该项陈述可以描绘你的感觉或信念，请选择"是"，反之选择"否"。

(1)经常觉得自己的生命不太有意义或一点意义都没有。

是□　　　否□

(2)经常对周围的事感到很无趣，也漠不关心。

是□　　　否□

(3)认为生活很刺激，也很有挑战性。

是□　　　否□

(4)经常认为自己的成就微不足道。

是□　　　否□

(5)认为自己活得虚无缥缈。

是□　　　否□

(6)总是认为和别人谈论事情是没有用的，因为他们对问题根本不了解。

是□　　　否□

(7)认为自己比别人对生命多一份期待。

是□　　　否□

(8)大部分的日常活动都没有太大意义。

是□　　　否□

(9)想到未来时，总觉得很沮丧。

是□　　　否□

(10)从来没有找到过自己真正喜欢的工作。

是□　　　否□

(11)自己的感觉对别人来说一点意义都没有。

是□　　　否□

（12）发现宗教信仰相当空虚。

是□　　　否□

（13）认为尝试去说服别人是没有用的。

是□　　　否□

（14）自己的盼望经常很少。

是□　　　否□

（15）并不觉得生命是没有意义的。

是□　　　否□

（16）无法享受别人所能享受的事。

是□　　　否□

（17）无论自己多努力，事情似乎一点进展也没有。

是□　　　否□

（18）觉得自己在生活中比别人能找到更多有意义的事。

是□　　　否□

（19）甚少对自己所研读的东西真正感兴趣。

是□　　　否□

（20）过去的生活中没有什么事是值得记忆的。

是□　　　否□

（21）觉得自己的生命对任何人来说都不是很重要。

是□　　　否□

（22）总能自得其乐。

是□　　　否□

（23）认为这个世界上值得追求的事物只有少数。

是□　　　否□

（24）自己的生活似乎没有目标。

是□　　　否□

（25）发现要去坚信一件事情是很困难的。

是□　　　否□

（26）大部分认识的人似乎都过着空虚的生活。

是□　　　否□

（27）大致来说，认为自己所做的每一件事都没有太大用处。

是□　　　否□

（28）经常不知道要做些什么。

是□　　　否□

（29）生命中没有重要的目标。

是□　　　否□

(30)经常觉得自己孤独地活在这个世界上。

是□　　否□

(31)很少觉得自己对任何人该有责任感。

是□　　否□

(32)认为自己是一个很有效率的人。

是□　　否□

评分规则：

下列各题应选择"是"来回答：

1、2、4、5、6、8、9、10、11、12、13、14、16、17、19、20、21、23、24、25、26、27、28、29、30、31

下列各题应选择"否"来回答：

3、7、15、22、32

评分标准：如果选择"是"的题，选择正确，即得1分；选择"否"的题，选择正确，也得1分。选择错误不得分。其中得分小于5分，为生存焦虑。

预测寿命的一般方法

请您回答下面所列的25个问题，然后对所得分值加以计算和综合分析。

1. 您吸烟、嚼烟叶(丝)或常与吸烟者在一起吗？

是＝－10　　否＝＋10

2. 您每天多次吃快餐，吃熏烤食物或罐头肉食吗？

是＝－3　　否＝0

3. 您常吃烧烤到出现深色焦痂的鱼、禽类或其他肉食吗？

是＝－3　　否＝0

4. 您不吃黄油、乳脂、甜食、其他含饱和脂肪酸的食物(如全脂奶制品或糕饼等)及油煎食品吗？

是＝＋3　　否＝－7

5. 您是否尽量少吃肉类，而代之以较多的水果、蔬菜及粗粮(如糙米、全麦制品等)？

是＝＋5　　否＝－4

6. 您是否每天喝两次以上含酒精的饮料(约相当于0.6升啤酒、0.3升葡萄酒或100毫升白酒)？

是＝－6　　否＝0

7. 您是否每天饮酒量达到上述量以下？

是＝＋3　　否＝0

8. 您住处的空气污染程度是否已达到警戒线？

是＝－4　　否＝＋1

9. 您每天是否饮咖啡 0.5 升以上？

　　是＝ －3　　　否＝ 0

10. 您每天饮绿茶吗？

　　是＝ ＋3　　　否＝ 0

11. 您每天服一片阿司匹林吗？

　　是＝ ＋4　　　否＝ 0

12. 您每天不仅刷牙，而且还用牙线或其他方法清洁牙齿吗？

　　是＝ ＋2　　　否＝ －4

13. 你至少隔一天有一次大便吗？

　　是＝ 0　　　否＝ －4

14. 您感染艾滋病病毒(HIV)或致癌病毒的危险性增高了吗？即您是否进行无防护的性生活，是否常更换性伴侣或注射毒品？

　　是＝ －8　　　否＝ 0

15. 您是否试图使您的皮肤变成褐色，如日光浴等？

　　是＝ －4　　　否＝ ＋3

16. 您的家里是否有危险的氡射线？

　　是＝ －7　　　否＝ 0

17. 您是否测定过您的体重指数(即体重公斤数除以身高米数的平方)？结果如小于 18＝ －7，18～26＝ ＋2，27～29＝ －7，30～34＝ －10，35～39＝ －15，大于40＝ －25

18. 您是否与亲属(不指伴侣或未成年孩子)贴近居住，而且能随时对他们进行访问？

　　是＝ ＋5　　　否＝ －4

19. 下面两项中哪一项适合您？

A."紧张状态使我累垮"　是＝ －7

B."我能消除紧张状态"(例如通过运动、幽默、服药等)　是＝ ＋7

20. 您的父母或兄弟姐妹患有糖尿病吗？

　　是＝ －4　　　否＝ 0

21. 您的父母均在 75 岁以前去世(不包括意外如车祸)吗？

　　是＝ －10　　　否＝ 0

22. 如果您的双亲在 75 岁时仍健在，需要您每天照顾吗？

　　是＝ －10　　　否＝ 0

23. 您的近亲(父母、祖父母、叔伯、姑姨)中有一人在总体上健康状况良好的情况下至少活到了 90 岁吗？

　　是＝ ＋24　　　否＝ 0

24. 您每天至少运动 20 分钟吗？

是 = +7　　否 = -7

25. 您每天服用维生素 E(800 国际单位，IU)和硒(100~200 毫克，mg)吗？

是 = +5　　否 = -3

对于上述 25 个问题答案中的正负数分别加以统计，然后将统计结果除以 5，您将得出一个正数值或负数值，用此数值您就可测算出您个人的预期寿命。

具体方法是：如果您是一位女性就以 87 岁为基数，如果您是一位男性则以 84 岁为基数，然后再加上您得出的上述个人数值(即：如果您得出的是正数值就加上，如果是负数值就减去)。

注意：如果您目前的年龄已经超过了按上述方法计算出来的结果，表明您拥有不同于一般的遗传基因，从而抵消了某些危害因素对您的不良影响。

知识梳理

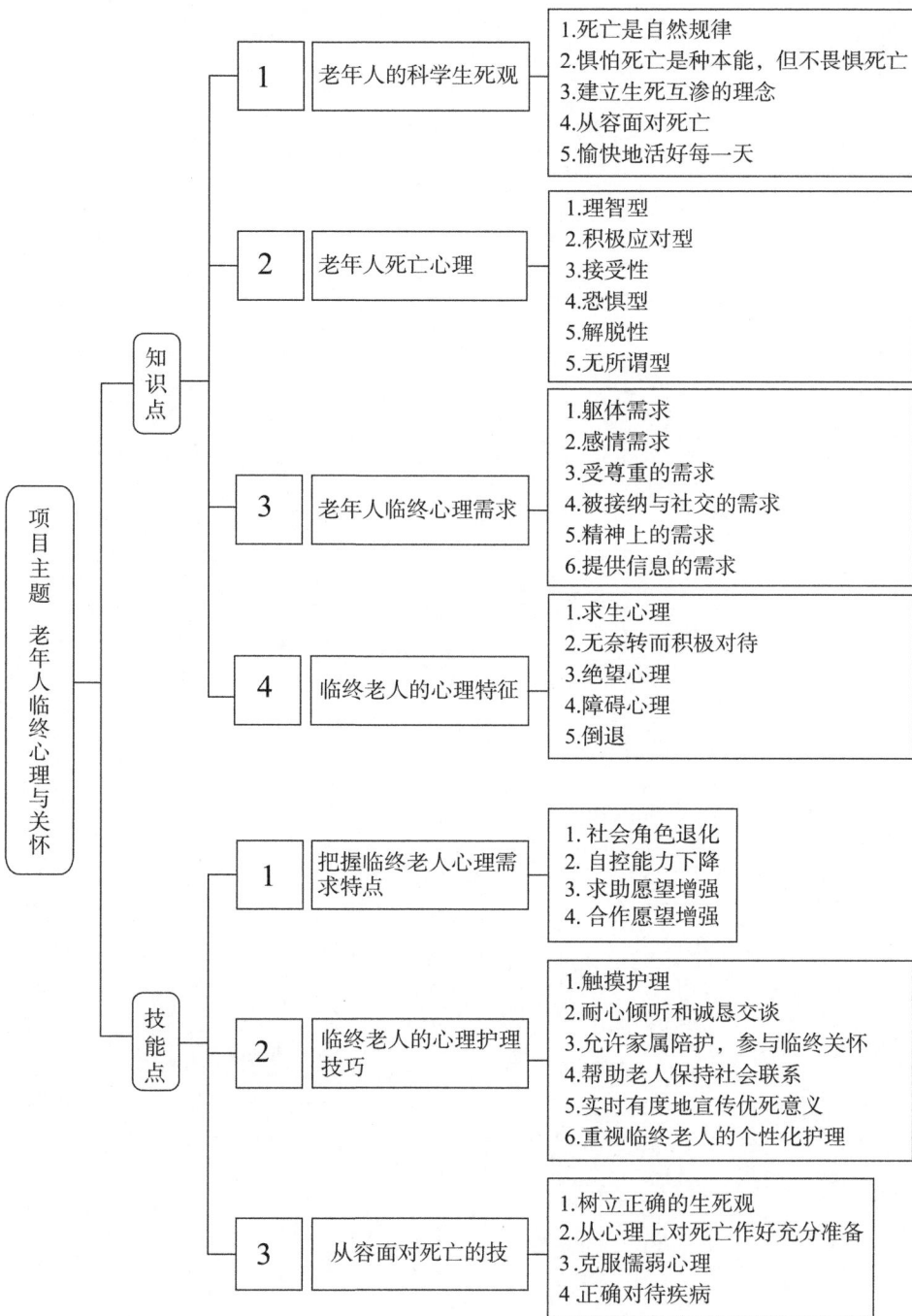

项目主题 老年人临终心理与关怀

知识点

1 老年人的科学生死观	1.死亡是自然规律 2.惧怕死亡是种本能，但不畏惧死亡 3.建立生死互渗的理念 4.从容面对死亡 5.愉快地活好每一天
2 老年人死亡心理	1.理智型 2.积极应对型 3.接受性 4.恐惧型 5.解脱性 5.无所谓型
3 老年人临终心理需求	1.躯体需求 2.感情需求 3.受尊重的需求 4.被接纳与社交的需求 5.精神上的需求 6.提供信息的需求
4 临终老人的心理特征	1.求生心理 2.无奈转而积极对待 3.绝望心理 4.障碍心理 5.倒退

技能点

1 把握临终老人心理需求特点	1.社会角色退化 2.自控能力下降 3.求助愿望增强 4.合作愿望增强
2 临终老人的心理护理技巧	1.触摸护理 2.耐心倾听和诚恳交谈 3.允许家属陪护，参与临终关怀 4.帮助老人保持社会联系 5.实时有度地宣传优死意义 6.重视临终老人的个性化护理
3 从容面对死亡的技	1.树立正确的生死观 2.从心理上对死亡作好充分准备 3.克服懦弱心理 4 正确对待疾病